# 세렝게티 법칙

THE SERENGETI RULES

# 세렝게티 법칙
## THE SERENGETI RULES

생명에 관한 대담하고 우아한 통찰

션 B. 캐럴 지음 · 조은영 옮김

곰출판

야생동물,
그리고 그들을 지키려는 사람들을 위해

언젠가 내가 가진 전부를 걸고 한판의 체스를 둬야 하는 날이 반드시 온다고 가정해보자. 그렇다면 최소한 체스의 말은 어떤 것이 있고 어떻게 이동하는지 정도는 미리 알아놓으려고 하지 않을까? … 실제로 우리의 인생과 부 그리고 행복은 (어느 정도는 우리와 연관된 사람들과 더불어) 체스보다 훨씬 까다롭고 복잡한 게임의 승패에 달려 있다. 따라서 이 모든 것이 게임의 규칙을 얼마나 잘 아느냐에 따라 좌우된다는 사실은 아주 단순하면서도 기본적인 진리임이 틀림없다. 이 게임은 헤아릴 수 없을 만큼 오래전에 시작되었다. … 체스 판은 우리가 사는 세계이고, 체스 판 위의 말은 삼라만상이며, 게임의 규칙은 바로 우리가 대자연의 법칙이라고 부르는 것이다.

_ 토머스 H. 헉슬리,
《교양 교육A Liberal Education》(1868)

**▮차례▮**

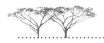

**그림 1** 세렝게티국립공원 입구인 나비힐 게이트Naabi Hill Gate.

사진_패트릭 캐럴

# 기적이 일어나는 세상

정식 명칭 탄자니아 B144번 도로. 화장실 급한 사람은 어디 버티겠
나 싶을 만큼 울퉁불퉁한 비포장도로다. 거칠게 달리는 차 안에서 온몸
이 들썩거리며 사방으로 정신없이 부딪혔다. 우리는 아프리카의 경이로
운 두 세계를 이어주는 통로를 달렸다.

도로의 동쪽 끝은 푸른빛이 흘러내리는 산비탈에서 시작된다. 그 정
상에는 응고롱고로 분화구Ngorogoro Crater가 자리 잡고 있다. 지름이 16km
가 넘는 이 거대한 칼데라는 대지구대Great Rift Valley(시리아 북부에서 모잠비
크 동부까지 아프리카 대륙의 동쪽을 따라 이어지는 길이 약 6,400km의 지구대_
옮긴이)를 이루는 사화산 중 하나가 함몰하면서 형성되었다. 오늘날 이
곳은 25만 마리 이상의 대형 포유류가 서식하는 생명의 터전이다.

반대쪽 도로로 고개를 돌리면 광활한 평원이 눈앞에 펼쳐진다. 이렇
게 구름 한 점 없이 화창한 날에 우리가 향하는 목적지, 바로 세렝게티다.

응고롱고로 분화구와 세렝게티 국립공원 사이를 연결하는 탄자니아 B144번 도로 위의 경치는 숲이 깊게 우거진 응고롱고로 고원지대의 풍요로움과는 거리가 멀었다. 척박한 땅에서는 물이라곤 흔적도 찾아볼 수 없었다. 길옆으로 새빨간 전통 의상을 입은 마사이 부족의 목동과 소년들을 지나치자 그들이 풀어놓은 가축들이 닥치는 대로 풀의 누런 밑동까지 뜯어 먹는 모습이 보였다. 하지만 메마른 땅을 지나고 마침내 우리를 태운 차가 덜컹거리며 '세렝게티국립공원'이라는 팻말 하나 붙은 정문을 통과하자 모든 것이 달라졌다.

마사이 부족의 모습이 사라지자 그들이 차지했던 불모지도 황톳빛 초원으로 바뀌었다. 소 떼와 염소 무리 대신 옆구리에 검은 줄무늬가 그려진 매끈한 톰슨가젤이 지나갔다. 누가 아침 밥상에 먼지를 끼얹고 가느냐는 듯이 우리를 쳐다봤다.

랜드크루저에 올라탄 사람들은 기대에 부풀었다. 가젤이 나타나는 곳이라면 높게 자란 수풀 사이로 다른 동물이 숨어 있을지도 모르기 때문이다. 우리는 차량의 덮개를 열고 벌떡 일어섰다. 내 머릿속에서는 아까부터 폴 사이먼이 부른 '그레이스랜드Graceland'가 울려 퍼졌다. 나는 이 노래의 경쾌한 아프리카 리듬에 맞춰 주위를 둘러보았다.('그레이스랜드'는 로큰롤의 황제 엘비스 프레슬리가 죽기 직전까지 살던 곳으로 음악 애호가들의 순례가 이어지는 유명한 관광지임. 폴 사이먼이 이 노래를 작곡할 때 아프리카 뮤지션 세 명과 함께 작업했다고 함_옮긴이) 마사이족이 "끝없는 평야"라고 부른 '세렝기트Serengit'와 처음 마주한 순간이었다. 이 전설적인 야생동물 천국으로 가는 순례에 나와 동행한 것은 내 가족이었다.

순례자들과 가족, 그리고 우리는 그레이스랜드로 간다…

처음에는 좀 걱정스러웠다. 도대체 야생동물이 다 어디로 사라진 거지? 하긴 지금은 건기지. 그렇더라도 여기는 동물의 씨가 마른 것 같잖아. 세렝게티의 명성은 대체 어디로 간 거야?

가끔씩 나타나는 카피<sup>kopje</sup> 지형을 제외하면 초원이 끝도 없이 이어졌다. 카피는 아프리카 초원의 작은 바위 언덕을 부르는 말이다. 카피의 화강암 바위에 올라서면 동물이건 관광객이건 사방 몇 킬로미터 너머까지 한눈에 훑어볼 수 있을 것 같다. 가끔씩 풀밭 위로 1m 이상 솟아오른 회색 또는 붉은색의 흰개미 집이 눈에 띄었다. 사람은 이런 형상에 자연스럽게 눈길을 주기 마련인가 보다.

"저기 저게 뭐지?"

차 안에서 누군가 물었다.

우리 중 몇 사람이 쌍안경을 집어 들고 수백 미터 거리에 외따로 솟아 있는 언덕을 향해 초점을 맞췄다.

"사자다!"

황금빛 암사자가 언덕 꼭대기에 서서 수풀을 노려보고 있었다.

"그렇지, 바로 저기 있군." 나는 혼자 중얼거렸다. "하지만 그 유명한 세렝게티가 겨우 이 정도라고?"

이렇게 높이 자란 마른 풀 사이에서 뭔가를 찾아내기는 결코 쉽지 않은 일이다. 하지만 나는 일행 중에서 유일한 생물학자였다. 언제까지 내 일을 다른 이에게 맡길 수는 없는 노릇이었다.

우리는 계속 달렸다. 이윽고 푸른 풀밭이 눈에 들어왔다. 너른 들판

들어가는 말 | 13

곳곳에는 아프리카의 상징인 아카시아(우리가 흔히 알고 있는 아카시아는 아까시나무라는 콩과식물로 아프리카의 아카시아와는 전혀 다른 종임_옮긴이)의 넓적한 수관樹冠이 짙푸른 하늘과 맞닿아 있었다. 녹색의 수풀을 가로지르며 굽이치는 개울에는 물이 제법 흘렀다. 차는 작은 오르막을 넘고 모퉁이를 돌더니 마침내 미끄러지듯 멈춰 섰다. 도로를 막아선 얼룩말과 누(검은꼬리누)의 무리가 눈앞을 가득 메웠다.

줄무늬의 물결이 바다를 이루며 장관을 연출하였다. 2,000마리도 넘는 동물들이 커다란 웅덩이 주위에 모여 소란을 떨고 있었다. 얼룩말이 내는 소리는 "콰-하, 콰-하" 하는 것이 마치 짖는 소리와 웃음소리의 중간쯤으로 들렸다. 반면에 검은꼬리누는 "허?" 하며 투덜대는 소리를 냈다. 이들은 비를 좇아 푸른 초원이 있는 북쪽으로 이동하는 무리에서 낙오된 소수의 집단이었다. 100만 마리의 검은꼬리누와 20만 마리의 얼룩말 그리고 수만 마리의 다른 동물들로 이루어진, 지구 상에서 볼 수 있는 가장 거대한 대이동大移動의 일부인 셈이다.

왼쪽에서 작은 언덕을 넘어 웅덩이를 향해 움직이는 코끼리의 행렬이 나타났다. 뒤처진 어린 코끼리들이 어미 뒤를 따라 허둥지둥 쫓아오고 있었다. 무리는 갈라지며 새끼들에게 길을 내주었다.

바로 이때부터 세렝게티는 각양각색의 포유류가 등장하는 무한한 캔버스를 선사했다. 마치 라디오 안테나처럼 꼬리를 수직으로 높이 세운 잿빛의 작은 혹멧돼지warthog가 나타나는가 하면 검은등자칼과 키가 큰 마사이기린이 어슬렁거리며 돌아다녔다. 영양류만 해도 두세 종에 그치지 않았다. 작은영양dik dik, 일런드영양, 임팔라, 토피영양, 물영양(워터벅), 사슴영양(하테비스트), 톰슨가젤, 그랜트가젤 그리고 어디서나 볼 수 있는 검은꼬리누까지 최소한 아홉 종이 눈에 띄었다. 그리고 참, 우리는 세렝게티 여행 첫날에 이미 세 종류의 대형 고양잇과 동물들을 모두 만났다. 수많은 사자와 나무 위에서 졸고 있는 표범 그리고 도로 가까이에서 으스대는 치타까지.

나는 지금까지 아프리카를 담아낸 수많은 사진과 영상을 보았다고 자부한다. 하지만 막상 처음 이런 놀라운 장면을 마주하니 그 어떤 것도 이와 같지 않았고 이 순간의 전율을 대신하지는 못했다.

눈길 닿는 끝까지 생명과 아카시아로 가득 찬 초록빛 골짜기에서 저 멀리 언덕의 실루엣 뒤로 태양이 저무는 모습을 바라보고 있으려니 신비하고도 즐거운 기운이 온몸을 휘감았다. 탄자니아에는 처음이었지만 마치 고향에 온 것 같은 기분이 들었다.

그렇다. 이곳이야말로 인류의 진정한 고향이다. 동아프리카지구대 전역에 나와 당신의 조상 그리고 그 조상의 조상이 되는 사람들의 뼈가 묻혀 있다. 응고롱고로 분화구와 세렝게티국립공원 사이에 자리한 길이 약 50km의 지역을 올두바이 협곡Olduvai Gorge이라고 부르는데, 이곳에는 미로처럼 길게 꼬인 악지惡地, badlands가 발달했다. 메리 리키Mary Leakey(1913~1996)와 루이스 리키Louis Leakey(1903~1972)가 수십 년의 탐색 끝에 150만~180만 년 전 사이에 동아프리카에 살았던 인류의 조상을 무려 세 종이나 발굴한 곳이 바로 이 산비탈(현재 B144번 도로에서 겨우 5km 정도 떨어진 지역임)이다. 그리고 이곳에서 남쪽으로 약 50km 떨어진 라에톨리Laetoli에서는 메리 리키의 발굴 팀이 360만 년 전 현 인류의 작은 뇌를 가지고 직립보행을 한 오스트랄로피테쿠스 아파렌시스Australopithecus afarensis의 발자국을 발견했다.

이렇게 어렵게 얻은 인류 조상의 뼈는 동물 화석이라는 건초더미 안에서 찾아낸 귀중한 바늘과도 같다. 이 유골을 통해 우리가 지금까지도 시청하는 야생의 드라마가 이미 수백만 년 전부터 방영되었음을 알 수 있기 때문이다. 주요 등장인물은 바뀌었을지라도 이 드라마는 여전히 교활한 천적의 눈을 피해 도망 다니는 초식동물의 모습을 담고 있다. 올두바이 협곡 주변에서 발견된 선사시대의 석기 도구와 뼈에 남은 도살흔屠殺痕을 보면 우리 조상들이 이 드라마의 단순한 시청자가 아닌 상당히 비중이 큰 역할을 맡은 출연자였음을 짐작할 수 있다.

• • •

인간의 삶은 지난 천 년 동안 엄청난 변화를 겪었다. 그러나 그 변화의 속도는 지난 100년에 비할 바가 못 된다. 호모 사피엔스라는 종種이 지구 위에 존재한 20만 년 동안, 생명을 가진 동물로서의 본능적 활동이 인간을 지배했다. 인간은 열매를 따고 견과류를 모으고 식물을 채집했으며 짐승을 사냥하고 물고기를 잡았다. 그리고 검은꼬리누나 얼룩말 무리처럼 먹거리가 부족해지면 다른 지역으로 이동했다. 농업과 문명의 시대가 도래하고 도시가 발달한 이후에도 인간은 여전히 예측할 수 없는 자연재해, 기근, 역병에 휘둘려왔다.

그러나 불과 100여 년 사이에 인간은 전세를 역전시켜버렸다. 생명 활동의 지배권을 장악하게 된 것이다. 20세기에 들어서만 무려 3억이 넘는 인구를 몰살시킨(이는 전쟁으로 사망한 인구수를 모두 합친 것보다도 많다) 천연두 바이러스를 길들였을 뿐 아니라 지구 상에서 완전히 박멸시켜버렸다. 결핵균은 19세기에 도시 거주자 70~90%를 감염시키고 미국에서는 일곱 명 중 한 명을 죽음으로 몰고 갔지만, 이제 선진국에서는 거의 자취를 감췄다. 또한 스무 가지 이상의 백신 덕분에 소아마비, 홍역, 백일해를 포함하여 수백만 명을 불구로 만들고 죽음에 이르게 한 무서운 질병들을 예방할 수 있게 되었다. HIV 바이러스에 의한 에이즈처럼 19세기에는 존재하지 않았던 치명적인 난치병도 약을 만드는 신기술로 치료의 희망을 품고 있다.

　농업 분야 역시 의학계처럼 급진적인 변혁의 시기를 겪었다. 로마 시대의 농부들이 타임머신을 타고 1900년대 미국의 농장으로 찾아온다면 아마 이곳에서 사용되는 쟁기, 괭이, 써레, 갈퀴 같은 낯익은 농기구들을 대번에 알아볼 수 있을 테지만, 그 이후에 발생한 농업혁명에 대해서는 짐작조차 못 할 것이다. 겨우 100년이라는 시간 동안 옥수수의 평균 생산량은 에이커(1에이커는 약 0.4헥타르_옮긴이)당 32~145부셸(1부셸은 약 27kg_옮긴이)로 네 배 이상 증가했고, 밀, 벼, 땅콩, 감자나 그 밖의 다른 농작물 역시 비슷한 증가량을 보였다. 생물학의 발달에 힘입어 새로운 농작물과 가축의 품종이 개량되고 효과적인 살충제, 제초제, 항생제, 호르몬, 비료 등이 개발되었으며 전문적인 기계화가 이루어졌다. 그 결과 현재는 100년 전에 비해 같은 크기의 농지에서 네 배의 인구를 먹여 살릴 수 있는 식량이 생산되지만, 이에 투입되는 국가 노동력은 전체의 40%에서 2% 미만으로 대폭 줄어들었다.

　지난 세기에 의학과 농업 분야에서 이루어진 발전이 인간이라는 생물 종에 미친 영향은 실로 어마어마하다. 한 세기 전에는 20억에도 채 미치지 못하던 인구가 폭발적으로 증가하여 현재는 70억에 달한다. 세계 인구는 1804년에야 비로소 10억에 도달했는데, 10억이라는 수에 이르기까지 무려 20만 년이 걸린 셈이다. 하지만 오늘날에는 12~14년마다 10억의 인구가 새롭게 보태지고 있다. 또 1900년에 태어난 미국의 남성과 여성의 기대수명은 각각 46세, 48세였던 반면에, 2000년에 태어난 남녀는 자신이 각각 평균 74세 그리고 80세까지 살 수 있으리라고 예상한다. 자연계에서 발생하는 변화의 속도와 비교해보았을 때 이렇게 짧은 기간 동안 50% 이상의 인구가 증가한 것은 전대미문의 대사건이다.

폴 사이먼이 〈보이 인 더 버블Boy in the bubble〉이라는 곡에서 노래했듯이 바야흐로 기적의 시대가 다가온 것이다.(버블보이는 선천적 면역결핍장애 때문에 평생을 무균 상태의 플라스틱 컨테이너 안에서 살아야 했던 소년 데이비드 베터David Vetter의 별칭임_옮긴이)


## 법칙 그리고 조절

인간이 동식물과 인간 자신의 몸을 장악하고 통제할 수 있게 된 것은 바로 분자 수준에서 생명의 제어 과정을 터득하게 되면서부터이다. 인간의 생명을 분자적 수준에서 바라보면서 깨달은 근본적 이치는 바로 모든 것은 빈틈없이 '조절'되고 있다는 사실이다.

막연하게 들리는 이 말이 구체적으로 의미하는 바는 다음과 같다.

- 효소나 호르몬, 지질, 염분 그리고 기타 화학물질을 비롯한 체내에 존재하는 모든 '분자'의 양은 특정한 범위 안에서 유지된다.

예를 들어 혈액 속의 어떤 분자는 다른 분자들에 비해 100억 배
이상 많이 존재한다.

- 적혈구, 백혈구, 피부세포, 장벽세포 그리고 이 밖에 200가지에
이르는 체내의 각기 다른 '세포'들은 정해진 개수에 맞추어 생산
되고 유지된다.

- 세포분열에서부터 당 대사, 배란, 수면에 이르기까지 체내에서
일어나는 모든 '과정'은 특정한 하나의 물질 또는 여러 물질의 조
합에 의해 제어된다.

질병이라는 것은 결국 대부분 체내에서 이러한 '조절' 과정이 비정상
적으로 이루어진 결과 나타나는 증상으로 어떤 물질이 너무 적게 또는
반대로 너무 많이 만들어질 때 일어난다. 이를테면 췌장(이자)이 인슐린
을 너무 적게 만들어내면 그 결과는 당뇨병으로 나타난다. 혈액 속에 나
쁜 콜레스테롤이 너무 많이 들어 있는 경우는 동맥경화증이나 심장마
비로 이어질 수 있다. 또 세포가 분열 과정에서 조절 능력을 잃어버려
정상 범위를 넘어서 분열하고 증식한다면 그것이 바로 암 덩어리가 되
는 것이다.

질병 치료를 위해 체내에서 일어나는 이러한 과정에 인위적으로 개
입하고자 한다면 조절이 이루어지는 '법칙'을 꼭 알아야 한다. 생명 현
상을 분자 수준에서 연구하는 사람들을 분자생물학자라고 하는데, 이
들이 하는 일은 결국 — 스포츠 용어를 빌리자면 — 조절 과정에 참여하는
선수들(분자)과 그들의 경기를 지배하는 규칙을 찾는 것이라 할 수 있
다. 지난 50년간 우리는 수많은 호르몬, 혈당, 콜레스테롤, 신경전달물

질, 위산, 히스타민, 혈압, 면역계, 세포 증식 그리고 이 밖에도 체내에서 제 역할을 하는 여러 선수를 적절한 수준으로 유지하는 많은 규칙을 찾 아냈다. 노벨 생리의학상 수상자들은 조절이라는 시합에 참가하는 선수 들과 이들을 움직이는 경기 규칙을 발견해 낸 사람들이 대다수를 차지 하고 있다.

약국의 선반은 이제 이러한 지식을 활용해 만들어낸 실용적인 결과 물로 채워진다. 분자 수준에서 얻어낸 조절 과정의 원리를 바탕으로 인 체에 치명적인 분자나 세포를 건강하고 정상적인 수준으로 되돌리고 자 개발된 약들이 넘쳐나고 있다. 실제로 세계 상위 50위 안에 드는 의 약품 대부분이 분자생물학 분야에서 일어난 혁명의 직접적 수혜물이다. 2013년에 이 약들은 모두 합쳐서 1,870억 달러의 판매량을 기록했다.

나를 포함해 분자생물학자들은 스스로 인간의 삶을 질적 · 양적으로 향상시키는 데 크게 이바지했다고 믿으며 이에 자부심을 느낀다. 지금 까지 인간 게놈이 가진 정보를 해독하는 수준은 엄청나게 높아졌다. 이 는 곧 선별적으로 작용하면서도 효과가 더욱 뛰어난 약을 개발하는 획 기적인 의학 발전의 새 물결을 예고한다. 생명 활동의 조절 법칙을 규명 하는 혁명적 발전은 앞으로도 계속될 것이다. 먼저 이러한 혁명이 지금 까지 어떤 식으로 진행됐고 앞으로 어느 방향으로 나아갈지 살펴보는 것이 이 책의 목적이다.

하지만 분자생물학은 정해진 법칙 아래 운영되는 생명 활동의 일면 을 대표할 뿐이지 지난 반세기 동안 변혁을 겪은 유일한 생물학 분야는 아니다. 생물학 탐구는 생명을 조절하는 법칙을 다각도에서 이해하는 것이다. 같은 시기에 분자생물학 혁명과 나란히 진행됐지만 상대적으로 눈에 덜 띄었던 혁명이 있었다. 분자생물학이 아닌 다른 분야에 속한 생물학자들이 훨씬 '거시적' 수준에서 자연을 지배하는 법칙을 발견한 것이다. 이들이 밝혀낸 법칙은 우리가 발견한 그 어떤 '미시적' 수준에서의 법칙보다 훨씬 우리 미래의 행복과 안녕에 밀접한 관련이 있다.

## 세렝게티 법칙

생물학의 두 번째 혁명은 몇몇 생물학자들이 아주 간단한, 심지어 무지해 보이기까지 한 질문을 던지면서 시작되었다. 지구는 왜 초록색일까? 동물들이 서식지에 존재하는 먹잇감을 모조리 먹어치우지 않는 까닭은 무엇일까? 한 장소에서 어떤 동물이 완전히 사라지면 무슨 일이 일어날까? 이러한 질문들은 체내에 수많은 종류의 분자와 세포를 조절하는 미시적 법칙이 있는 것과 마찬가지로, 주어진 환경에 서식하는 수많은 동식물을 조절하는 생태적 법칙이 있다는 사실을 밝혀내는 출발점이 되었다.

우선 이러한 생태적 법칙을 '세렝게티 법칙'이라 부르자. 세렝게티는 어려운 여건에서도 장기간 연구가 이루어져 관련 자료가 풍부할 뿐 아니라 바로 이 법칙이 아프리카 사바나에서 얼마나 많은 사자와 코끼리가 살 수 있는지를 결정하기 때문이다. 또한 이 법칙을 제대로 이해하면 사자가 그들의 영역권에서 사라졌을 때 무슨 일이 일어날지도 예측할 수 있다.

세렝게티 법칙은 세렝게티의 울타리를 넘어서 훨씬 더 광범하게 적용된다. 세렝게티 법칙이 세계 곳곳에서 작용하고 있다는 사실이 꾸준히 보고되고 있다. 더욱이 육지뿐 아니라 해양이나 호수 등에서도 세렝게티 법칙을 똑같이 적용할 수 있다는 사실이 입증되어왔다. 물론 이 법칙을 간단히 '이리 호의 법칙'이라고 부를 수도 있다. 하지만 그러면 왠지 세렝게티라는 단어가 주는 위엄이 느껴지지 않는다. 세렝게티 법칙은 아주 놀라운 법칙이다. 겉으로는 잘 드러나지 않지만 서로 다른 생물체 사이에 분명히 존재하는 연관성을 보여주기 때문이다. 또한 세렝게티 법칙은 아주 심오한 법칙이다. 이 법칙에 따라 동물과 식물, 나무, 맑은 공기와 깨끗한 물을 만들어내는 자연의 능력이 결정되기 때문이다. 이러한 자연의 능력에 인간의 생존이 달렸다는 사실은 말할 필요도 없다.

지금까지 우리는 인체 생물학에서 밝혀진 미시적 법칙을 의학에 적용하는 과정에서 세심한 주의를 기울이고 상당한 비용을 들여왔다. 반면에 거시적인 세렝게티 법칙을 인간사에 적용하여 해석하는 데는 매우 소홀했던 것이 사실이다. 개발된 신약을 인체에 사용해도 된다는 승인을 얻으려면 일련의 엄격한 임상 시험을 거쳐 효과와 안정성을 테스트해야 한다. 임상 시험에서는 약물이 질병 치료에 얼마나 효능이 있는지 측정하고, 약물을 투여했을 때 체내에서 특정 물질의 작용을 방해한다거나 특정 조절 프로세스에 문제를 일으키는 부작용이 있는지 확인해야 한다. 절차와 조건이 까다롭고 승인의 장벽이 매우 높기 때문에 신약 후보 물질의 약 85%는 임상 시험 과정에서 탈락한다. 이렇게 부적합 판정률이 높은 것은 약물이 동반하는 부작용에 대해 의사, 환자, 제약회사, 규제 기관이 용인할 수 있는 범위가 매우 좁다는 사실을 어느 정도 보여준다.

20세기에 걸쳐 인간은 지구의 대부분 지역에서 닥치는 대로 동물을 사냥하고 물고기를 잡고 농사를 짓고 산림을 개간하고 무엇이든 태워 버리고 원하는 곳이면 어디든 정착해서 살 수 있게 되었다. 하지만 그 과정에서 생물 종의 구성을 바꾸고 서식처를 교란함으로써 초래되는 부작용에 대해서는 일절, 아니 거의 고려하지 않았다. 우리 인구가 70억으로 늘어감에 따라 인류의 성공에 뒤따르는 부작용이 편치 않은 뉴스의 헤드라인을 장식하고 있다.

예를 들어 전 세계에 분포하는 사자의 수는 50년 전만 해도 45만 마리였지만 현재는 3만 마리로 곤두박질쳤다. 한때는 인도 아대륙亞大陸과 아프리카 대륙 전역에서 활보하던 금수의 왕이 26개국에서 자취를 감추었다. 현재 아프리카에 서식하는 전체 사자의 40%가 탄자니아에 살고 있으며, 특히 세렝게티는 가장 큰 사자 개체군(동일 종의 개체들이 모여 사는 집단_옮긴이)이 남아 있는 지역 중 하나다.

바다에서도 비슷한 이야기가 전개된다. 상어는 4억 년 동안이나 바다를 휘젓고 다녔으나 겨우 50년이라는 짧은 기간 사이에 전 세계의 수많은 상어 개체군이 90~99%까지 감소했다. 지금은 큰귀상어great hammerhead와 고래상어를 비롯해 전체 상어의 26%가 멸종 위기에 처해 있다.

혹자는 이렇게 말할지도 모르겠다. "그래서 뭐가 어쨌단 말인가? 승리는 우리의 것, 그들은 패배했을 뿐이다. 이게 바로 자연의 법칙이다." 하지만 이는 자연의 순리를 잘못 알고 하는 말이다. 우리 몸 안에서 어떤 구성 요소가 너무 적어지거나 많아지면 건강에 문제가 생긴다. 이와 마찬가지로 생태계를 구성하는 특정 개체군이 너무 적거나 너무 많을

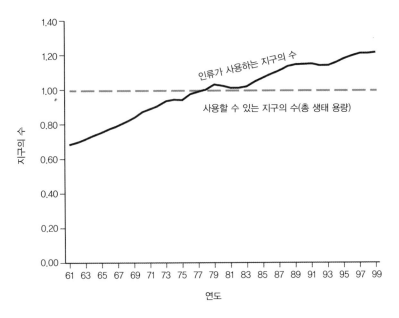

**그림 2** 지구의 생산 능력 대비 인류의 생태적 수요 경향. 현재는 지구가 재생할 수 있는 한계를 약 50% 초과했다. 출처_Wackernagel, M., N. B. Schulz, D. Deumling, A. C. Linares et al.(2002) "Tracking the Ecological Overshoot of the Human Economy." *Proceedings of the National Academy of Sciences* USA 99 : 9266~9271. ⓒ 2002 National Academy of Sciences

때 왜 생태계 전체가 병들 수밖에 없는지 세렝게티 법칙을 통해 알 수 있다.

　지구 곳곳에서 생태계가 아프다는, 적어도 매우 지쳐 있다고 알려주는 증거가 쌓이고 있다. 생태학자들은 식량과 자재를 얻기 위한 농작물 재배, 가축 방목, 벌목, 수산물 채취 및 포획, 주택 및 발전소 등 사회기반시설 건설, 연료 연소 등 인간 활동이 남긴 모든 생태적 흔적을 측정하는 방법을 개발했다. 이렇게 측정한 수치를 지구의 총생산 능력과 비교한 결과 내가 읽은 그 어떤 논문에서보다 단순하면서도 의미심장한

그래프가 그려졌다.그림2

그래프에 따르면 우리는 약 50년 전, 그러니까 세계 인구가 약 30억 이었던 시절에는 매년 지구가 지닌 연간 생산 능력의 약 70%를 사용했다. 그러나 1980년에 처음으로 100%를 초과했고 현재는 지구가 가진 능력의 150%를 사용하고 있다. 다시 말해 우리가 일 년 동안 써버린 것을 재생하기 위해서는 1.5개의 지구가 필요하다는 뜻이다. 하지만 이제는 연례 연구가 된 이 논문의 저자가 말한 것처럼 우리가 가진 지구는 딱 하나뿐이다.

인간은 자연을 지배하게 되었지만 정작 우리 자신은 통제하지 못하고 있다.


## 마땅히 따라야 할 법칙

생물학자가 하는 말이라 사심이 담겼다고 생각할지도 모르지만, 지난 세기를 돌아볼 때 모든 자연과학 분야 중에서 인간사에 가장 밀접한 학문은 생물학이었다. 또한 증가하는 인구를 먹여 살리는 데 필요한 식량, 의약품, 물, 에너지, 주거지, 생계 수단을 확보하는 과정에서 생물학이 가까운 미래에 중추적 역할을 하리라는 데에는 의심의 여지가 없다.

내가 아는 생물학자 중 생태학 지식이 있는 사람들은 모두 하나같이 지구의 건강이 나빠지고 있음을 걱정한다. 다른 생물은 둘째 치고 인간이 필요로 하는 것조차 꾸준히 제공할 능력이 감소하고 있다는 것이다. 우리는 인간의 생명을 위협하는 온갖 분자현미경적 문제에 대해서는 한없이 경쟁하고 더 나은 해결책을 찾으려고 애쓴다. 그러나 정작 우리 모두의 삶의 터전이 처한 현재 상황과 거시적 측면에서 생명의 작용을 무시할 때 오는 위협에 대해서는 계속 모르는 척 – 정말 몰라서일 수도 있지만 – 한다는 사실이 참으로 아이러니하지 않을 수 없다. 타이태닉호에 탑승한 승객들 역시 배의 속도나 위도보다는 그날 저녁 메뉴에 더 관심이 컸을 것이다.

그러니 자기 자신을 위해서라도 단지 내 한 몸을 유지하는 법뿐 아니라 대자연이 움직이는 법칙도 좀 배우자. 생태계 법칙을 더 깊이 이해하고 더 폭넓게 적용할 때만이 우리가 전 지구를 대상으로 일으키고 있는 부작용을 제어하고 되돌릴 수 있는 기회가 생길 테니까 말이다.

단지 법칙 몇 개를 나열하려고 이 책을 쓴 것은 아니다. 내가 소개할 법칙들은 생명의 작용을 이해하기 위해 오랜 시간에 걸쳐 힘겹게 진행된 과학적 탐구의 성과물이다. 나는 이 책에서 발견의 즐거움뿐 아니라 생명 탐구의 과정 자체를 보여주고 싶었다. 전 세계 곳곳에 있는 연구실로 따라 들어가 과학자들이 노력하는 과정을 지켜보고 함께 승리를 공유할 때 과학은 훨씬 즐겁고 이해할 만하며 기억할 만한 것이 된다. 이 책을 커다란 미스터리와 씨름하고 그 결과 위대한 업적을 성취해낸 사람들의 이야기로 구성한 것은 그래서이다.

그들의 발견은 인체 매뉴얼 또는 생태계 사용 설명서 이상의 의미가 있다. 많은 이들이 생물학에 대해 가지는 선입견 중 하나는 – 의심할 여지 없이 생물학자들이나 생물학 시험 탓이겠지만 – 생명을 이해하려면 수없이 많은 과학적 사실에 대한 배경 지식을 갖추고 있어야 한다는 것이다. 어느 생물학자가 말한 것처럼 생명이란 "하나하나 따로 분류해야 하는 거의 무한개의 입자"로 이루어진 것처럼 보인다. 하지만 나는 이 책에서 그렇게 어렵게만 볼 필요는 없다는 것을 보여주려고 한다.

인체가 하는 일이나 세렝게티에서 마주친 광경을 곱씹어보면, 생명 현상을 깊이 이해한다는 것은 무척 부담스럽고 버거운 일이라는 생각이 든다. 구성 요소가 헤아릴 수 없이 많고 요소들 사이의 상호작용은 너무 복잡하기 때문이다. 하지만 이 책에서 소개할 보편적 법칙이 가진 가장 큰 힘은 바로 복잡해 보이는 자연 현상을 아주 '단순한' 생명의 논리로 압축한다는 점이다. 이 논리로 어떻게 세포나 몸이 상황에 따라 어떤 물질을 많이 또는 적게 만들어내는지 설명할 수 있다. 그리고 똑같은 논리로 사바나의 코끼리 개체군이 늘어나고 줄어드는 현상을 설명할 수 있다. 분자 세계의 미시적 법칙과 생태계의 거시적 법칙은 세부 사항은 다를 수 있어도 전체를 아우르는 기본 논리는 놀랄 만큼 비슷하다. 이 논리를 제대로 파악한다면 생명이 서로 다른 수준, 즉 분자에서 인간으로, 코끼리에게 생태계로 작용하는 비밀을 밝히는 결정적 단서를 얻게 되리라 믿는다.

요컨대 나는 사람들이 이 책을 읽고 신선한 통찰과 영감을 얻기 바란다. 완전히 반대되는 두 영역에서 생명이 보여주는 경이로움에 대한 통찰과 이 통찰을 바탕으로 거대한 미스터리를 풀기 위해 씨름하고 세상을 더 나은 곳으로 변화시키기 위해 부단히 노력한 사람들의 이야기가 주는 영감을 말이다.

• • •

세렝게티에서 보낸 닷새 동안 우리는 이곳에 살고 있는 모든 대형 포유류들을 만났다. 단 한 종만 빼고. 하지만 황금빛 초원을 거슬러 돌아오는 길에 마치 계시처럼, 선명하게 드러난 거대한 뿔이 신기한 실루엣을 그리며 지평선 위에 나타났다. 검은코뿔소였다. 세렝게티 안에 겨우 31마리밖에 없기 때문에 검은코뿔소를 본다는 것은 매우 드문 일이고 그래서 더욱 심장 떨리는 광경이었다. 한때는 1,000마리도 넘는 검은코뿔소가 세렝게티를 누볐다는 사실은 우리 앞에 닥친 도전 과제가 무엇인지 바로 상기시켜준다. 음경이 발기하는 분자 수준의 법칙이 밝혀진 덕분에 적어도 다섯 종류 이상의 저렴하고 효과 좋은 약이 개발되었지만, 코뿔소의 뿔은 여전히 동양에서는 고가의 정력제로 유통되어 밀렵이 성행한다.

기적과 놀라움으로 가득 찬 날들이잖아요.
울지 말아요, 그대, 울지 말아요.
울지 말아요.

제1부

모든 것은 조절된다

# 제1장

# 인체의 지혜

살아 있는 모든 것은 안정을 유지하려고 애쓴다.
그렇지 않으면 자신을 둘러싼 거대한 힘에 의해
분해되고 바스러지고 녹아버릴 것이기 때문이다.

_찰스 리쳇Charles Richet, 노벨상 수상자(1913년)

나뭇가지가 부러지는 큰 소리에 깊은 잠에서 깼다. 우리는 탄자니아 북부의 타랑기리Tarangire 강 위로 숲이 우거진 절벽에서 야영하고 있었다. 달도 뜨지 않은 칠흑같이 어두운 밤이라 텐트 스크린을 통해서는 아무것도 보이지 않았다. 바람에 나무가 쓰러졌나? 시계를 보니 새벽 네 시였다. 나는 몸을 돌려 다시 눈을 붙였다.

그때 갑자기 육중한 발소리가 들렸다. 처음엔 앞쪽에서 우두둑하는 소리가 들리더니 텐트 주위로 퍼지면서 윙윙대는 소리가 거의 그르렁거리는 소리에 가까워졌다. '바로 옆에서' 나는 소리 같았다. 아내 제이미도 잠에서 깼다.

한 무리의 코끼리 가족이 절벽 위의 나뭇잎을 뜯어 먹으려고 강바닥

**그림 1.1** 코끼리다! 엄포를 놓는 코끼리 수컷. 타랑기리 국립공원.

사진_패트릭 캐럴

에서부터 비탈길을 타고 올라온 것이다. 자연계에서는 천적을 찾을 수 없는 이 커다란 짐승은 자기가 가고 싶은 곳이면 어디든 발길을 옮긴다. 무려 3.6톤에 이르는 몸집에 지게차처럼 강력한 상아까지 장착한 이 동물은 덤불과 관목을 불도저처럼 밀어버리며 앞으로 나아간다. 가지와 나뭇둥걸이 부러지고 쪼개지는 소리를 들으면서 나는 얇은 캔버스 천으로 된 텐트 안에서 우리가 과연 무사할 수 있을까 겁이 났다. 하지만 고맙게도 코끼리들은 자신의 식당을 차지한 인간과 네모난 피난처에 무관심했고 물을 마시러 언덕 아래로 내려갈 때까지 나뭇잎으로 실컷 배를 채웠다.

날이 밝아오자 우리는 조심스럽게 밖으로 나가 낙오자들을 카메라에 담았다. 세상에, 동물원의 창살 없이 눈앞에서 바로 보는 코끼리는 훨씬 거대한 생명체였다. 이 수컷은 어깨 높이가 3m가 넘고 귀가 엄청나게 컸다. 텐트 주위로 삼삼오오 모여 자신을 뚫어져라 쳐다보는 파파라치들을 가볍게 무시한 채 코끼리는 여유롭게 나뭇가지에서 잎사귀를 뜯어 먹었다.그림 1.1

하지만 텐트에서 들리는 어떤 소리가 그를 겁먹게 했던 모양이다. 코끼리는 크게 울부짖으며 왼쪽으로 돌더니 우리 쪽으로 성큼 다가왔다.

다음에 일어난 일은 한 가지 버전으로만 이야기할 수는 없다.

우선 내 이야기 버전부터 말하면, 우리는 곧바로 텐트 안으로 뛰어들어가 잽싸게 지퍼를 잠갔다. 4톤짜리 코끼리가 지퍼를 열 수는 없으니까. 그리고 덜덜 떨면서 평정을 되찾으려고 애썼다.

생물학적 이야기 버전으로 말하면, 그 짧은 몇 초 동안 나의 뇌와 몸에서는 상당한 일들이 일어났다. '코끼리가 화났다, 뛰어!'라는 생각이 미처 들기도 전에, 대뇌의 원시적인 부분인 편도체가 이미 시상하부에 위험 신호를 보냈다. 시상하부는 편도체 바로 위에 자리한 아몬드 크기의 명령 중추로서 체내의 주요 기관에 전기화학적 신호를 내보낸다. 이 신호는 신경을 타고 콩팥 맨 위쪽에 있는 부신으로 전달되어 부신수질에서 노르에피네프린과 에피네프린(아드레날린)을 분비하게 한다. 이 호르몬들은 재빨리 혈류를 타고 순환하며 심장은 더 빨리 펌프질하고, 폐는 기도를 활짝 열어 호흡률을 증가시키고, 골격근은 수축하고, 간은 저장된 당을 풀어 에너지를 공급하며, 몸 전체에 퍼져 있는 민무늬 근육은 혈관을 조이며 피부의 털을 바짝 세우고, 혈액은 피부, 장, 콩팥으로부터 철수하라고 지시를 내린다. 시상하부는 또한 가까이 있는 뇌하수체에 부신피질자극호르몬 방출인자를 분비하도록 신호를 주는데, 이로 인해 부신피질자극호르몬이 방출하면서 부신피질을 자극하여 코르티솔이라는 화학물질을 분비하게 한다. 코르티솔은 혈압을 높이고 근육으로 가는 혈류량을 증가시킨다.

이 모든 생리적 변화는 '투쟁-도피반응<sup>fight or flight response</sup>'의 일부다. 투쟁-도피반응은 약 100년 전에 하버드대학교의 생리학자 월터 캐넌<sup>Walter Cannon</sup>(1871~1945)이 처음으로 창안하고 기술한 현상이다. 이것은 공포나 분노를 느끼는 상황에서 신체가 바로 맞서 싸우거나(투쟁) 재빨리 달아나도록(도피) 대비하는 일련의 생리적 반응을 말한다. 우리는, 도피를 선택했다.


## 겁먹은 고양이가 겪는 일


월터 캐넌은 소화에 관한 초기 연구를 진행하면서 처음 공포에 대한 신체의 반응에 관심을 두게 되었다. 캐넌이 의대를 다니던 시절에 엑스레이가 막 발견되었는데, 한 교수가 캐넌에게 이 새로운 발명품을 사용해 소화 과정을 관찰해보라고 제안했다. 1896년 12월 캐넌은 동료와 함께 엑스레이 영상을 얻는 데 성공했다. 진주 단추를 삼킨 개가 대상이었다. 그들은 이어서 닭, 거위, 개구리, 고양이를 대상으로 실험을 계속했다.

소화 과정을 관찰할 때 한 가지 어려운 점은 위나 장의 부드러운 조직이 엑스레이 상에서 잘 나타나지 않는다는 것이다. 캐넌은 동물의 먹이에 비스무트염을 섞어 먹인 후 촬영하면 소화관을 직접 눈으로 확인할 수 있다는 것을 알아냈다. 비스무트는 엑스레이가 투과할 수 없기 때문이다. 그는 바륨도 사용해보았다. 바륨은 당시에 연구용으로 쓰기엔 너무 비쌌지만, 나중에 방사선 전문의에 의해 채택되어 오늘날에도 여전히 소화기내과에서 사용되고 있다. 이러한 일련의 고전적인 연구를 통해 월터 캐넌은 처음으로 마취하지 않은 살아 있는 건강한 동물과 사람의 몸에서 연동 운동에 의해 음식물이 식도에서 위와 장으로 이동하는 과정을 관찰할 수 있었다.

그런데 실험 중에 캐넌은 고양이가 불안해지면 위장의 수축이 갑자기 멈춰버린다는 사실을 발견했다. 그는 노트에 이렇게 적었다.

조용히 숨만 쉬던 고양이가 갑자기 성을 내며 발버둥 칠 때면 위장의 운동이 완전히 멈춰버리는 것을 보았다. 아주 여러 번 확실히 관찰했기 때문에 의심의 여지가 없다. 그러다가 약 30초가 지나면 다시 움직임이 시작되었다.

캐넌은 몇 번이고 실험을 거듭했다. 그때마다 위장 운동은 동물이 일단 진정된 후에야 다시 시작되었다. 겨우 2년 차 의대생이 또 한 번 대단한 발견을 해낸 것이다. 짧은 연구 경력임에도 벌써 두 번째 고전이 된 논문에서 그는 "격렬한 감정 변화가 소화 과정에 지장을 준다는 사실은 누구나 알고 있는 상식이다. 그러나 불안한 상태에서 위장 활동이 이처럼 극단적으로 예민해진다는 것은 놀라운 일이다"라고 썼다.

실험에 재미를 붙이고 요령을 터득한 캐넌은 개업의가 되려는 계획을 포기했다. 그의 재능과 자신의 일에 근면하고 매사 빈틈없는 성격은 하버드대학교 생리학과의 저명한 교수에게 좋은 인상을 주어 캐넌은 졸업하자마자 전임강사 자리를 제의 받았다.


## 신경성 위염

이제 자기만의 실험실을 갖게 된 캐넌은 감정이 소화에 미치는 영향을 연구하기 시작했다. 그는 토끼나 개, 기니피그가 정신적 스트레스를 받으면 소화가 중단되는 것을 두 눈으로 확인했다. 또한 의학 논문을 읽고 인간의 경우도 마찬가지라는 사실을 알게 되었다. 감정과 소화 사이의 이러한 연관성은 신경계가 소화기관을 직접 제어한다는 가능성을 보여주었다.

캐넌은 정신적 스트레스의 모든 외적 징후가 – 혈관 수축으로 핏기가 사라지며 얼굴이 창백해지고 식은땀이 흐르며 입안이 바짝 마르고 동공이 확대되며 피부의 털이 곤두서는 – 이른바 교감신경계에 의해 자극을 받아 민무늬근육의 활동 영역 안에서 일어난다는 사실을 알고 있었다. 교감신경계는 척수의 가슴(흉수)과 허리(요수) 부분에서 시작하는 뉴런(신경세포)의 사슬로 구성된다. 뉴런은 곧 신경절이라고 부르는 신경세포의 다발로 이어진 후 신경절에서 제2의 뉴런들이 뻗어 나가 표적이 되는 기관으로 신경이 분포된다. 이 두 번째 뉴런은 대체로 길이가 더 길다. 대부분의 신체 기관과 분비샘들은 교감신경의 자극을 받는데, 여기에는 피부, 동맥, 소(세)동맥, 홍채, 심장 그리고 소화기관이 포함된다. 이 기관들은 뇌간과 척수의 엉치(천수) 쪽에서 시작하는 신경의 자극을 받기도 한다.그림 1.2

정신적 스트레스를 받는 상황에서 위와 장이 활동을 멈추는 원인을 찾기 위해 캐넌과 그의 학생들은 단순하지만 기초적인 일련의 연구를 수행했다. 한 가지 방법은 소화기관으로 이어지는 신경을 절단하는 것이다. 캐넌은 뇌신경의 일부인 미주신경을 절단하고 교감신경계의 일부인 내장신경은 온전한 상태로 두었다. 그랬더니 여전히 스트레스를 받는 상황에서 대장의 연동 운동이 억제되었다. 반대로 내장신경을 절단하고 미주신경을 그대로 두었더니 공포에 의한 반응이 더 이상 나타나지 않았다. 이 결과는 감정에 의해 유도되는 연동 운동의 억제 과정에 교감신경계의 내장신경이 반드시 필요하다는 사실을 증명했다.

캐넌은 반응을 일으킨 원인이 사라진 후에도 위장 활동의 억제 현상이 오래도록 지속하는 경우가 있다는 것을 알게 되었다. 이는 직접적인 신경 자극이 끝난 이후에도 불안한 상태를 유지하는 두 번째 메커니즘이 존재한다는 것을 암시했다. 당시에 부신에서 추출한 아드레날린을 혈류에 주입하면 교감신경계가 자극될 때 나타나는 것과 같은 효과를 보인다는 연구 결과가 있었다. 캐넌은 공포와 분노에 의한 인체의 반응에 부신이 연관되어 있을지도 모른다는 생각을 하게 되었다.

이러한 가능성을 테스트하기 위해 캐넌은 고양이와 개 사이의 원초적 적대감을 십분 활용했다. 캐넌과 젊은 의사 다니엘 데라파스Daniel de la Paz는 고양이 앞에 사납게 짖어대는 개를 데려다 놓아 스트레스를 유발

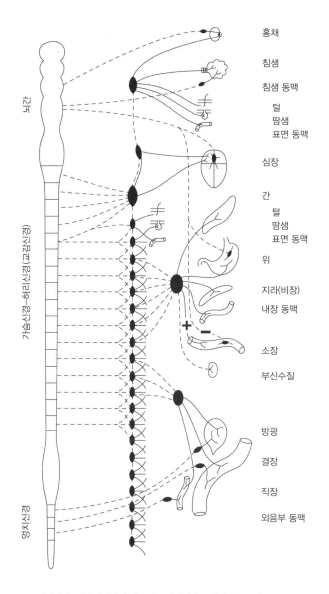

뇌간

가슴신경-허리신경(교감신경)

엉치신경

홍채

침샘

침샘 동맥

털
땀샘
표면 동맥

심장

간
털
땀샘
표면 동맥

위

지라(비장)

내장 동맥

소장

부신수질

방광

결장

직장

외음부 동맥

**그림 1.2** 교감신경계. 자율신경계의 일부인 교감신경계는 다양한 분비샘과 민무늬근육에 연결되어 항상성을 유지하고 투쟁–도피반응을 중개한다. 일반적으로 뇌간과 엉치에서 시작된 신경은 가슴이나 허리에서 비롯된 신경과는 반대 작용을 한다.

출처_월터 캐넌의 《인체의 지혜》에서 인용, 리앤 올즈Leanne Olds가 수정함하는 환경을 연출했다. 그리고 이러한 환경에 노출되기 전후의 고양이 혈액 표본을 채취하여 비교했다. 그런데 겁에 질린 고양이 혈액 속에 들어 있는 물질을 분리된 내장 근육 덩어리에 처리했더니 근육의 수축이 멈추었다. 이것은 아드레날린을 처리했을 때 관찰된 것과 똑같은 효과였다.

에피네프린(아드레날린)은 부신에서 생산된다. 캐넌과 동료들은 에피네프린이 심장 박동을 증가시키고 간에서 글리코겐을 분해하여 혈당을 높이며 심지어 혈액 응고를 일으킨다는 것을 알아냈다. 이 효과 중 어느 것도 부신이 제거되거나 부신으로 이어지는 신경이 절단되었을 때는 나타나지 않았다. 그렇다면 교감신경계와 부신은 서로 협력하여 스트레스를 받는 상황에서 신체의 여러 기관을 제어한다고 말할 수 있다.

캐넌은 에피네프린에 의해 유도되는 반응은 투쟁-도피 상황에 대비하는, 혹은 통증에 반응하는 부신의 '응급' 기능이라고 생각했다. 다윈의 자연선택설을 강하게 고수하는 입장에서 캐넌은 부신 체계의 역할을 다음과 같이 해석했다.

> 에너지를 최대로 모으고 피로를 최소로 하며 당분을 최대한 근육으로 보내고 목숨이 걸린 상황에서 도망치거나 싸우는 데 필요한 신체기관으로 최대한 혈액을 보낼 수 있는 생물체야말로 살아남을 확률이 가장 높다.

캐넌의 학생인 필립 바드 Philip Bard는 이어지는 연구를 통해 시상하부가 소화, 심장 박동, 호흡, 투쟁-도피반응 등 이른바 신경계의 불수의적 기능(의지와 상관없이 움직이는 신체의 활동_옮긴이)을 제어하는 뇌의 가장 중추적인 부분이라는 것을 증명해 보였다. 뇌의 시상하부와 신체의 응급 반응은 모두 오래전에 진화한 것들이다. 이와 같은 본능적 반응 덕분에 우리 조상들은 사바나의 사자나 하이에나로부터 자신을 지킬 수 있었을 것이다. 마치 오늘날 뉴욕 시내에서 보행자들이 돌진하는 택시를 재빨리 피하거나, 아프리카 관광객들이 화가 난 코끼리로부터 날쌔게 도망칠 수 있는 것처럼 말이다.

## 군대에 간 과학자

월터 캐넌은 아이비리그 학생이었지만 상아탑에 갇힌 과학자는 아니었다. 제1차 세계대전이 발발한 지 3년이 지난 1916년 유럽의 전쟁터는 엄청난 부상자를 쏟아내며 끔찍한 교착상태에 빠졌고, 미국이 분쟁에 휘말릴 가능성이 점차 커지고 있었다. 캐넌은 정부의 요청으로 생리학자들로 구성된 특별 위원회의 의장을 맡아 병사들과 민간인의 목숨을 보호할 방법을 논의하였다. 당시 야전 병원에서 벌어지는 가장 심각한 문제는 부상병의 쇼크 현상이었다. 쇼크 상태에서 맥박이 빨라지고 동공이 확장되며 비지땀을 흘리는 증상은 바로 캐넌이 스트레스 환경에 노출된 동물들에게서 관찰한 것과 같았다. 이런 증상을 나타내는 부상병들은 상태가 매우 빠르게 악화해 사망하는 경우가 잦았다. "쇼크 치료를 위해 아직 시도해보지 않은 방법은 없습니까?"라고 캐넌은 동료 생리학자에게 물었다.

캐넌은 쇼크 문제에 깊이 몰두했고 증상을 완화할 방법을 모색하기 위해 실험을 시작했다. 1917년에 미국이 드디어 참전을 결정했을 때, 캐넌은 마흔다섯 살이나 된 다섯 아이의 아버지로서 쉽게 군 복무를 면제 받을 수 있었지만 유럽으로 향하는 미국의 첫 번째 의료진이었던 하버드대학병원 팀에 자진해 합류했다. 그것도 모자라 프랑스 북부 최전방에 있는 쇼크 병동에서 복무하겠다고 자원했다.

캐넌은 보스턴에서 가족들에게 작별 인사를 하고 기차로 뉴욕까지 간 후 그곳에서 수송선 작센호에 올라 영국으로 향했다. 영국까지의 항해는 11일 정도 걸리는 긴 여정이었다. 작센호는 항해 도중 독일 잠수함에 의해 발견되는 일이 없도록 밤이면 선박의 모든 창을 닫아 불빛을 차단했다. 대개 선박은 충돌을 방지하기 위해 선체의 양 끝에 등을 매달아놓지만 작센호는 선미에만 불을 밝혀 어뢰의 표적이 되지 않도록 신중을 기했다. 항해 8일 차에 접어들자 배는 점차 영국 해안에 가까워졌다. 수송선 전체에 옷을 입은 채로 잠자리에 들라는 명령이 떨어졌다. 배가 격침되었을 경우 옷을 갖춰 입고 있어야 신속하게 구명보트에 올라탈 수 있기 때문이다. 비와 안개 속에 바다가 거칠어지면 캐넌은 오히려 마음을 놓았다. 아내 코닐리아Cornelia에게 보낸 편지에서 캐넌은 "이런 날씨에 사냥을 나오는 함대는 없겠지"라고 썼다. 마침내 배가 영국 구축함의 호위를 받게 되자 캐넌은 그제야 마음을 놓았다.

무사히 영국에 도착하자마자 캐넌은 바로 야전 병원으로 향했다. 영국이 대규모 공세를 펼친 직후라 사상자들이 쏟아져 들어왔다. 캐넌은 17년 전에 의대를 졸업한 이후로 사람을 직접 치료한 적이 없었다. 하지만 수술실에서 보조 역할을 자처하고 환자들의 상처를 붕대로 감싸

며 병동에서 일했다.

이후 캐넌은 최전방에 더 가까운 야전 병원으로 이동했다. 하지만 병사들의 수가 급속도로 줄어드는 처참한 상황을 속수무책으로 바라볼 수밖에 없었다. 캐넌을 비롯한 미국과 영국의 생리학자들은 병사들이 죽어 나가는 미스터리를 반드시 해결하겠다고 마음먹고 이 문제에 필사적으로 매달렸다.

쇼크 현상의 결정적 실마리는 병사들의 혈압을 측정하는 과정에서 나타났다. 부상자의 맥박을 확인하는 기존 진료 과정에 혈압 측정이 추가되었다. 건강한 병사의 혈압은 약 120~140mmHg이지만 쇼크 환자의 경우 혈압이 90mmHg 이하로 떨어졌다. 그리고 혈압이 50~60mmHg까지 떨어지면 대개는 살아나지 못했다.

이렇게 혈압이 극도로 낮아진다는 것은 생명 유지에 절대적으로 필요한 신체 기관들이 충분한 연료를 얻지 못하고 노폐물을 제거하는 데 어려움을 겪고 있다는 것을 의미했다. 프랑스에 도착한 지 얼마 안 되어 캐넌은 쇼크 환자의 혈액에서 탄산수소이온($HCO_3^-$)의 농도를 측정했다. 탄산수소이온은 혈액의 산도(pH)를 조절하여 완충작용을 하는 매우 중요한 역할을 맡고 있다. 그는 쇼크 환자의 경우 혈액 내 탄산수소이온의 농도가 상대적으로 낮다는 사실을 발견했다. 이는 정상적인 상태에서는 약알칼리성인 혈액이 환자들의 피에서는 좀 더 산성화된다는 뜻이다. 캐넌은 혈액의 산성화가 심해질수록 혈압이 낮아지고 쇼크의 강도도 더 커진다는 것을 알게 되었다. 그래서 아주 단순한 치료법을 제안했다. 바로 쇼크 환자에게 탄산수소나트륨(베이킹소다)을 처방하는 것이다.

캐넌은 유럽에 도착한 지 2개월이 지난 1917년 7월 말 아내 코닐리아에게 쓴 편지에서 첫 시험 결과를 보고했다.

> 월요일에 혈압이 64mmHg까지 떨어진 환자가 왔소. 보통은 120 정도라오. 환자 상태가 아주 안 좋았지. 우리는 환자한테 소다(탄산수소나트륨)를 두 시간마다 찻숟가락으로 하나씩 주었소. 그랬더니 다음 날 아침 혈압이 130으로 올라간 거야. 수요일에는 어깻죽지 전체가 심하게 다친 친구가 실려 왔는데, 그런 경우 대개는 가망이 없다오. 수술이 끝날 무렵에는 혈압이 걷잡을 수 없이 떨어져서 50까지 내려갔지. 우리는 바로 소다를 처방했는데 놀랍게도 다음 날 아침 혈압이 112로 회복했다오.

캐넌은 이 밖에도 그 주에 치료 받았던 세 명의 다른 병사들에 관해서도 썼는데, 모두 죽음의 문턱에서 겨우 목숨을 건졌다. 이들 중 한 사람에게는 탄산수소나트륨을 정맥 주사로 주입했는데, 곧바로 가쁜 호흡과 맥박이 진정되었다.

캐넌과 연합군 의무사령부는 기적과 같은 발견에 흥분했다. 쇼크는 일반적인 수술 과정에서도 종종 일어나기 때문에 탄산수소나트륨의 처방은 모든 응급 상황에서 사용할 수 있는 표준 예방책으로 채택되었다. 이 밖에도 캐넌과 동료들은 쇼크가 일어나는 것을 예방하기 위한 다른 처치법들을 권고했다. 부상병을 따뜻한 담요로 감싸 환부가 노출되는 것을 막고 따뜻한 음료를 마시게 하며, 이송 시에는 마른 들것을 사용하고, 수술 중에는 마취제를 약하게 사용하는 방식이었다.

캐넌은 새로운 처치법을 장려하기 위해 훈련 받은 쇼크 전담 팀을 배치하여 전장이나 전장 주변에서 쇼크 상태에 빠진 병사들이 즉각 치료를 받을 수 있도록 조치했다. 또한 직접 최전방까지 방문하여 실제 전장에서 전담 팀이 어떤 식으로 임무를 수행하는지 시찰했다.

1918년 7월 중순, 캐넌은 프랑스 동부 샬롱쉬르마른<sup>Chalons-sur-Marne</sup> 근처의 병원을 방문했다. 다른 의사들과 함께 어울려 저녁 시간을 보낸 후 잠자리에 들었다. 멀리서 총소리가 들려왔지만 늘 있는 일이라 크게 신경 쓰지 않았다. 그런데 자정 무렵 엄청난 굉음에 잠에서 번쩍 깼다. 그의 표현에 따르면 마치 "수천 대의 트럭이 자갈길을 달리는 것과 같은 끔찍한" 소음이었다. 캐넌은 창문으로 뛰어갔다. 지평선 전체가 번쩍거리며 총탄과 폭격으로 불타올랐다. 아주 가까이에서 포탄이 날아가는 소리가 들리더니 병원 바로 옆에 떨어지며 폭발했다. 포탄은 거의 3분에 하나씩 발사되었고 무려 네 시간 동안이나 끊임없이 병원 건물 반경 1.5km 이내를 공격하였다.

독일의 대규모 공격이 진행 중인 상황이라 캐넌은 쇼크 병동으로 호출되어 첫 사상자들을 맞았다. 그 후 부상병들이 홍수처럼 밀려와 하루에 1,100명 이상의 병사들이 실려 왔다. 쇼크 병동이 부상병들로 꽉 찼을 무렵 귀가 찢어질 듯한 폭발음이 들려왔다. 포탄이 겨우 6m 떨어진 옆 병동에 떨어진 것이다. 건물의 지붕이 날아가고 캐넌이 있던 병동의 벽까지 파편이 날아와 박혔다. 폭발로 인한 먼지와 연기, 가스가 공기를 가득 메웠다. 그러나 캐넌과 의료진은 각자의 자리에서 책임을 다하며 모든 환자를 후방의 안전한 지역으로 옮길 때까지 그곳을 떠나지 않았다.

**그림 1.3** 군복 차림의 월터 B. 캐넌.

사진_가족 앨범. 월터 브래드퍼드 캐넌의 논문, 1873~1945, 1972~1974, 1881~1945, H MS c40. 하버드대학교 프
랜시스 A. 카운트웨이 의학도서관 제공

이 전투는 전쟁의 전환점이 되었다. 독일은 오도 가도 못하는 상태가 되었고 이후 몇 주, 몇 달 동안 연합군은 독일군을 동쪽으로 몰아갔다. 캐넌은 최전선을 따라 독일군 점령지까지 갔다. 그는 완전히 폐허가 돼 버린 프랑스 마을을 지나면서 나무에 잎이라고는 하나도 달리지 않은 황량한 풍경과 한 줄로 길게 늘어선 포로들을 보았다. 마침내 병원으로 실려 오는 연합군 부상자의 대열이 눈에 띄게 줄어들더니 완전히 멈추었다. 전쟁이 끝난 것이다. 캐넌은 아내에게 편지를 썼다. "우리가 세계의 역사를 바꾼 투쟁의 중심에서 부상병들을 치료했다는 사실을 아니 뿌듯하구려."

전쟁 중에 캐넌이 보여준 모범적인 임무 수행은 승진 행렬로 되돌아왔다. 겨우 14개월 동안 그는 중위에서 대위, 소령 그리고 마침내 중령으로 진급하였다. 그는 영국에서 배스 훈장을 받았다. 미국의 유럽 원정군 총사령관인 존 조지프 퍼싱 John Joseph Pershing은 다음과 같이 그의 공을 치하했다. "쇼크 치료의 교관으로서 이례적으로 우수하고 훌륭하며 뛰어난 실적을 보였음." 1919년 1월 파리에서의 즐거운 축하 파티가 끝나자 캐넌은 배를 타고 그를 기다리는 아내와 아이들 그리고 하버드 실험실이 있는 미국으로 돌아왔다.

## 인체의 지혜

전쟁 중 프랑스 야전 병원에서의 경험은 생리학자 월터 캐넌에게 지대한 영향을 미쳤다. 캐넌은 인간의 생명을 유지하는 아주 중요한 변수에 대해 날카롭게 통찰할 수 있는 지식을 직접 체득한 것이다. 또한 과거에 캐넌은 동물을 대상으로 실험하며 소화, 호흡, 심장박동 수, 스트레스 반응 조절에 대한 깊은 지식을 쌓았다. 캐넌은 이 두 가지 지식을 결합하여, 외부 교란에 대응하면서도 체내의 중요한 기능은 일정한 범위를 벗어나지 않도록 유지하는 신체의 역량에 대해 깊이 생각하게 되었다.

　캐넌은 신경계와 내분비계가 신체 내부의 환경 조건(체온이나 산도, 수분, 염분, 산소, 당)이 큰 폭으로 변하는 것을 막고 항상 일정한 수준으로 유지되도록 애쓴다고 생각했다. 그는 이러한 조건이 정해진 범위를 벗어날 경우 심각한 질병 또는 죽음에 이른다는 것을 아주 잘 알고 있었다. 예를 들어 정상적인 혈액의 pH, 즉 산도는 거의 7.4로 유지된다. 만약 혈액의 산도가 6.95 이하로 떨어지면 인간은 코마 상태에 빠지거나 사망하게 된다. 그리고 7.7 이상으로 올라가면 경련과 발작이 일어난다. 이와 비슷하게, 칼슘의 농도는 100mL의 혈액당 10mg으로 유지되는데 농도가 반으로 떨어지면 경련을 일으키고 두 배로 높아지면 사망한다.

　캐넌은 강연과 논문을 통해 인체에 내재한 지혜로움에 관해 이야기했다. "우리 몸은 자신을 매우 효과적으로 보살피도록 설계되었다. 그리고 우리는 최근에서야 그 구체적인 방식을 인지하기 시작했다." 근대에 이루어진 획기적 성과 중 하나는 혈당 조절 과정에서 인슐린의 역할을 규명한 것이다. 사람이 밥을 먹으면 혈당이 높아진다. 캐넌은 혈당을 낮추기 위해 미주신경이 췌장(이자)을 자극하여 인슐린을 분비하고, 방출된 인슐린이 혈액 내 잉여의 당분을 저장하도록 촉진하는 과정에 주목했다. 반대로 혈당이 떨어지면 자율신경계의 다른 신경들이 부신을 자극하여 간에 저장된 글리코겐을 분해한 후 당을 내보내게 한다. 캐넌의 말을 빌리면, 이러한 방식으로 "생물체는 체내에서 혈당량이 변하는 범위를 스스로 제한한다".

캐넌은 인체의 기관 대부분이 상반된 두 가지 신경 자극을 받는다는 사실을 강조했다. 이러한 신경 배선 덕분에 신체 기관의 활동은 상황에 따라 증가하기도 하고 감소하기도 한다. 캐넌은 동요를 일으키는 상황에 적응하려는 신체의 능력에 크게 감탄했다. 그리고 신체가 내부 환경을 항상 일정한 상태로 유지하려는 속성을 기술하고자 '항상성 homeostasis'이라는 용어를 고안해냈다. 항상성이라는 단어는 그리스어로 '비슷하다'는 의미의 'homeo'와 '그대로 서 있다'는 의미의 'stasis'가 합쳐진 말이다. 항상성은 고상하고 추상적인 철학적 개념이 아니라 바로 캐넌이 30년간 수행한 생리학 연구에 바탕을 둔 구체적이고 실질적인 개념이다. 조절의 과정에서 가장 근간이 되는 본질적 개념으로, 신체 환경을 특정한 범위 내에서 유지하도록 '제어'하는 신체 내의 생리 과정을 말한다.

캐넌은 이러한 주장을 논문에 상세히 기술했고, 이후에 《인체의 지혜 The Wisdom of the Body》라는 유명한 책으로 출판했다. 그는 여러 가지 증거를 제시하여 인체가 적극적인 조절 과정을 통해 안정성을 유지한다는 주장을 뒷받침했다. 첫째, 외부에서 유입되는 다양한 교란 요인과 변수에도 불구하고 신체 기능이 일정하게 유지된다는 것은 안정된 상태를 벗어나지 않으려는 조절 메커니즘이 체내에 존재함을 의미한다. 둘째, 신체의 안정성이 유지되는 까닭은 변화에 저항하는(양의 방향이든 음의 방향이든) 특별한 인자가 존재하기 때문이다. 셋째, 혈액의 산-염기 균형처럼 항상성을 유지하는 과정에는 종종 다수의 인자가 관여한다. 이들은 한꺼번에 작용하기도 하고 순차적으로 작용하기도 하면서 서로 협력한다. 넷째, 혈당의 경우처럼 한 방향으로 작용하는 조절 인자가 있다는 사실은 반대 방향으로 작용하는 조절 인자도 존재한다는 가능성을 암시한다.

요컨대 캐넌은 체내에서 일어나는 모든 일은 엄격히 조절된다고 확신했다. 그리고 "생물체 내에서 일어나는 조절이야말로 생리학에서 가장 핵심이 되는 주제"라고 결론지었다.

소화, 갈증, 굶주림, 공포, 고통, 쇼크 그리고 신경계와 내분비계에 관한 방대한 연구에 기반을 두고, 이에 덧붙여 어려운 주제를 이해하기 쉽게 전달하는 캐넌의 명쾌한 글솜씨 덕분에 항상성은 생리학과 생물학의 가장 기초가 되는 중심 개념이 되었다. 어떤 이는 항상성을 다윈의 자연선택설에 비견하여 생물학을 통합하는 위대한 발상이라고까지 말했다.

캐넌은 항상성 메커니즘이 의학계에 지대하고도 긍정적인 결과를 가져올 것이라고 믿었다. 그는 보스턴 지역 의사들을 대상으로 '아픈 이들의 치유에 낙관적일 수밖에 없는 이유'를 주제로 강연하였는데, 이 강연 내용은 후에 《뉴잉글랜드 의학저널New England Journal of Medicine》에 게재되었다. 캐넌은 전형적인 겸손의 말로 강연을 시작했다.

> 매일같이 아픈 남성과 여성이 가진 현실적 문제에 직면해야 하는
> 의사 여러분들이 생리학자이자 실험실 은둔자인 저 같은 사람에게
> 연설을 부탁한 것은 꽤나 놀라운 일입니다. 아마도 오늘 제가 여기

에 선 것은 여러분에게 해명을 듣고 저 자신은 여러분께 사과의 말씀을 드리기 위해서일 것입니다. … 생리학자로서 저는 오늘, 생물체의 작용에 관해 여러 해 동안 연구하고 수많은 논문을 읽고 또 깊이 사색한 끝에 내리게 된 몇 가지 결론을 말하려고 합니다. 저의 제안은 앞으로 여러분의 의료 행위에 낙관적 기반을 마련하는 데 유용할 것입니다.

그러고 나서 이렇게 말했다.

어떤 요인으로 인해 생물체가 어느 한쪽으로 기울게 되면, 신체 내부의 조정 장치가 재빨리 작동하여 지나치게 한쪽으로 치우치지 않도록 대비하고 생물체를 반대쪽으로 기울여 정상적인 자리로 되돌립니다. 그런데 이것은 우리 자신의 의지로 어찌할 수 있는 과정이 아니라는 사실에 주목해주십시오. 이 과정은 자동으로 조정되기 때문입니다.

그리고 이러한 놀라운 자가 조절 능력의 관점에서 캐넌은 다음과 같은 질문을 던졌다. "의사가 할 일을 대신하여 인체가 웬만큼 자기를 스스로 치유할 수 있다면?"

그는 의사의 역할은 이러한 자가 조절 메커니즘에 과부하가 걸리거나 기능이 망가졌을 때 필요하다고 설명했다. 또한 인슐린이나 티록신, 해독제 등 수많은 새로운 치료제들이 사실은 인체의 자기 조절 시스템의 자연적인 구성 요소에 다름 아니라는 사실을 강조했다. 따라서 의사의 역할은 인체가 가지는 자연적인 항상성 메커니즘을 강화하거나 복원하는 것이다. 캐넌은 인체에 내재한 조절 메커니즘의 힘 그리고 이를 북돋우는 의사의 능력이 점차 향상되는 현실이 바로 의학의 미래에 낙관적일 수 있는 이유라고 단언했다.

월터 캐넌은 '조절'이야말로 생리학의 가장 기본적인 연구 대상이며, 비정상적으로 진행되는 신체 조절 과정이야말로 의학의 핵심 사안이라는 독창적 아이디어를 내놓았다. 우연의 일치일까? 캐넌이 이러한 주제 의식을 드러낸 바로 그 시기에 또 다른 생물학자가 훨씬 거시적 규모에서 대자연이 운행하는 기본 원리가 '조절'이라는 결론을 내렸으니 말이다.

# 제2장

# 자연의 경제 원칙

동물의 개체 수 조절에 관한 연구는
생태학 연구 주제의 절반을 차지한다.
물론 아직 제대로 건드린 사람이 거의 없긴 하지만.
_찰스 엘턴

그저 엄포에 불과했다. 수컷 코끼리는 우리를 향해 겨우 몇 걸음 떼었을 뿐이지만 우리에게 이 언덕의 지배자가 누구인지 확실히 알려주고 떠났다. 심장박동이 정상으로 돌아오자 우리는 코끼리가 비탈을 따라 아래로 완전히 내려간 것을 확인하고서야 감히 밖으로 나와 한밤의 습격이 남기고 간 흔적을 조사했다. 부러진 나무, 헐벗은 가지, 짙은 향이 남아 있는 ─ 우리 것이 아닌 코끼리의 ─ 똥까지. 코끼리들의 배설량은 엄청나다. 코끼리는 하루에 90kg의 먹이와 190L의 물을 먹고 마신다. 그리고 3m나 되는 장에서 90kg이나 되는 대변을 제조해낸다.

하나, 자연환경에서 코끼리를 위협하는 천적은 없다. 둘, 코끼리는 엄청난 식욕의 소유자다. 그렇다면 누군가는 이렇게 물을지도 모르겠다. 천적이 없다면 아프리카는 온통 코끼리가 지배해야 하는 거 아닌가? 그리고 먹성 좋은 코끼리들 때문에 땅은 일찌감치 벌거벗은 황무지가 돼버렸어야 하는 게 아니냐고 말이다. 하지만 세상은 코끼리 천지도 아니고 코끼리 때문에 황량해지지도 않았다. 그건 아마 육상 동물 중에서 가장 몸집이 크다는 아프리카코끼리의 번식 속도가 너무 느리기 때문이 아닐까? 코끼리 암컷이 자라 번식 연령에 도달하기까지는 10년 이상이 걸린다. 그리고 110kg짜리 새끼를 출산하기까지 임신 기간은 22개월이나 된다. 무엇보다 코끼리는 일생 동안 겨우 몇 마리 새끼밖에 못 낳기 때문이다.

　하지만 이미 찰스 다윈은 《종의 기원》에서 위와 같은 설명을 불식시켰다.

> 코끼리는 지금까지 알려진 모든 동물 중에서 가장 느리게 번식한다고 알려져 있다. 고생스럽긴 했지만 나는 이들의 자연적 증가율을 최저로 잡아 번식률을 계산해보았다. 코끼리가 30세부터 90세까지 번식할 수 있고, 총 6마리의 새끼를 낳으며 백 살까지 살 수 있다고 가정하자. 그렇다면 한 쌍의 코끼리 부부에서 시작하여 740~750년이 흐르면 거의 1,900만 마리의 코끼리들이 살아서 돌아다니게 된다는 계산이 나온다. 그렇다. 50세대도 못 되어, 아니면 2,500년이 지나면 세상에 존재하는 전체 코끼리의 부피는 지구의 부피를 넘어설 것이다.

　물론 이러한 수치는 말도 안 되는 것이다. 그렇다면 이번에는 크기축의 반대쪽 끝을 들여다보자. 우리 장에 사는 대장균과 같은 전형적인 박테리아 한 마리의 무게는 약 1조분의 1g에 불과하다. 다시 말해 박테리아 1조 마리가 모여야 1g이 된다는 뜻이다. 참고로 코끼리 한 마리의 무게는 약 400만 g이다. 우리는 박테리아가 최대 20분에 한 번씩 두 배로 증식한다는 전제하에 박테리아 한 마리가 증식하여 지구의 무게에 도달하는 데 걸리는 시간을 계산할 수 있다. 답은 고작 이틀이다.

하지만 보시다시피 우리가 사는 세계가 코끼리와 박테리아로 가득 찬 것은 아니다. 왜일까? 그 이유는 모든 생물의 생장과 개체 수에는 한계가 있기 때문이다.

다윈은 이 사실을 알고 있었다. 토머스 맬서스Thomas Malthus(1766~1834)가 《인구론Essay on the Principle of Populations》(1798)이라는 기념비적인 책에서 오래전에 기술한 터라 다윈은 이미 이런 현상을 충분히 이해하고 있었다.

> 개체군은 억제하지 않고 놔두면 기하급수적으로 늘어난다. … 병원균 한 마리에게 먹이와 확장할 수 있는 공간만 충분히 준다면 몇천 년 만에 전 세계를 수백만 배로 채우고도 남을 것이다. 자연계에 만연한 법칙인 '부족不足' 때문에 개체군은 미리 정해진 범위 안에서 제한된다. 동식물의 경쟁은 이 위대한 규제 아래 축소된다.

그런데 이 '범위'라는 것은 도대체 어떻게 결정되는가? 그리고 어떻게 생물체마다 서로 다르게 결정되는가? 다윈은 끝내 답을 알지 못했다. 이러한 의문들은 또 한 명의 영국인 박물학자가 외딴 섬으로 떠난 탐험에서 신기한 생물들을 접하고 알 수 없는 미스터리에 빠져들었다가 모험 중에 얻은 깨달음으로 위대한 책을 쓰고 새로운 과학 분야를 개척할 때까지 조용히 묻혀 있었다. 찰스 엘턴<sup>Charles Elton</sup>(1900~1991), 비록 그의 명성은 다윈이나 맬서스의 근처에도 미치지 못했지만, 생물학자들에게는 근대 생태학을 설립한 위대한 과학자로 알려져 있다. 찰스 엘턴을 사로잡은 미스터리가 바로 '동물의 수는 어떻게 조절되는가'였다.

## 극지 여행

터닝겐호 <sup>Terningen</sup>는 들썩이는 바렌츠 해<sup>Barents Sea</sup>의 얼음같이 차가운 바닷물 위에서 요동치고 있었다. 스물한 살의 옥스퍼드대학교 동물학과 학생인 찰스 엘턴 역시 배의 움직임에 따라 주체할 수 없이 몸이 흔들렸다. 이틀 전, 두 개의 돛이 달린 스쿠너(돛대가 두 개 이상인 범선_옮긴이)가 6월 한밤의 태양 아래 트롬쇠<sup>Tromsø</sup>(노르웨이 트롬스 주의 주도_옮긴이)를 떠나 비에르뇌위아 섬<sup>Bear Island</sup>으로 향했다. 비에르뇌위아 섬은 북극권 훨씬 위쪽에 있는 적막한 바위섬으로 가장 유명한 지형은 '고통의 산'이라 불리는 곳이었다.

엘턴은 옥스퍼드대학교에서 처음 조직한 스피츠베르겐<sup>Spitsbergen</sup> 제도 원정대의 소규모 선발대 일원이었다. 탐사대는 조류학<sup>鳥類學</sup>, 식물학, 지질학, 동물학 등 다양한 학문 분야에서 선발된 20명의 학생과 교수로 구성되었다. 스피츠베르겐 제도는 노르웨이 본토의 북서쪽에 있는 북극해 제도에서 가장 큰 섬이다. 원정대의 목적은 스피츠베르겐 제도의 지리와 동식물을 광범하게 조사하는 것이었다. 극지대 탐사는 폭풍이 휩

쓸고 간 바다에서 얼음 덩어리가 여기저기 둥둥 떠다니는 물속을 위험을 무릅쓰고 들어가야 하고, 섬에 상륙해서는 사람이 거의 살지 않는 눈과 얼음 덮인 육지를 횡단해야 하는 대담하고도 야심 찬 모험이었다. 또한 지구에서 가장 극한의 기후를 보이는 지역에서 변덕스러운 날씨까지도 감수해야만 했다. 팀의 어느 누구도 북극에 대한 경험이 없다는 것은 말할 필요도 없었다. 하지만 이는 선택 받은 옥스퍼드인이라면 누구나 한 번쯤 시도해볼 만한 모험이자 개인적 도전이었다.

비에르뇌위아 섬까지 가는 약 480km의 항해는 영국을 떠나본 적 없는 엘턴에게는 혹독한 시련이었다. 터닝겐호는 물개잡이 배를 개조했는데, 특히 객실은 물개의 지방을 저장하던 곳으로 그 냄새가 배어 지워지지 않았다. 이 냄새가 거친 바다와 함께 어우러져 엘턴의 여정을 더욱 고통스럽게 했다.

어릴 적부터 엘턴은 야생동물에 빠져 있었다. 틈만 나면 영국의 시골을 산책하면서 새를 관찰하고 곤충을 잡고 연못에 사는 동물을 채집하고 야생화를 들여다보았다. 엘턴은 열세 살부터 탐험일지를 쓰기 시작해 자신이 돌아다닌 곳이나 관찰한 것들에 대해 기록했다. 엘턴의 가정교사는 저명한 동물학자이자 작가인 줄리언 헉슬리<sup>Julian Huxley</sup>(1887~1975)였다. 그는 찰스 다윈의 든든한 아군이었던 토머스 헉슬리의 손자이기도 했는데, 자연에 대한 열정과 지식을 높이 사 엘턴을 이 원정대에 초대하였다. 엘턴의 합류는 출발 한 달 전에야 결정되었기 때문에 그는 탐사를 준비할 시간이 별로 없었다. 엘턴의 아버지가 약간의 돈을 마련해주었고 형이 자신의 군화와 장비를 빌려주었다. 어머니는 두 달간의 여행에 필요한 옷가지를 챙겨주었다. 그 자신의 말에 따르면 엘턴은 당시 아무것도 모르는 초짜였다. 일전에 몇 번 야영 생활을 해본 것이 전부였다. 하지만 헉슬리는 엘턴을 격려하고 부모를 안심시켰다. "간단한 등산 외에 다른 위험한 활동은 없을 거예요. 등산이라는 것도 어려운 등반과는 거리가 먼 초보적인 수준이니까 걱정하지 마세요."

하지만 항해 3일째 되는 날 그 약속은 깨졌다. 마흔여섯 살의 군의관이자 뛰어난 등산가인 탐 롱스태프<sup>Tom Longstaff</sup>는 탑승한 사람들 중 가장 노련한 항해가였다. 힘들어하는 엘턴을 보며 "안쓰럽군, 뭐라도 해줘야겠어"라고 하더니 그에게 꽤 많은 브랜디를 마시게 했다. 빈속에 술을 마신 엘턴은 만취 상태가 되었다. 마침내 일곱 명의 육지 팀이 섬의 동남쪽 해안에 있는 월러스 만<sup>Walrus Bay</sup>에 상륙했을 때, 엘턴은 포경선의 짐더미 위에 앉아 고래고래 소리를 지르며 노래를 불렀다.

술에서 깬 후 엘턴은 동료들과 함께 해안가 오래된 포경 기지의 폐허 안에 야영지를 설치했다. 기지 주변에는 고래의 뼈와 바다코끼리 해골, 북극곰 두개골 한 개와 그 밖에 여러 개의 북극여우 두개골 등이 어지럽게 널려 있었다. 육지 팀은 둘레가 약 20km인 이 섬에 일주일간 머물며 섬의 남쪽 지역을 탐사할 계획이었다. 그리고 탐사를 마치면 본 팀으로 합류하여 북쪽으로 약 200km 떨어진 스피츠베르겐으로 항해할 예정이었다. 네 명의 조류학자는 섬에 서식하는 새들을 주로 담당하고 엘턴과 식물학자인 빈센트 서머헤이즈<sup>Vincent Summerhayes</sup>는 그 밖의 모든 동식물을 맡기로 했다.

조류 팀은 임무에 꽤나 열성적이었다. 특히 원정대의 리더인 F. C. R. 주르댕<sup>Jourdain</sup>은 섬에 상륙한 첫날 밤(이곳은 당시 24시간 밝은 낮이었음) 새벽 두시 반에 엘턴과 서머헤이즈, 롱스태프를 깨웠다. 그리고 시간이 없

**그림 2.1** 제1회 옥스퍼드대학교 스피츠베르겐 원정대.(1921) 오른쪽에서 다섯 번째, 목까지 올라오는 스웨터를 입은 청년이 찰스 엘턴이다. 빈센트 서머헤이즈는 엘턴의 바로 왼쪽 옆에 서 있다. 출처_1978~1983년에 쓴 찰스 엘턴의 설명. 노르웨이 트롬쇠에 있는 노르스크 극지연구소 도서관

으니 한시바삐 임무를 수행하라고 명령했다. 베테랑 모험가인 롱스태프는 "죄송하지만 저는 적어도 여덟 시간은 자야 합니다"라고 대꾸하더니 귓속말로 엘턴과 서머헤이즈에게 신경 쓰지 말라고 했다. 얼마 후 엘턴은 롱스태프의 선견지명에 탄복하게 되었는데, 그도 그럴 것이 조류 팀은 오후가 되자 완전히 지쳐서 나가떨어졌기 때문이다. 이후로 엘턴은 롱스태프의 말이라면 언제나 믿고 따르게 되었다.

한잠 푹 자고 난 뒤 엘턴과 서머헤이즈는 밖으로 나가 탐사와 채집을 시작했다. 지금까지 엘턴은 장막 뒤의 동물의 세계를 보게 될 날만을 꿈꿔왔다. 그런데 이제 연구되기는커녕 발 디딘 사람조차 거의 없는 미지의 세계를 들여다볼 기회가 생긴 것이다.

이 섬은 차가운 극지방의 해류가 서쪽에서 흘러오는 멕시코 만류와 만나는 지점에 있었다. 따라서 진눈깨비나 눈보라가 치지 않는 날이면 언제나 안개로 덮여 있었다. 섬의 내륙은 대체로 평지였고 곳곳에 수십 개의 호수가 드문드문 나타났다. 북쪽은 마치 달의 풍경처럼 황량했다. 하지만 볼거리가 전혀 없는 것은 아니었다. 섬의 남쪽 끝에는 바다를 내려다볼 수 있는 여러 개의 높은 절벽이 있는데 여기에 수십만 마리의 바닷새들이 서식하고 있었다. 이 중 가장 많은 것은 큰부리바다오리 Brunnich's guillemot, 바다오리, 세가락갈매기 그리고 풀머갈매기 gray fulmar petrel 였다. 엘턴은 또 각시바다쇠오리, 코뿔바다오리(퍼핀) Norwegian puffin, 흰갈매기도 관찰했다.

엘턴과 서머헤이즈는 야영지 주변에서부터 시작해 점차 조사 범위를 넓혀가며 호수와 그 밖의 지형을 탐사했다. 얼마 지나지 않아 엘턴은 자신과 함께 일하는 식물학자 서머헤이즈가 키는 작고 몸집도 왜소하지만 매우 훌륭하고 심지가 굳은 파트너라는 것을 깨달았다. 서머헤이즈는 엘턴보다 겨우 세 살 위였지만 1916년에 솜 Somme 전투에 참전한 것을 비롯해 세상 경험이 풍부한 사람이었다. 엘턴이 모든 극지방 동물을 발견하고 싶어 하는 것처럼, 서머헤이즈는 열의를 다해 극지 식물을 찾아 헤맸다. 섬을 헤집고 다니면서 엘턴은 서머헤이즈로부터 엄청난 분량의 식물학 지식을 배웠다.

궂은 날씨와 짧은 일정에도 불구하고 두 남자는 동식물이 살고 있는 섬 안의 다양한 서식지를 모조리 조사할 수 있었다. 사실 이 임무는 상대적으로 섬 안에 서식하는 종의 수가 적었기 때문에 쉽게 이루어졌다. 예를 들어 섬 전체를 통틀어 나비나 나방, 딱정벌레, 개미, 벌, 말벌 등은 전혀 찾아볼 수 없었다. 눈에 띄는 곤충이라고는 파리 종류나 톡토기springtail라는 원시적인 곤충뿐이었다.

엘턴은 이 귀중한 보물들을 채집하고 보존하기 위해 여러 가지 도구를 챙겨 왔다. 그는 포충망으로 날아다니는 곤충을 잡고, 하얀 종이를 대고 식물을 흔들어 잎사귀에 사는 벌레를 채집하고, 바위나 돌을 뒤집어 그 밑에 있는 곤충들을 찾아냈다. 채집한 곤충은 사이안화물(청산가리)을 처리하여 죽인 후 라벨이 적힌 얇은 종이에 넣어 담배 상자에 잘 챙겨 넣었다. 수생생물의 경우는 그물코의 크기가 다양한 여러 종류의 어망을 사용했다. 일부 수생동물은 알코올이나 포르말린이 들어 있는 유리병 안에 넣은 후 코르크 마개로 막고 왁스로 꼼꼼히 봉했다.

엘턴은 이 섬에 서식하는 생물들이 각기 이렇게 황량하고 척박한 환경에서 살아남을 수 있는 조건이나 요인을 특별히 신경 써서 관찰했다. 이를테면 바닷새들은 바다에서 먹잇감을 구했다. 그리고 새들이 절벽에서 떨어뜨린 엄청난 양의 배설물은 절벽 아래에서 자라는 식물에 훌륭한 비료가 되었다. 엘턴이 섬 안쪽에서 발견한 흰멧새 같은 새는 잎벌sawfly 종류를 잡아먹고 살았다. 반면에 북극도둑갈매기는 다른 새들의 먹이나 알을 훔쳐 먹고 살았다.

시간이 지나고 식량이 부족해지면서, 북극도둑갈매기 말고도 새를 먹잇감으로 여긴 생물이 한 종 더 늘어났다. 조류 팀은 섬을 조사하면서 새와 알을 많이 가져왔다. 대원들은 알 양쪽에 작은 구멍을 뚫고 입으로 불어 내용물을 빼낸 후 오믈렛을 만들어 먹었고 알껍데기는 연구 목적으로 깨지지 않게 잘 보관했다. 한번은 주르댕이 너무 열심히 불어대다가 정신을 잃은 적도 있었다. 잡아온 새들은 깃털을 뽑고 껍질을 벗긴

후 냄비로 직행했다. 엘턴과 팀원들은 이렇게나 많은 종류의 새들을 먹을 수 있다는 사실에 놀랐다. 엘턴은 집으로 보내는 편지에 명랑한 어투로 "아침으로는 바다오리 알을 먹고 풀머갈매기 스튜와 참솜깃오리eider duck, 바다꿩, 주홍도요, 흰멧새, 그리고 야채와 밥을 먹었다니까요!"라고 썼다.

섬에서의 예정된 일주일이 끝나갈 무렵 강풍이 불어닥쳐 배가 안전하게 섬에 접근하는 것이 어려워졌다. 섬을 떠날 수 없는 상황이라 롱스태프는 트롬쇠에서 기다리고 있는 터닝겐호에 메시지를 보내야 했다. 그는 엘턴에게 섬의 동북쪽 끝에 있는 탄광으로 함께 가서 그곳의 무선기지국을 이용하자고 했다. 안전을 위해 야영지 밖으로 나갈 때는 반드시 두 명이 짝을 지어 다니는 것이 탐사대 규율이었다. 탄광까지는 11km 거리였는데, 폭설과 진눈깨비를 뚫고 족히 네 시간은 가야 하는 혹독한 행군이었다. 그리고 또다시 네 시간 동안 칼날처럼 뾰족한 바위와 진흙투성이 땅을 가로질러 야영지까지 돌아와야 했다.

폭풍이 휘몰아치고 빵은 바닥이 났다. 요리에 쓸 마가린도 떨어지고 군화는 겨우 일주일 만에 닳아버렸다. 하지만 엘턴은 비에르뇌위아 섬에서 보낸 시간이 "그래도 재밌었다"라고 회상했다.

나흘에 걸친 엄청난 강풍과의 사투가 끝나고 마침내 터닝겐호가 엘턴과 그의 전우들을 데리러 비에르뇌위아 섬으로 돌아왔다. 다행히 예정된 시간보다 겨우 며칠 늦었을 뿐이었다. 이제 원정대 전체가 스피츠베르겐을 향해 북쪽으로 나아갔다. 또 다른 강풍이 불어와 위험하기 짝이 없는 작은 빙산들로 항로를 가로막았다.

일단 폭풍이 잦아들자 터닝겐호는 스피츠베르겐의 서쪽 해안에 다

다르는 데 성공했다. 전체 길이 450km에 이르는 섬을 따라 반쯤 올라 갔을 때 배는 아이스피오르Ice Fjord의 하늘색 물을 향해 뱃머리를 돌렸다. 구름이 갈라졌다. 원정대는 눈 덮인 뾰족한 산봉우리와 순백의 골짜기를 타고 바다까지 내려오는 반짝이는 빙하가 연출하는 아름다운 파노라마를 넋을 잃고 바라보았다. 고래의 등에서는 물줄기가 뿜어 나왔고 돌고래 무리가 유리 같은 바다 수면을 깨고 솟아올랐다. 바다제비petrel 들과 바다쇠오리들이 줄을 지어 수면을 스치듯 빠르게 날았다.

너비 320km의 스피츠베르겐은 탐험가에게 엄청난 기회와 도전의 땅이었다. 엘턴은 본섬 서쪽에 있는 프린스 찰스 포랜드Prince Charles Foreland 라는 섬에 먼저 발을 디뎠다. 여기서 서머헤이즈와 함께 약 열흘간 머물 며 조사를 했다. 이들은 석호 주변에 야영지를 설치했다. 석호는 길이가 약 11km에 달하고 반쯤 얼음으로 덮여 있었는데 그 위에는 여러 마리의 바다표범이 느긋하게 자리를 잡고 누워 있었다. 롱스태프는 엘턴을 도와 천막을 설치하고 배로 돌아가는 길에 엘턴에게 석호의 얼음 위를 걸어서는 안 된다고 경고했다. 엘턴은 롱스태프의 조언은 언제나 유용 하며 그 조언을 잊어버린다면 '실수'는 자신의 몫이라는 것을 곧 깨닫게 되었다.

섬의 동물을 채집하고 관찰하며 9일 동안 보람찬 시간을 보낸 후의 일이었다. 엘턴은 마침내 실수를 저질렀다. 그는 지질학자인 R. W. 세그 니트Segnit와 석호 가장자리의 얼음 위를 걷고 있었다. 엘턴은 호숫가로 흘러내린 빗물 때문에 생긴 살얼음을 밟고 그만 차가운 물속에 빠져버렸다. 다행히 배낭이 구명조끼 역할을 하여 겨우 얼음 위로 다시 올라올 수 있었다. 그러나 고글을 쓰고 있는 데다가 영하의 추위에 순간 정신이

그림 2.2 스피츠베르겐의 브루스 시티Bruce City에서 연못 속 생물들을 연구하는 찰스 엘턴.(1921)
출처_1978~1983년에 엘턴이 쓴 설명. 노르웨이 트롬쇠에 있는 노르스크 극지연구소 도서관

멍해진 엘턴은 자신이 몸을 돌려 또다시 얼음 구멍으로 발을 내딛고 있다는 것을 미처 알지 못했다. 세그니트가 다급히 고함치는 소리를 듣고서야 겨우 익사 위기를 면했다. 엘턴은 저체온증으로 온몸을 부들부들 떨며 겨우 캠프로 돌아와 몸을 말렸다. 그리고 이틀 뒤 섬을 떠나 본섬 안에 있는 클라스 빌른 베이Klaas Billen Bay로 가서 좀 더 오래 머물렀다.

비에르뇌위아 섬보다 북쪽이고 땅은 온통 눈과 얼음으로 뒤덮였지만, 스피츠베르겐의 여름 기온은 훨씬 따뜻해서 어떤 날에는 섭씨 10도까지 올라갔다. 그리고 훨씬 쾌적했다. 적어도 눈이 안 올 때는 말이다.

엘턴은 날씨가 좋은 날이면 극지방 동물의 적응에 관한 본격적 실험을 수행했다. 생물들이 극한의 기후에서 어떻게 살아남는지 그리고 어떤 서식처에서 살아가는지 연구하기 위해 엘턴은 갑각류와 그 알을 가지고 동결과 융해, 해수의 농도에 따른 내성을 테스트했다.그림 2.2

엘턴은 스피츠베르겐에서 비에르뇌위아 섬과 비슷한 새들과 식생, 곤충들을 발견했다. 이곳에서는 두 종의 북극여우, (뿔 떨어진) 순록 그리고 바다표범 같은 대형 포유류의 흔적이 더 많이 나타났다. 아침 식사로 베이컨이 익고 있던 어느 날 야영지 아래에서 고함이 들려왔다. "북극곰이다!" 반갑지 않은 이 방문객이 빙하와 계곡을 넘어 어떻게 만까지 도달했는지 아무도 알지 못했다. 그러나 북극곰이 야영지를 발견한 이상 안타깝지만 총을 쏘아 죽이는 방법 외에는 다른 수가 없었다. 타고난 동물학자인 엘턴은 혹시나 하고 북극곰 사체의 안팎을 샅샅이 조사했다. 하지만 히치하이크를 하는 기생충을 하나도 찾을 수 없어 실망했다.

툰드라에서 두 달 넘는 시간을 보내고 이제 베테랑 극지 탐험가로 거듭난 엘턴은 서른세 개의 상자와 한 보따리의 장비, 표본들을 꾸려 배에 싣고는 집으로 돌아가는 항해에 나섰다.


## 극지방 먹이사슬의 시작과 끝

옥스퍼드로 무사히 돌아온 엘턴과 서머헤이즈는 탐사 기간에 수집한 자료를 정리했다. 많은 박물학자, 특히 수집가 기질을 가진 사람이라면 북극의 섬에서 가져온 빈약한 수집물에 실망할는지도 모른다. 하지만 엘턴은 오히려 상대적으로 단순한 군집을 철저히 분석함으로써 전체 생물 군집에서 일어나는 거래 관계를 쉽게 찾아낼 수 있다고 믿었다. 이것이야말로 동물 세계를 가리고 있던 장막을 걷어 올릴 소중한 기회였다.

과거의 박물학자들은 군집을 하나의 완전체, 또는 단순히 여러 종을 모아놓은 집합체로 보았다. 반면에 엘턴은 새로운 관점에서 기능적으로 접근했다. 엘턴의 눈에 극지방 섬의 경제에서 가장 값비싼 상품은 바로 먹이였다. 그는 우선 각 생물의 먹이가 어디에서 비롯하는지부터 추적했다.

우선 육지에서는 먹이가 귀했다. 하지만 바다에서는 풍부했다. 그래서 엘턴은 바다에서 출발했다. 동물성 플랑크톤과 어류 같은 해양 동물은 바닷새와 바다표범의 먹잇감이 된다. 바닷새들은 반대로 북극여우나 북극도둑갈매기, 흰갈매기에게 잡아먹히고, 바다표범은 북극곰에게 잡아먹힌다. 이렇게 먹고 먹히는 관계로 연결된 고리를 엘턴은 "먹이사슬"이라고 불렀다.

그러나 툰드라에 서식하는 동물의 관계는 소수의 동물 이상으로 확대된다. 바닷새의 배설물은 질소를 함유한다. 이것을 땅속 박테리아가 사용한 후 식물에 영양을 공급한다. 이렇게 자란 식물은 곤충의 먹이가 되고, 그 곤충은 식물과 함께 육지에 서식하는 새(뇌조ptarmigan, 도요새 sandpiper)에게 잡아먹힌다. 그리고 새들은 결국 북극여우의 먹잇감이 된다. 이런 방식으로 한 군집에서 단순한 먹이사슬은 복잡한 사슬 관계로 확장되어 엘턴이 "먹이순환"이라고 이름 붙이고 나중에는 "먹이그물"이라고 불리게 된 커다란 그물망을 형성한다. 엘턴은 이러한 사슬과 그

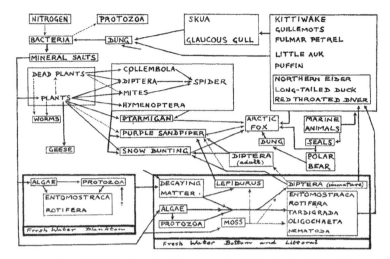

**그림 2.3** 비에르뇌위아 섬의 먹이사슬. 찰스 엘턴이 그린 첫 먹이그물. 육지에서 먹이사슬은 왼쪽 위 모퉁이의 NITROGEN(질소)과 BACTERIA(박테리아)로부터 시작해 화살표를 타고 이어져 ARCTIC FOX(북극여우)에 도달한다.　　　　　　　　출처_서머헤이즈와 엘턴의 책(1923)


물을 도식화하여 1923년에 서머헤이즈와 함께 논문을 발표했다.


## 레밍과 스라소니

　엘턴 자신은 원정대 내에서의 서열은 말할 것도 없고 학계에서도 먹이사슬의 상위 단계로 빠르게 이동해 갔다. 1922년 옥스퍼드에서 학부 학위를 받은 엘턴은 이듬해인 1923년 학과의 교수직을 임명 받고 스피츠베르겐으로 떠나는 새로운 원정대의 수석 과학자이자 원정 대장으로 임명되었다.

스물세 살의 청년에게는 이례적인 임무와 책임이었지만 옥스퍼드에서는 늘 있는 일이었다. 극지 탐험은 대개 미래가 창창한 젊은이들의 활동 무대였다. 엘턴과 마찬가지로 원정 대원 중 여러 명이 원정 이후 다른 곳에서 두각을 드러냈다. 첫 번째 원정대를 주관한 조지 비니George Binney는 당시 겨우 스무 살의 학부생이었다. 비니는 1923년 원정대도 운영했고, 1924년 원정에서는 훨씬 더 야심 차고 규모가 큰 원정대를 조직했다. 이후에는 제2차 세계대전이 벌어졌을 때 독일의 스웨덴 봉쇄를 무산시키는 작전을 주도한 공로로 기사 작위를 받았다. 1923년 극지 원정에는 스물한 살의 샌디 어바인Sandy Irvine도 참가했다. 그는 이듬해 에베레스트 산 등반을 시도했다가 정상을 겨우 몇 백 미터 앞두고 조지 맬러리George Mallory와 함께 행방불명되었다. 팀의 담당 의사였던 롱스태프는 세계에서 7,000m 이상의 고산을 처음 등정한 사람으로 기록되었고, 이후에 전 세계를 다니며 최고봉을 등반하였다. 1924년 원정대의 담당 의사이자 때로 엘턴과 한 천막을 사용했던 스물다섯 살의 로즈 장학생 하워드 플로리Howard Florey(1898~1968)는 오스트레일리아 사람으로 제2차 세계대전 당시 페니실린 정제에 성공해 노벨생리의학상 수상자 중 한 사람이 되었다.

1923년 원정은 새로운 조직으로 개편되었고 탐사 지역도 새롭게 바뀌었다. 비니는 조직의 군살을 빼고 효율적 운영을 하기 위해 팀을 과학자 일곱 명과 스태프(사냥하고 노를 젓고 기타 잡무를 맡아 해결하는 사람들) 일곱 명으로 구성해 총 열네 명의 대원으로 축소했다. 터닝겐호는 스피츠베르겐 섬에서 동북쪽으로 조금 떨어진 노르아우스트라네 섬Nordaustlandet으로 향했다. 그때까지 사람의 발길이 별로 닿지 않은 이곳은 스피츠베르겐과 가까운 거리에 있었지만 훨씬 접근이 어려웠다. 배는 섬을 둘러싼 두꺼운 빙대 때문에 더 나아갈 수 없었다. 게다가 해협을 무리해서 통과하는 바람에 프로펠러까지 고장 났다. 파손된 배는 제대로 움직이지 못해 떠다니는 빙산에 이리저리 밀려다녔고 결국 섬 탐사 계획은 물거품이 되었다.

그러나 엘턴에게 이 여행은 실패라고 볼 수 없었다. 영국으로 돌아오는 길에 배는 평소처럼 트롬쇠에 정박했는데, 엘턴은 서점을 둘러보다가 우연히 로베르트 콜레트 Robert Collett가 노르웨이에 서식하는 포유류에 관해 쓴《노르웨이의 포유류 Norges Pattedyr》라는 꽤 두꺼운 책을 보게 되었다. 엘턴은 노르웨이어를 몰랐지만 호기심이 발동한 나머지 집에 가는 여행길에 쓰려고 아껴둔 돈 3파운드 중 1파운드를 책을 사는 데 아낌없이 지불해버렸다. 먼 훗날 엘턴은 이 책이 자신의 인생을 송두리째 바꾸어 놓았다고 말했다.

옥스퍼드로 돌아온 엘턴은 노르웨이어 사전을 구해 책의 한 장을 단어 하나까지 공들여가며 번역했다. 50쪽 분량의 레밍에 관련된 부분이 었는데, 그는 본 적도 없는 이 작은 기니피그 같은 동물에 크게 마음이 쓰였다. 엘턴은 콜레트가 "레밍의 해"라고 부르며 기술한 현상에 사로잡혔다. 레밍의 해가 찾아오면 그해 가을에 헤아릴 수 없이 많은 수의 설치류들이 스칸디나비아의 산비탈과 툰드라 지역에서 쏟아져 나왔기 때문에 지역 주민들은 이 기이한 현상을 몇 백 년 동안이나 눈여겨봐 왔던 것이다.

엘턴은 책에서 보고된 발생 기록을 도표로 그려보았고, 이를 토대로 레밍 현상이 3∼4년을 주기로 상당히 규칙적으로 일어난다는 것을 알아냈다. 또 지도를 그려 스칸디나비아의 다른 지역에서도 다른 레밍 종이 관련된 대규모 이동이 거의 같은 해에 동시에 일어난다는 사실을 알게 되었다. 엘턴은 옥스퍼드의 오래된 건물에 있는 자신의 비좁은 연구실 바닥에 지도를 가득 펼쳐놓았다. 그리고 몇 시간이고 물끄러미 쳐다보면서 뭔가 놓친 게 있지 않을까 깊이 생각에 잠겼다. 그러던 어느 날 문득 화장실 변기에 앉아 있는데 한 가지 생각이 섬광처럼 스쳐 갔다. 목욕탕에서 넘치는 물을 보고 유레카를 외친 아르키메데스처럼, 엘턴은 화장실에서 레밍의 수가 주기적으로 '넘쳐흐른다'는 발상에 이른 것이다. 당시에 동물학자들은 동물의 수가 대체로 안정하게 유지된다고 보았다. 그러나 엘턴은 동물 개체군이 큰 폭으로 등락을 거듭한다는 사실을 깨달았다.

이 현상을 더 깊이 파헤치면서 엘턴은 과연 주기적인 개체군 증감이 얼마나 보편적으로 나타나는 현상인지 궁금해졌다. 캐나다에서 레밍 대이동에 관한 직접적 보고 기록은 없었지만, 엘턴은 먹이사슬을 염두에 두고 이러한 현상을 유추해볼 수 있었다. 예전에 한 캐나다 박물학자가 책에서 북극여우를 포함한 여러 포유류의 개체 수 변동에 관해 기술한 것을 읽은 적이 있었다. 엘턴은 여우가 캐나다 레밍을 사냥한다는 사실을 알고 있었다. 그래서 동물 가죽을 판매하는 허드슨베이회사 Hudson Bay Company가 잡아들인 여우 가죽의 수치를 표로 나타내보았다. 그리고 여우 가죽의 수가 급증한 시점과 레밍이 도래하는 시점 사이에 상당한 상관관계가 있다는 것을 알아냈다.

엘턴의 먹이사슬 개념이 미치는 영향력은 더욱 확대되었다. 레밍은 새들의 먹잇감도 되었다. 엘턴은 레밍이 도래하는 해에 많은 수의 쇠부

엉이가 노르웨이 남부에 결집한다는 사실에 주목했다. 이는 또한 쇠부엉이를 잡아먹는 매의 경우도 마찬가지였다.

개체 수가 큰 폭으로 변하는 현상을 나타내는 먹잇감은 레밍만이 아니었다. 캐나다 토끼 개체군 역시 주기적인 증감을 보이는데 거의 10년을 주기로 크게 증가했다가 급락했다. 캐나다 토끼는 캐나다 스라소니가 가장 좋아하는 먹잇감이다. 어떤 박물학자는, "이들은 토끼를 잡아먹고, 토끼를 쫓아다니고, 토끼를 생각하고, 토끼 맛이 나고, 토끼와 함께 불어나고, 토끼가 살지 않는 숲에서는 굶어 죽는다"라고 표현했을 정도다. 이 고양잇과 동물의 가죽은 허드슨베이사의 모피 사냥꾼들이 가장 좋아하는 사냥감이었다. 허드슨베이사는 1821년부터 꾸준히 매년 포획한 털가죽의 수를 상세히 기록해왔다. 엘턴이 이 기록을 도표화해보니 토끼의 순환 주기와 마찬가지로 스라소니의 개체 수도 10년을 주기로 정점에 도달한다는 것을 알 수 있었다.그림 2.4

엘턴은 이러한 순환 주기를 통해 동물의 군집이 작용하는 방식을 유추할 수 있다고 생각했다. 이는 (특히 제어하지 않고 내버려두었을 때) 엄청난 수로 불어날 수 있는 개체군의 역량을 보여주었다. 같은 측면에서 레밍과 토끼의 수가 급감하는 것은 전염병처럼 다수의 개체를 빠르게 제거할 수 있는 보이지 않는 힘이 있다는 것을 암시했다. 그리고 이 주기는 어떻게 한 종의 개체 수가 먹이사슬을 통해 다른 종의 개체 수에도 영향을 미칠 수 있는지 알려주었다.

요컨대 일부 동물에서 나타나는 개체 수의 순환 주기는 동물의 수가 여러 가지 다양한 방식으로 조절된다는 것을 증명했다. 1924년에 엘턴은 '동물 개체 수의 주기적 증감'이라는 주제로 공들여 쓴 45쪽짜리 논

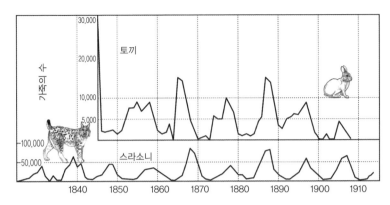

**그림 2.4** 캐나다 북부에서 스라소니와 토끼의 개체 수 순환 주기. 엘턴은 허드슨베이사의 기록을 분석하여 스라소니와 토끼 개체군이 10년을 주기로 급격히 증가했다가 빠르게 감소한다는 것을 보여주었다.

출처_엘턴의 책(1924)

문을 발표했다. 당시엔 몰랐겠지만, 그는 이 논문을 통해 생태학이라는 새로운 과학에 주춧돌을 놓은 셈이다. 그리고 이제 이 젊은 박물학자는 그 주춧돌 위에 토대를 쌓기 시작했다.

## 산다는 것은 결국 먹고사는 문제

1926년 엘턴의 가정교사였던 줄리언 헉슬리는 생물학을 주제로 짧은 책 시리즈를 편찬하였다. 그는 주요 사상가들에 의해 막 알려지기 시작한 새로운 자연법칙들을 책으로 출판하려고 했다. 엘턴은 겨우 스물 여섯 살이었지만 헉슬리는 북극에서 엘턴이 쌓은 폭넓은 경험(그때까지 세 번의 원정)에 경의를 표했고, 그의 논문에서 명백하게 드러난 독창적 사고에 감탄했다. 엘턴은 헉슬리의 권유를 받아들여 동물 생태에 관한 짧은 책을 쓰기 시작했다. 엘턴은 이 프로젝트에 온몸을 던져 마치 정신 나간 사람처럼 글을 써 내려갔다. 매일 밤 10시부터 새벽 1시까지 옥스 퍼드대학교 박물관 근처의 연구실에서 집필에 몰두한 끝에 엘턴은 겨 우 85일 만에 책을 완성해냈다. 짧은 기간 동안 정신없이 쓰긴 했지만, 그의 《동물생태학Animal Ecology》은 문체나 내용 면에서 모두 수작이었다. 《동물생태학》은 매력적인 대화체로 쓰인 200쪽 분량의 책으로 유용한 비유가 많이 들어 있었다. 각 장은 생태학이라는 새로운 과학의 주요 분 야를 소개하면서 이 학문이 다루는 주제를 대표하는 핵심 사상을 논리 적으로 설명했다. 엘턴은 자신의 책이 "동물계의 사회학과 경제학에 중 점을 두었다"라고 설명했다. 동물계를 인간의 사회와 경제에 비유한 것 은 매우 의도적이었다. 엘턴은 "동물의 세계는 인간 사회만큼이나 복잡 하고 흥미롭게 조직된 복합체임이 틀림없다" 그리고 "경제 원칙을 따 른다"라고 썼다. 이러한 비유는 오래전부터 생물학에 깊이 뿌리 내려온 것이었다. '자연의 경제 원칙'이라는 개념은 18세기에 위대한 박물학자 인 카를 린네Carl Linnaeus(1707~1778), 그리고 19세기에 찰스 다윈에 의해 열렬히 환영 받았다. 이 개념에 함축된 내용은, 인간 사회처럼 동물의 군집도 서로 다른 위치에서 각기 다른 역할을 맡아 상호작용하는 생물 들로 이루어진다는 것이다.

엘턴은 "처음에 우리는 동물 군집에 관한 어떤 보편적 원칙도 찾을 수 없는 데 절망할지도 모른다. 그러나 단순한 군집에서 시작하여," 마 치 엘턴 자신이 북극에서 수행했던 것처럼, "신중하게 연구를 진행하다 보면 겉으로 보이는 복잡성이 사라지면서 군집을 이루는 구성 요소를 분석할 수 있는 여러 원칙이 모습을 드러낸다"라고 말했다.

이러한 원리들은 엘턴이 강조한 먹이와 먹이사슬의 중요성에서 비롯한다. 그는 '먹이'를 동물 경제의 '통화', 즉 돈으로 보았다. "모든 동물을 움직이는 기본 원동력은 적절한 먹이를 충분히 찾아야 할 필요에서 나온다. 먹이는 동물 사회에서 언제나 일차적인 문제다. 그리고 군집 전체의 구조와 활동은 먹이 공급에 따라 결정된다"라고 단언했다. 엘턴은 이러한 기본 전제에서 비롯한 각각의 원칙을 중국 속담을 이용해 재치 있게 요약했다.

▶ 먹이사슬

큰 물고기는 작은 물고기를 먹는다. 작은 물고기는 물에 사는 벌레를 먹는다. 물에 사는 벌레는 풀과 흙을 먹는다.

먹이사슬은 군집 안에서 다양한 구성원들 간에 경제적 고리를 형성한다. 동물의 사슬은 먹고 먹히는 관계로 연결되어 있다. 그리고 모든 동물은 근본적으로 식물에 의지한다. 엘턴의 모식도에서 식물을 먹는 초식동물은 "동물 사회에서 가장 하위 계급"이고, 초식동물을 포식하는 육식동물은 다음 상위 계급을 차지한다. 사슬은 결국 마지막에 천적이 없는 동물에 도달할 때 비로소 끝난다.

엘턴에 따르면 이러한 먹이사슬의 구조는 각기 다른 수준에서 생물체의 크기와 연관이 있다.

▶ 먹잇감의 크기

큰 새는 작은 곡식의 낱알을 먹을 수 없다.


엘턴은 몸집의 크기야말로 먹이사슬 구조에서 가장 중요한 결정 요인이라고 주장한다. 몸집이 너무 커서 감히 사냥할 시도조차 못 하거나, 반대로 너무 작아서 먹어봐야 간에 기별도 안 가는 것들은 메뉴판에서 제외된다. "육식동물이 사냥하는 먹잇감의 크기는 위로는 사냥할 수 있는 능력에 따라 한정되고 아래로는 굶주림과 필요를 만족시킬 수 있을 만큼 충분히 확보할 수 있는지에 따라 제한된다."

결국 몸집의 크기라는 변수는 먹이사슬 안에서 각 동물의 개체 수를 결정하는 중요한 결과를 낳는다.


▶ 수의 피라미드

한 언덕에 두 마리 호랑이가 머물 수 없다.


엘턴은 일반적으로 먹이사슬의 바닥에 자리 잡은 동물들의 개체 수가 많고, 사슬을 마무리 짓는 지점에 있는 동물, 이를테면 호랑이 같은 동물은 상대적으로 수가 매우 적다는 사실을 언급했다. 이 양 극단을 사이에 두고 중간 단계에서는 대체로 위로 올라갈수록 수가 차츰 줄어든다. 엘턴은 이러한 형태를 "수의 피라미드"라고 불렀다.

엘턴은 영국의 참나무 숲을 예로 들었다. 이곳에는 "진딧물 같은 어마어마한 수의 작은 초식성 곤충과 꽤 많은 수의 거미나 육식성 딱정벌레, 적당한 수의 작은 솔새 그리고 겨우 한두 마리의 매가 있다." 엘턴이 초창기에 기록한 또 다른 예에 따르면 북극에서 엄청난 수의 갑각류들이 물고기에게 먹히고, 물고기는 다수의 바다표범에게 먹히고, 바다표범은 소수의 북극곰에게 먹힌다. 엘턴은 이러한 피라미드가 "전 세계"의 동물 군집에 존재한다고 확신했다.

수의 피라미드를 통해 한 지역 안에 서식하는 동물의 수는 나름의 균형을 이루고 있다는 사실을 유추할 수 있다. 그렇다면 가장 먼저 드는 의문은 '어떻게 고정된 밀도가 유지되는가'이다. 자연이 어떤 식으로 수를 조절하기에 한쪽에서는 지나치게 수가 불어나는 것을 막고 다른 한쪽에서는 절멸하는 것을 방지하느냐는 것이다. 엘턴은 일반적으로 개체 수는 천적이나 병원균, 기생충 그리고 제한된 먹이에 의해 증가가 억제된다고 제안했다. 반대로 한 먹잇감이 귀해지면 포식자는 자연스럽게 다른 사냥감으로 눈을 돌리기 마련이므로 멸종을 피하고 다시 개체 수를 회복할 수 있게 된다고 설명했다.

동물의 개체 수 조절에 관한 엘턴의 그림은 얼마간 월터 캐넌의 항상성 개념과 비슷한 점이 있다. 군집 내에서 개체군은 균형 잡힌 요인들에 의해 특정 범위 안에서 일정하게 유지된다는 것이다. 캐넌이 항상성이라는 말을 유행시키기 전이었기 때문에 엘턴은 당시 이 용어를 사용하지 않았지만, 이후에 생태학자들이 빌려서 사용했다.

엘턴은 동물의 개체 수 조절이 현실적으로 중요할 뿐 아니라 가장 근본적인 문제라고 생각해 책의 4분의 1이나 할애하여 설명했다. 그러나 "현재로서는 개체 수 조절을 주관하는 법칙에 대해 아는 바가 많지 않기 때문에 일반론적으로 얘기할 수밖에 없다"라고 인정했다.

실제로 생태학자들은 엘턴의 책에 자극을 받아 동물이 개체 수를 조절하는 법칙을 찾기 위한 연구를 시도했다. 마치 생리학자들이 캐넌에게 동기 부여를 받아 인간을 비롯한 생물체의 조절 프로세스를 설명할 수 있는 법칙을 찾으려고 애쓴 것처럼 말이다.

그리고 이것이 바로 다음 장에서 이야기할 주제이다.

다만 다음으로 넘어가기 전에 한 번쯤 짚고 넘어갈 부분이 있다. 바로 엘턴의 책이 '자살하는 레밍'이라는 신화를 조장하는 데 끼친 영향력이다. 로베르트 콜레트의 책에 따르면, 레밍이 도래하는 해에는 "엄청나게 많은 수의 레밍이 혼이 나간 것처럼 내리막길을 따라 내려온다". 엘턴은 《동물생태학》에 "레밍은 주로 밤에 행군한다. 거의 160km에 달하는 거리의 대지를 가로질러 바다로 향한다. 그리고 절벽에 다다르면 주저할 것 없이 맹렬히 뛰어내려 허우적대다 죽는다"라고 썼다. 그러나 이러한 묘사는 콜레트의 책에서 빌려온 이야기일 뿐이다. 엘턴은 레밍의 이동이나 레밍이 자살하는 것은커녕 레밍 자체를 본 적이 없었다.

레밍의 자살이라는 근거 없는 믿음은 1958년 월트디즈니의 영화 〈하얀 황야White Wilderness〉에서 본격적으로 창조되었다. 이 다큐멘터리 필름에서 레밍은 자신의 종말을 향해 과감히 뛰어드는 것으로 묘사되었다. "일종의 강박 증상이 이 작은 설치류를 사로잡아 터무니없는 히스테리를 불러일으켰다"라고 해설자가 설명하면, 시청자들은 곧바로 레밍이 높은 절벽에서 뛰어내리는 장면을 보게 된다. 그런데 이 장면은 조작된 것이었다. 제작진이 레밍을 절벽에서 내던지면서 촬영한 것이다.

이 영화는 아카데미상을 수상했다.(유튜브에서 확인 가능함 https://www.youtube.com/watch?v=AOOs8MaR1YM_옮긴이)

제2부

# 생명의 논리

대장균의 진리는 곧 코끼리의 진리.

_자크 모노와 프랑수아 자코브

찰스 엘턴은 동물의 개체 수 조절이 순수 자연과학과 응용 분야 모두에 얼마나 중요한지 기술하였고, 월터 캐넌은 생리학적 조절 과정이 동물과 인간의 건강에 얼마나 절대적인지 설명하였다. 그러나 그들 자신이 인정한 것처럼, 두 사람 중 누구도 생태계나 신체 내에서 양적 조절이 이루어지는 구체적 과정은 말해줄 수 없었다.

생태학자와 생리학자가 조절의 법칙을 해독해내는 과정에서 겪은 난관은 성격이 조금 달랐다. 엘턴이 속한 생태학자들에게 게임에 참가하는 '선수'는 대개 맨눈으로도 보이는 것들로, 즉 특정한 장소에 서식하는 동식물이다. 그러나 생태학자에게는 게임의 규칙을 알아내는 방법이 마땅치 않았다. 생태학은 대개 실험적 학문이라기보다 관찰한 것을 기술하는 학문이기 때문이었다.

반대로 캐넌과 생리학자들은 실험하는 데는 매우 능숙하나 커다란 핸디캡이 있었다. 1930년대에 생리학을 연구한다는 것은 대개 신체의 기관이나 조직 수준에서 볼 수 있는 현상으로 제한되었기 때문이다. 실제로 이러한 현상을 조절하는 '선수'들은 눈에 보이지 않아 분리하거나 동정하기 어려운 분자들이었다.

앞으로 이어질 세 장에서는 보편적이면서 어느 정도 구체적인 생리학적 조절 법칙이 발견된 과정에 관해 이야기할 것이다. 재밌게도 첫 번째 돌파구는 몸이 없는 생물을 연구하는 과정에서 나타났다. 바로 우리의 소화기관에서 발견되는 작은 박테리아들(제3장)이다. 이 연구는 큰 의미를 지닌다. 왜냐하면 비록 박테리아에서 해독되긴 했어도 이 법칙은 인간을 포함해 생명을 가진 유기체 안에서 일어나는 모든 종류의 대사 과정을 조절하는 보편적 방식임이 밝혀졌기 때문이다. 이 선구적 연구를 바탕으로 인체의 중요한 프로세스에 관여된 개별 법칙들이 밝혀졌다. 이를테면 콜레스테롤 대사의 조절(제4장) 그리고 세포 증식 과정(제5장)이 있다. 이렇게 구체적으로 참가 선수와 게임의 규칙을 알아낸 결과, 캐넌이 낙관적으로 바라본 그리고 그의 상상을 넘어서는 생체의학적 혁명이라는 결과가 탄생했다.

추가로 이러한 보편적 법칙의 발견은 다음의 두 가지 이유에서 중요하다. 첫째, 이러한 보편적 법칙은 위대한 분자생물학자인 프랑수아 자코브가 생명의 "논리"라고 기술한 것에 근거한다. "논리"라는 말은 공식적인 사전적 의미로는 A가 B를 조절하고 B가 C를 조절한다면, 이는 곧 A가 C를 조절한다는 식의 사고 과정을 뜻한다. 여기에 비공식적 의미를 덧붙인다면, 조절의 "논리"란 생명의 이치에 부합하는 것, 다시 말해 캐넌이 "인체의 지혜"라고 함축해서 표현한 것과 같은 의미로 쓰일 수 있다. 나는 이러한 조절의 논리를 이해하는 것이 결국 생명이 어떻게 유지되는지에 대한 이해를 넓히는 데 엄청나게 큰 역할을 할 것이라고 믿는다.

이러한 보편적 법칙이 중요한 두 번째 이유이자 내가 이 책을 구성하고 쓴 이유는, 분자생물학에서 유래한 비유적 법칙과 논리가 생태적 차원에서도 똑같이 적용되기 때문이다. 나중에 제3부에서 생태적 법칙에 대해 다루겠지만, 논리의 중요성과 유사성을 염두에 두고 지금부터 나올 이야기에 좀 더 주의를 기울이기 바란다.

제3장

# 보편적 조절의 법칙

세포는 자신의 필요에 맞춰 일을 조정한다.
필요할 때, 필요한 만큼 생산한다는 말이다.

_프랑수아 자코브

극지방 탐사에 관심을 가진 것은 대영제국만이 아니었다. 경제적이고 전략적인 이유로 또는 국가의 명예를 높이기 위해, 그리고 가끔은 순수한 과학적 호기심에 의해 20세기 전반부에 여러 국가에서 북극과 남극으로 원정대를 파견했다.

1934년 7월 11일 세 개의 돛이 달린 프랑스의 푸르쿠아파Pourquoi-Pas?(프랑스어로 '왜 안 되지?' 또는 '안 될 게 뭐람'이라는 뜻) 4호가 노르망디해안의 생말로Saint Malo를 떠나 그린란드의 얼음 덮인 해변에 도착했다. 유명한 극지 탐험가 장바티스트 샤르코Jean-Baptiste Charcot(1867~1936)가 원정대를 이끌고 있었다. 샤르코는 의대를 졸업했지만, 병원을 떠나 정부가 후원하는 두 번의 프랑스 남극 원정대에서 명성을 쌓았다. 한 번은

1903~1905년에 프랑세즈호<sup>Français</sup>를 타고, 다른 한 번은 1908~1910년에 처음으로 푸르쿠아파호와 함께 남극을 탐험했다. 빙하와 폭풍, 영하 40도까지 떨어지는 기온 그리고 끝없는 극지의 어둠 속에서도 샤르코는 새로운 땅을 발견하여 2,900km가 넘는 해안과 섬의 지도를 작성하였고, 국가적 영웅이 되어 동료 탐험가들의 진심 어린 존경을 받았다. 제1차 세계대전 후에는 관심을 북극으로 돌렸다. 이번 항해는 67세 노익장의 스물다섯 번째 극지 탐험이었으며 열 번째 그린란드 항해였다.

배에 탑승한 33명 모두 스스로 자원한 사람들이었다. 배에는 여섯 명의 대학생이 있었는데, 이 중 네 명은 민족지학<sup>民族誌學</sup> 연구의 일환으로 일 년간 이누이트 족과 함께 생활하기 위해 아마살리크<sup>Angmagssalik</sup>(현재 타실라크<sup>Tasiilaq</sup>)로 가는 중이었다. 나머지 둘은 배와 해안에서 과학적 연구를 수행하기로 되어 있었는데, 이 중 한 명이 바로 스물네 살의 자크 모노<sup>Jacques Monod</sup>(1910~1976)였다.

칸의 유명한 바닷가 리조트 근처에서 자란 자크 모노는 나름대로 숙련된 뱃사람이었지만 샤르코의 팀에서는 아마추어에 불과했다. 모노는 이처럼 거친 바다에는 경험이 없었다. 샤르코의 팀에 합류해 두 달간의 북극 여행이라는 특권을 누리기 위해 이 젊은 동물학자는 파리의 소르본대학교에서 진행 중이던 연구마저 뒤로 미루었다. 모노의 임무는 엘턴의 임무와 비슷했다. 극지 생물의 표본을 수집하는 것이었다.

프랑스를 떠난 지 12일 만에, 배는 안개 자욱한 페로 제도<sup>Faroe Islands</sup>에 정박했다. 고장 난 보일러를 손본 후 푸르쿠아파호는 아이슬란드로 가서 석탄을 싣고 그린란드로 향했다. 항해 내내 모노는 배 밖으로 그물을 던져 플랑크톤(작은 갑각류, 해양 무척추동물, 유충)을 수집했다. 위도가 올

그림 3.1 그린란드에 정박한 푸르쿠아파호.(1934)　사진_자크 모노 ⓒ 파스퇴르연구소/자크모노아카이브

라갈수록 공기는 차가워지고 빙하가 자주 출몰했다. 배가 그린란드 동
해안의 스코스비 사운드Scoresby Sound에 다다를 무렵 빙원이 배 앞을 가로
막았다. 이리저리 떠다니는 빙하는 배가 통과할 공간을 열어주는가 싶
다가도 빠르게 닫혀버렸다. 그래서 돛대 꼭대기 망대에서 선원이 망을
보다가 빙하 사이의 틈이 열리면 재빨리 통과하고, 배의 후미에 있는 선
원이 얼음 덩어리가 프로펠러를 망가트리지 않도록 밀어서 치우는 식
으로 닷새에 걸쳐 아주 조금씩 전진하였다.

마침내 배가 해안가에 도착하자, 아마살리크로 출발하기까지 주어진 3일의 시간 동안 모노는 해안의 해양 생물을 채집했다. 바위와 광물 샘플을 채취하기 위해 모노와 동료는 피오르(빙하에 의해 형성된 좁고 깊은 만_옮긴이) 주변의 산에 올랐다. 열성적인 등반가인 모노는 그가 보는 모든 것에 마음을 빼앗겼다. 모노는 부모님께 편지를 썼다. "아름답고 기이한 풍경들을 수없이 보았습니다. 정말이지 숨이 막혀요. 아름다운 이 광경을 보여드릴 수만 있다면 얼마나 좋을까요."

저장된 연료가 떨어지자 배는 석탄을 채우기 위해 아이슬란드로 떠나야 했다. 하지만 곧 허리케인급 강풍이 몰아닥쳤다. 한 치 앞도 제대로 보이지 않는 바다를 빙산까지 피해가며 운항해야 하는 위험한 상황이었지만, 연료 창고가 거의 바닥을 드러냈기 때문에 샤르코는 어떤 희생을 치르더라도 앞으로 나아가야 한다고 결정했다. 다행히 선원들은 길을 뚫고 레이캬비크<sup>Reykjavik</sup>(아이슬란드의 수도_옮긴이)에 도착했고 무사히 집으로 돌아갈 수 있었다.

모노는 채집물과 관찰 결과를 가지고 일차 보고서를 썼다. 하지만 안타깝게도 그는 극지 생물학자가 되지는 못했다. 그로부터 2년 후 모노는 또다시 그린란드로 향하는 푸르쿠아파호에 초청을 받았다. 처음에 모노는 참가하는 쪽으로 마음이 기울었으나 결국 탐사에 합류하는 대신 캘리포니아공과대학(칼텍)의 노벨상 수상자인 토머스 헌트 모건 Thomas Hunt Morgan 연구실에서 유전학을 공부하기로 마음먹었다.

사실 그 결정은 천운이나 다름없었다. 1936년 9월 15일 그린란드에 필요한 보급품을 전달하고 폭풍이 지나가길 기다린 끝에 집으로 돌아가는 항해를 준비하던 푸르쿠아파호는 또 한 번 레이캬비크에서 멈추었다.

그러나 몇 시간 만에 배는 다시 사나운 폭풍을 만나고 말았다. 9월 16일 배의 앞뒤 돛이 모두 갈가리 찢기고 뱃머리의 돛대가 쓰러지면서 라디오 안테나를 박살 내버렸다. 만신창이가 된 배는 표류했고, 옆으로 밀리며 결국 암초에 산산조각이 났다. 샤르코를 비롯하여 배에 오른 44명의 사람 중 한 명을 제외하고 모두 차갑고 거친 바닷속에서 목숨을 잃었다.

모노가 죽음을 모면한 것은 생물학의 발전을 위해서도 큰 행운이었다. 모노는 캘리포니아에 있을 때는 아무것도 발견하지 못했지만, 이후에 분자생물학의 새로운 영역을 개척한 공동 창시자가 되었다. 모노와 그의 공동 연구자는 분자적 수준에서 생명을 조절하는 첫 번째 보편적 법칙의 일부를 해독했다. 그리고 그 발견이 그를 다시 한 번 북쪽으로 향하게 했다. 이번에는 노벨상을 받기 위해 스톡홀름으로.

그러나 그 자리에 서기까지 그는 매우 길고 치명적인 폭풍을 참고 견뎌야 했다.


## 멈춰버린 생장


캘리포니아를 떠난 모노는 파리로 돌아와 소르본대학교에서 다시 연구를 재개하며 박사 학위에 걸맞은 주제를 찾아 헤맸다.

당시는 살아 있는 세포 안에서 일어나는 프로세스에 대해 알려진 것이 거의 없었기 때문에, 생물학은 가장 기초적인 질문들로 이루어졌다. 예를 들면 세포는 세포 분열을 통해 수를 늘린다는 특성이 있다. 그렇다면 세포는 어떤 영양소를 먹이로 삼는가? 세포의 수를 결정하는 것은 무엇인가? 과연 찰스 엘턴이 물어봄 직한 질문들이었다.

모노는 캘리포니아를 떠나기 전에 이러한 주제로 실험을 시도했다. 그러나 그가 연구한 생물체는 단세포 원생동물로 실험실에서 매우 느리게 자랐기 때문에 연구 주제로는 적당하지 못했다. 파스퇴르연구소의 미생물학자 앙드레 루오프 André Lwoff(1902~1994)는 대신에 박테리아를 제안했다. 박테리아는 배양액 안에서 기르기도 쉽고 매우 빨리 증식하기 때문이다.

그때까지 과학자들은 대체로 박테리아를 키우는 배양액에 정확한 성분을 알 수 없는 먹이를 사용했다. 이를테면 소의 뇌를 갈아서 만든 배지 같은 것 말이다. 모노는 우선 배양액에 사용되는 재료를 신중하게 선택하고 이를 바탕으로 일련의 실험을 진행했다. 그는 거의 모든 시료를 체계적으로 조합하여 각각이 박테리아 생장에 미치는 영향을 측정했다. 그가 처음으로 확신을 가진 결과는, 박테리아의 생장은 포도당이나 마니톨 같은 탄소 에너지원의 양에 직접 비례한다는 것이었다. 이러한 관찰은 생장과 영양 사이의 단순한 관계를 암시했다. 즉 박테리아는 주어진 모든 먹이를 사용해 자신의 수를 늘린다는 것이다.

1939년 여름, 모노의 연구는 진척을 보였으나 유럽 전역에 다시 한 번 전쟁의 바람이 불었다. 대부분의 프랑스 사람들처럼 모노 역시 자기 앞에 닥친 일이 무엇인지 알지 못했다. 1939년 8월 31일 모노는 아버지에게 편지를 썼다. "전쟁은 없을 거예요. 히틀러도 … 전쟁에 얼마나 큰 비용과 희생이 드는지 잘 알고 있을 테니까요." 하지만 바로 다음 날 독일은 폴란드를 침공하여 프랑스와 대영제국의 선전포고를 부추겼다.

프랑스와 독일 사이에 곧바로 전쟁이 터지지는 않았다. 전운이 감도는 채로 며칠, 몇 주 그리고 몇 달이 지났다. 모노는 만약에 전쟁이 터진 다면 서른이라는 자신의 나이 때문에 일개 행정병으로 징집될까 봐 걱정했다. 자신의 과학적 재능을 썩히기 싫었던 그는 소르본을 떠나기로 하고 육군에 입대하여 통신병 훈련을 받았다.

모노가 신병 훈련을 마친 직후인 1940년 5월 10일 독일이 네덜란드, 벨기에, 프랑스 북부에 대량 폭격을 퍼부으면서 마침내 전쟁이 시작되었다. 프랑스군은 겨우 며칠 만에 제압되었다. 하지만 모노가 속한 연대는 전쟁이 끝날 무렵까지 기지를 떠나지 않았다. 모노는 또 한 번의 행운 덕분에 전쟁 포로로 잡혀가지 않았다. 프랑스가 항복한 후 그는 독일이 점령한 파리로 돌아와 연구를 계속했다.


### 박테리아의 입맛에 맞는 음식은?

서른 살의 자크 모노는 대학원생 치고는 나이가 많은 편이었다. 그는 박사과정을 마칠 수 있는 연구 주제가 꼭 필요했다. 모노는 배양액에 영양소가 되는 당을 종류별로 한 가지씩 넣고 각 배양액에서 박테리아가 생장하는 특징을 수없이 조사했다. 그리고 마침내 1940년 가을부터는 몇 가지 당을 조합하여 넣었을 때 박테리아가 어떻게 반응하는지 테스트하기 시작했다.

모노는 시간에 따른 박테리아의 농도를 측정하여 낯익은 생장곡선을 얻었다. 바로 한 개의 당만 가지고 실험했을 때와 동일한 생장곡선이었다. 대체로 박테리아의 생장곡선은 세 단계로 나뉜다. 초기의 짧은 유

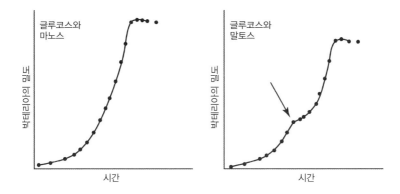

**그림 3.2** 모노의 이중 생장곡선. 글루코스(포도당)와 마노스가 조합된 배지에서 박테리아를 배양하면 단일 곡선(왼쪽)이 나타난다. 그러나 글루코스와 '말토스'가 조합된 배지에서 배양하면 박테리아는 기하급수적으로 자라다가 잠시 성장을 멈춘다.(화살표) 그러다 다시 급격한 생장을 재개한다.(오른쪽) 모노는 이러한 이중 생장곡선을 기반으로 학위 논문을 썼고, 마침내 노벨상까지 이르렀다.　　　　　　　　　　출처_자크 모노의 실험실 노트에 있는 원본 데이터를 바탕으로 리앤 올즈가 그림

도기(휴지기)를 거친 후 곧바로 생장 단계(대수증식기)로 돌입해 본격적으로 30~60분마다 두 배로 늘어나면서 기하급수적으로 증가하다가 박테리아의 농도가 더 이상 증가하지 않는 정지기에 도달한다. 그러나 이러한 전형적 형태는 특정한 당이 조합된 경우(글루코스와 말토스)에는 다른 형태로 나타났다. 유도기를 거치고 생장 단계에 들어선 후 한 번 더 유도기를 거치는 바람에 생장 단계가 둘로 나누어졌다.그림 3.2

　의아한 마음에 모노는 자신이 "이중 생장곡선"이라고 부른 그래프를 앙드레 루오프에게 보여주었다. 이 선배 과학자는 잠시 생각하더니 말했다. "효소 적응과 관련이 있을지도 모르겠군."

　"효소 적응이라고요? 난 처음 들어보는 말인데요!"라고 모노는 대꾸했다.

루오프는 모노에게 박테리아나 이스트(효모)가 특정 영양소에 적응하려는 현상을 보고한 오래된 논문 몇 편을 주었다. 논문에 따르면, 박테리아 세포는 해당 영양소를 분해하는 효소를 만듦으로써 새로운 환경에 적응한다. 그렇다면 모노의 생장곡선에서 나타난 두 번째 휴지기는 미생물이 새로운 당에 적응하는 데 필요한 시간으로 해석할 수 있다. 박테리아 같은 단순한 미생물이 특정한 화학물질에 반응하여 분해 효소를 만들어낸다는 것은 완벽한 미스터리였다. 모노는 이것이야말로 그가 탐구하여 풀어야 할 문제라고 생각했다.

이중 생장곡선은 제공되는 당의 종류에 따라 다르게 나타났다. 이는 박테리아가 특별히 선호하는 당의 종류가 있다는 것을 의미한다. 어떤 당은 바로 먹을 준비가 되어 있지만, 어떤 당은 에너지원으로 사용하려면 추가로 소화 효소를 만드는 시간이 소요되기 때문에 상대적으로 선호도가 떨어진다. 모노는 자신이 관찰한 이중 생장곡선은 박테리아가 선호하는 당을 먼저 먹어치우고, 이후에 다시 한 번 유도기를 가지면서 다음 당으로 옮겨 가는 과정을 보여주는 것이라고 해석했다.

이 가설을 시험하기 위해 그는 각각의 당을 다양한 비율로 실험했다. 만약 그가 옳다면 당이 소비되는 생장 단계의 길이가 비율에 따라 변할 것이라고 예상했다. 결과는 예상한 그대로였다. 그림 3.3

루오프는 증명하고자 하는 바를 완벽하게 시험할 수 있는 실험을 고안해내는 모노의 재능에 크게 감탄했다. 마침내 소르본은 모노에게 박사 학위를 주었다. 물론 심사 위원 중 한 사람은 "모노가 한 일은 소르본이 그다지 흥미를 느낄 만한 것은 아니다"라고 말했지만 말이다.

모노는 박테리아가 당에 반응하여 생산해내는 효소를 공부하고 싶

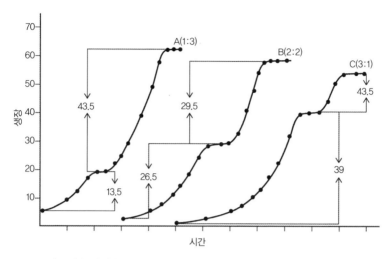

**그림 3.3** 이중 생장곡선에서 두 생장 단계의 비율은 당의 비율에 따라 결정된다. 모노가 두 종류의 당을 1:3, 2:2, 3:1의 비율로 섞었을 때, 그 비율에 따라 첫 번째 생장곡선의 길이는 점차 길어지고 두 번째 곡선의 길이는 점점 짧아졌다. 이것은 박테리아가 한 가지 당을 먼저 사용하고 그 후에 두 번째 당을 사용한다는 것을 말해준다. 출처_자크 모노의 책(1942), 리앤 올즈가 수정함

었지만, 진전을 보이기도 전에 연구는 또다시 중단되고 말았다. 독일의 점령 기간이 길어지면서 파리의 분위기가 점차 긴장되었기 때문이다. 파리의 거리는 모노의 유대인 아내 오데트Odette에게 위험하게 변했다. 그녀는 파리를 떠나 아이들과 함께 프랑스 남부의 안전한 지역으로 몸을 피했다. 연합군이 유럽을 탈환하기 위해 또 한 번의 전투가 일어날 것이라고 예상한 모노는 파리의 가장 전투적인 레지스탕스인 의용유격대Francs-Tireurs et Partisans에 합류하기로 결정했다.

모노는 연합군에서 정보를 수집하고 폭탄 투하를 조정하는 역할을 맡았다. 몇 달 동안 모노는 소르본의 과학자 그리고 레지스탕스 정보원이라는 이중생활을 곡예 하듯 이끌어갔다. 실험실을 나서면 기밀문서를

**그림 3.4** 자크 모노의 프랑스 레지스탕스 신분증.(1944) 모노는 프랑스 국내군에서 계급이 사령관이었다. 레지스탕스 대원들은 실명을 쓸 수 없어서 모노는 '말리베르트Malivert'라는 가명으로 활동했다.

사진_올리버 모노Oliver Monod 제공

기린 인형의 다리에 감추는 일까지 해야 했다. 그러나 레지스탕스를 향한 독일의 압력이 커지면서 모노의 상급자와 동료들이 체포되어 고문당하는 사건이 발생했다. 모노가 평상시처럼 소르본에서 일하거나 집에서 잠을 자는 것은 너무 위험한 일이 되었다. 다행히 루오프가 파스퇴르연구소에 모노의 피난처를 마련해준 덕분에 그는 몇 달간 실험을 계속할 수 있었다. 하지만 결국 모노는 실험실을 떠나 지하로 들어가 변장을 하고 안전가옥을 옮겨 다니며 생활해야 했다.

모노는 국가 저항 조직인 프랑스 국내군에서 고위 장교가 되어 사보타주를 조직하고 적과 내통한 배신자를 처형하는 명령까지 내렸다. 또한 1944년 8월 파리 해방 전투 작전을 지원한 사령관 중 한 명이었다. 모노는 그 후 독일이 항복할 때까지 프랑스군 장교로 복무했다.


## 효소 조절의 법칙을 찾아서

전쟁은 모노와 가족 그리고 그의 조국을 6년 동안이나 구속했다. 마침내 전쟁이 끝났을 때 모노는 어두웠던 시간을 뒤로하고 다시 연구에 몰두했다. 루오프는 모노에게 파스퇴르연구소의 정규직을 제안했고 그는 수락했다.

모노는 전쟁으로 인해 중단되었던 시점부터 다시 시작했다. 효소 적응이라는 논리의 매력은 거부할 수 없이 유혹적이었다. 박테리아는 너무 작아서 현미경으로도 잘 보이지 않는다. 신경 조직도 없고 내분비계도 없이 그저 한 겹의 막으로 둘러싸인 화학물질 꾸러미에 불과하다. 그

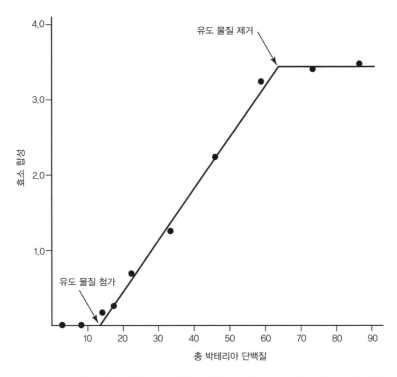

그림 3.5 효소 생산의 유도. 자라고 있는 대장균에게 락토스 같은 유도 물질을 넣어주면 락타아제가 생산된다. 유도 물질을 제거하면 락타아제의 합성이 멈춘다.

출처_모노와 자코브의 책(1961). 리앤 올즈가 다시 그림

런데 어떻게 먹이가 생기면 그 먹이를 분해하는 적절한 효소를 만들 줄 아는 걸까?

효소는 단백질이다. 세포는 수천 가지의 다양한 단백질을 만들어낸다. 모노는 자신의 의문이 근본적으로 조절에 관한 문제라는 것을 알았다. 세포는 어떻게 주어진 조건에 꼭 맞는 효소를, 다른 효소가 아닌 바로 그 효소를 만들겠다고 '결정'하는가?

모노는 미생물이 '당을 이용하는 방식'이라는 단순한 질문보다, 박테

리아가 '효소 합성을 조절하는 방식'이라는 주제에 연구의 성패가 달렸다고 믿었다. 그는 미생물보다 복잡한 고등생물에서 세포가 다른 종류의 세포를 구분할 수 있는 것은 조절의 문제와 크게 다르지 않다고 생각했다. 이를테면 적혈구는 산소를 운반하는 헤모글로빈 단백질을 만들고, 백혈구는 감염과 싸우는 항체 단백질을 만든다. 박테리아가 왜 그리고 어떻게 상황에 맞는 특정한 효소를 만드는지 이해함으로써 고등생물에서 서로 다른 유형의 세포가 만들어지는 근본적 수수께끼를 해명할 수 있으리라고 믿었다.

수수께끼의 답을 찾기 위해 모노는 대상의 범위를 좁혀 한 개의 당과 하나의 주전 선수(효소)에 집중하기로 했다. 바로 젖당으로 알려진 락토스와 락토스의 분해 효소인 락타아제가 대상이었다. 락타아제는 베타갈락토시다아제β-galactosidase라고도 부르며 락토스를 갈락토스와 글루코스로 쪼개는 효소다. 박테리아는 에너지원으로 구조가 단순한 글루코스, 즉 포도당을 선호한다. 따라서 글루코스와 갈락토스라는 두 개의 당으로 이루어진 락토스를 이용하려면 박테리아는 락토스를 반쪽으로 쪼개야 한다.

1940년대 후반에서 1950년 초반은 분자생물학이 탄생하던 시기였다. 그래서 거의 모든 종류의 실험에 대한 전례가 없었다. 하지만 모노가 이끄는 연구 팀은 여러 개의 가설을 세우고 각 가설을 증명할 수 있는 실험적 기법을 설계하는 데 탁월했다. 이들이 설명하고자 하는 가장 중요한 현상은 당이 들어오면 그걸 출발 신호로 삼아 효소라는 주전 선수가 뛰기 시작한다는 것이다. 이 현상을 해석할 수 있는 첫 번째 가설은 다음과 같다. 박테리아 세포 안에는 이미 충분한 양의 효소가 들어 있지만, 평소에는 불활성화된 형태로 존재한다. 그러다가 당이 들어와 결합하게 되면 효소가 활성화되면서 분해를 시작한다는 것이다. 모노의 연구 팀은 기발하면서 기술적으로도 매우 까다로운 일련의 실험 끝에 이 가설을 가차 없이 기각해버렸다.

대신에 모노는 락토스가 아주 정밀한 방법으로 효소의 '생산'을 조절한다는 것을 증명했다. 대장균은 박테리아의 한 종류다. 대장균을 락토스가 없는 환경에서 배양하는 경우, 대장균 세포에서는 락타아제 효소가 거의 검출되지 않았다. 그런데 배지에 락토스를 첨가하자 겨우 몇 분 만에 세포당 수천 개의 락타아제 분자가 새로 만들어졌다. 그리고 락토스를 제거하면 락타아제가 더 이상 만들어지지 않았다.그림 3.5 이처럼 락타아제의 합성이 락토스의 유무에 따라 켜졌다 꺼지는 스위치가 달린 것처럼 조절된다. 다시 말해 락토스는 효소가 생산되도록 유도하는 물질이라고 말할 수 있다.(락토스가 직접 유도하는 것은 락타아제라는 효소의 '활성'이 아닌 효소의 '생산'을 활성화하는 것임에 유의하자_옮긴이)

박테리아의 처지에서 보면 매우 당연한 일이다. 락토스라는 먹이가 있을 때만 락토스 분해 효소를 만들고 락토스가 없으면 굳이 효소를 만드는 데 에너지를 낭비하지 않는 것이다. 그렇다면 이 당연한 논리가 세포 안에서 실제로 어떻게 구현되는가?

효소의 생산을 조절하는 법칙은 수년간 모습을 드러내지 않은 채 모노를 애타게 했다. 그 이유는 다음과 같다. 첫째, 모노는 경기에 참가하는 전체 선수 명단을 가지고 있지 않았다. 둘째, 모노는 생물체 안에서 일어나는 조절의 논리에 접근하면서 반드시 넘어야 할 정신적 장벽에 부딪혔다. 그들이 관찰한 현상은 아주 단순했다. '당을 준다. 그러면 박테리아는 효소를 합성한다.' 따라서 모노와 공동 연구 팀은 직관적으로 유도 물질인 당은 효소 합성에 당연히 '긍정적' 역할을 한다고 생각할 수밖에 없었다. 다시 말해 억제가 아닌 촉진을 한다는 것이다. 앞으로 이 책에서는 촉진하는 방향으로 조절이 이루어지는 과정을 '양성 조절 positive regulation'이라고 부르고 모식도에서는 화살표로 표시하겠다.

유도 물질(락토스)

↓

효소(락타아제)

하지만 이러한 논리를 뒤집고 돌파구를 찾으려면 그들은 또 다른 주전 선수를 찾아내야만 했다.

이제부터 마침내 그들이 어떻게 옳은 길로 들어서게 됐는지 이야기하겠다. 다만 먼저 결론부터 말할까 한다. 논리를 제대로 파악하는 것은 이 책의 핵심인 '조절의 논리'를 올바르게 이해하는 데 결정적이다. 나는 여러분이 복잡한 실험 과정의 늪에 빠져 허우적대느라 큰 그림을 놓치는 일이 없었으면 좋겠다. 따라서 일단 모노가 놓친 것이 무엇이었고 락토스가 어떤 방식으로 효소 합성을 조절하는지 먼저 설명한 후에 다시 돌아와 모노와 동료들이 결론에 이르게 된 과정을 얘기하겠다.

모노에게 필요한 두 번째 주전 선수는 락토스와 락타아제 사이에서 작용하는 제2의 단백질이었다. 이 단백질은 '억제자 repressor'라고 부른다. 왜냐하면 락타아제의 생산을 '억제'하는 것이 억제자의 역할이기 때문이다. 락토스가 락타아제 합성에 직접 관여하지도, 양성적으로 작용하지도 않는다는 사실을 깨닫게 되면서 뒤집힌 논리는 제자리를 찾았다. 락토스는 락타아제의 합성을 억제하는 억제자를 억제한다.

논리적으로 말하자면 두 개의 부정이 모여 긍정을 만든 것이다. 바로 이중부정의 논리다.

효소 조절의 이중부정 논리는 생물학적 이치에도 들어맞는다. 당이 없을 때 당을 분해하는 효소는 필요가 없다. 그래서 억제자가 효소의 생산을 막는다. 그러나 당이 있을 때는 그 당이 억제자를 방해한다. 그래서 효소를 합성하는 유전자가 작동하면서 효소 합성이 시작되고, 생산된 효소는 당을 분해하면서 세포에 에너지를 공급하게 되는 것이다. 앞으로 이 책에서는 억제하는 방향으로 조절이 이루어지는 과정을 '음성조절negative regulation'이라고 부르고 모식도에서는 ⊥ 기호로 표시하겠다.

이중부정의 논리

| 락토스가 없는 경우 | 락토스가 있는 경우 |
|---|---|
| | ⊥ |
| 억제자 | 억제자(저해됨) |
| ⊥ | ⊥ |
| 효소 유전자 OFF | 효소 유전자 ON |

일개 미물인 박테리아를 위해 이렇게 아름답고 경제적인 논리가 또 있을까? 그러면 지금부터 효소 생산이 억제되는 과정에 대해 간단히 설명하겠다. 하지만 이 장과 책 전체를 통틀어 무엇보다 중요한 것은 효소 조절의 복잡한 세부 사항이 아니라 그 뒤에 자리한 '논리'라는 점을 염

두에 두길 바란다.

모노는 편견에서 벗어나면서 비로소 제대로 길을 찾기 시작했다. 우리는 보통 어떤 현상을 보았을 때 그 현상을 직선적으로 설명하려는 경향이 있다. 다시 말해 원인과 결과 사이의 과정의 수를 최소로 하는 방식으로 말이다. 거리를 내려오는 자동차를 보고 보통 운전자가 액셀을 밟았다고 생각하지 브레이크를 풀었다고 생각하지는 않는다.

A(당)가 있을 때 B(효소)가 나타나는 현상이 있다고 하자. 그러면 우리는 먼저 긍정적 관점으로 관계를 유추하게 된다. A가 B를 일으킨다고 말이다. A는 B를 방해하는 C를 억제함으로써 B를 촉진한다는 한 번 꼬인 관계를 떠올리기 위해서는 상상의 나래를 아주 넓게 펼쳐야 한다.

그러나 생명은 (미시적인 분자 수준에서 거시적인 생태계 수준까지) 우리가 상상했던 것보다 훨씬 더 많은 고리로 연결된 상호작용의 긴 사슬에 의해 지배된다. 우리가 사슬의 모든 단계에서 조절의 법칙을 제대로 이해하고 이를 활용하기 위해서는 각 사슬을 형성하는 개별 고리에 대해서뿐 아니라 고리 사이의 상호작용이 어떤 성질의 것인지 알아야 한다.

억제자를 발견하고 효소 조절의 메커니즘을 밝히기 위해 모노는 신선한 접근법이 필요했다.


## 억제자의 발견

여기서 신선한 방법은 유전학을 활용하는 것이다. 예를 들어 당신이 겉으로 드러나는 유전 형질(이를테면 꽃의 분홍색)이 어떻게 만들어졌는지 알고 싶다고 하자. 이 분홍색 색소를 만드는 작업에 참여하는 일꾼들이 누구인지 알아내고 싶다면 크게 두 가지 방법을 시도할 수 있다. 우선 생화학적 방식이다. 꽃잎을 갈아 분홍색 색소를 만드는 작업에 관여한 모든 효소를 정제해내는 것이다. 하지만 얼마 지나지 않아 그 방법은 너무 어렵고 시간이 많이 드는 일이라는 것을 몸소 체험하게 될 것이다.

그렇다면 이번에는 유전학적 방식의 차례다. 분홍색 식물에서 씨를 받아 수천 개의 모종을 키우고 그중에서 분홍색 꽃을 피우지 못하는(이를테면 흰색 꽃만 피는) 식물을 찾아낸다. 흔치 않은 이 식물은 모두 일종의 유전적 결함을 가지고 있다. 즉 분홍색 색소를 만드는 유전자에 돌연변이가 생긴 것이다. 이제 우리는 그 유전자를 조사하면 된다.

유전학적 접근법의 큰 장점은 내가 관심 있는 유전자의 돌연변이를 눈으로 보아 찾아낼 수 있다는 것이다. 그리고 이 방법은 선입견을 배제한다. 다시 말해 게임에 참가하는 선수가 몇 명인지, 각 선수가 어떤 포지션을 맡고 있는지에 대한 가정이 필요 없다는 말이다. 그리고 이른바 효소가 아닌 제3의 선수를 발견할 수도 있다. 지난 50년간 의학과 생물학에서 일어난 획기적인 주요 성과들은 유전학적 접근법에 기반을 둔 것이다. 다음의 두 장에서 이와 관련해 의학적으로 중요한 두 가지 예를 설명하겠다.

모노의 연구 팀은 박테리아에서 락타아제의 생산 과정이 비정상적으로 일어나는 돌연변이를 찾았다. 그들은 두 종류의 돌연변이체를 분리해냈다. 첫 번째 돌연변이는 락타아제를 만들긴 하되 제대로 작동하지 않는 불량품을 생산했다. 이 박테리아는 효소를 합성하는 유전자에 결함이 생긴 것이었다. 이런 종류의 돌연변이는 이미 연구 팀이 예상하던 바였다. 대신 두 번째 돌연변이가 관심을 끌었다. 이 돌연변이 박테리아들은 효소를 합성하기 위해 유도 물질인 락토스가 필요하지 않았다. 다시 말해 락토스가 있건 없건 간에 항상 효소를 찍어냈다. 이를 상시발현성 돌연변이라고 부른다. 이러한 돌연변이체에서 효소 합성의 정상적인 ON/OFF 조절은 망가진 상태인데, 상시발현성 돌연변이는 효소를 만드는 유전자와는 별개의 유전자에서 일어나며 효소 유전자의 조절에 지장을 준다.

이 제3의 선수는 효소 조절을 이해하는 중요한 열쇠를 손에 쥐고 있었다. 처음에 모노는 몹시 당황했다. 그는 락토스라는 유도 물질이 효소 합성에 긍정적 역할을 한다는 가정하에 상시발현성 돌연변이를 해석했기 때문이다. 따라서 그는 만약 돌연변이 박테리아가 유도 물질 없이도 효소를 만들어낼 수 있다면, 그건 박테리아 내부에서 자체적으로 효소의 유도 물질을 생산해내기 때문이라고 추론했다. 그리고 그는 (자신의 추론이 잘못되었다는 것을 밝혀낼) 새로운 파트너를 데려왔다.

## 이중부정의 논리를 발견하다

그 새로운 파트너는 프랑수아 자코브 Francois Jacob (1920~2013)였다. 원래 자코브는 외과 의사가 되려고 했다. 하지만 전쟁 중 노르망디에서 위생병으로 복무할 때 심각한 부상을 당하는 바람에 의학도의 길을 포기했다. 대신 과학자의 길을 선택해 우연히 모노의 실험실 바로 아래에 있는 루오프의 연구실까지 오게 되었다. 당시 자코브는 다른 현상을 연구하고 있었다. 바이러스가 박테리아 세포에 조용히 숨어 있다가 어떤 계기로 갑자기 복제를 시작하는 현상이었다. 짧은 시간 안에 자코브는 박테리아의 유전자를 연구할 수 있는 중요한 기술을 개발했다. 1957년에 자코브는 모노와 한 팀이 되었고, 자코브가 가진 유전공학 기술 보따리에서 나온 새로운 방법을 이용해 마침내 효소 조절의 원리가 밝혀지게 되었다.

인간을 비롯한 대부분 동물은 부모에게 하나씩 물려받아 쌍을 이루는 총 두 세트의 염색체를 가진다. 이와 달리 대장균을 포함한 박테리아는 모든 유전자가 하나씩만 존재하는 염색체 한 개를 가지고 있다. 자코브가 생각해낸 획기적 기술은 바로 다른 박테리아의 유전자를 염색체에 도입하는 것이다. 이 기술을 사용하면 특정 유전자를 추가로 가진 박테리아를 제작할 수 있기 때문에 정상 유전자와 돌연변이 유전자를 함께 섞어놓고 박테리아가 어떻게 행동하는지 시험할 수 있다. 상시발현성 돌연변이에 대한 모노의 가정이 맞는다면, 정상 유전자와 돌연변이 유전자가 한 세포 안에 동시에 존재할 때 돌연변이 유전자에 의해 생성된 내부의 유도 물질 때문에 효소가 끊임없이 생산될 것이라고 예상할 수 있다.

그러나 자코브와 미국에서 방문한 과학자 아서 파디<sup>Arthur Pardee (1921~ )</sup>는 실험에서 오히려 정반대의 결과를 얻었다. 예상과 달리 정상 유전자와 돌연변이 유전자를 동시에 가지고 있는 박테리아는 락토스를 넣어주어야만 락타아제를 생산했다. 연구 팀은 모두 당황했다. 실험 과정에 실수가 있었나? 하지만 실수는 없었다. 신중을 기해 여러 번 실험을 반복했지만 결과는 마찬가지였다.

기술적 문제가 아니라면 논리의 문제가 아닐까? 실제로 레오 실라르드 Leo Szilard(1898~1964)가 모노와 자코브에게 논리적 결함의 가능성에 대해 제안했다. 실라르드는 핵에너지와 핵무기 개발에 참여한 물리학자로 분자생물학으로 전향한 후 파스퇴르연구소에 수시로 드나들었다. 어쩌면 모노와 자코브는 유도 물질에 대해 잘못 생각하고 있었던 게 아닐까? 유도 물질이 모노의 생각처럼 효소 합성을 직접 활성화하는 것이 아니라 효소 합성을 저해하는 인자를 억누르는 게 아닐까?

빙고! 이중부정의 논리가 그들이 얻은 모든 결과에 딱딱 들어맞았다. 상시발현성 돌연변이는 자체적으로 유도 물질을 만드는 것이 아니었다. 이 돌연변이체는 효소 조절의 주전 선수 중 하나, 즉 효소 합성을 저해하는 억제자에 문제가 있었다. 돌연변이체에서 억제자가 사라지면서 외부에서 주어지는 유도 물질 없이도 효소 합성이 지속해서 일어나게 된 것이다. 그리고 이 돌연변이 박테리아에 정상 유전자를 넣어주자 억제자가 정상적으로 만들어지면서 유도 물질이 들어올 때까지 효소 생산을 억제했다.

일단 원인과 결과 사이에 양(+)의 상관관계라는 선입견을 극복하자, 모노와 자코브는 새로운 방식으로 생각하고 그 누구도 생각한 적 없는 관계를 보기 시작했다.

어느 일요일 오후 파리의 영화관에서 아내와 함께 앉아 있던 자코브의 머릿속에서는 영화가 아닌 자신이 여러 해 동안 연구해온 퍼즐이 파노라마처럼 펼쳐지고 있었다. 그가 연구하던 박테리아에는 특별한 바이러스가 잠복해 있는데, 자외선을 쪼이면 증식을 시작했다. 자코브를 정신적 공황에 이르게 한 이 미스터리가 그의 연구실 복도 반대쪽 끝에서 진행되던 모노의 연구와 밀접하게 연관되었다는 것은 미처 아무도 생각하지 못했다. 어두운 영화관에서 자코브는 머릿속으로 박테리아 안에 억류된 바이러스 유전자를 그려보기 시작했다.

그리고 불현듯 어떤 생각이 떠올랐다. 바이러스 활성화의 논리는 바로 효소 생산 유도의 이중부정 논리와 정확히 일치하는 것이었다. 박테리아 세포에 있는 억제자가 바이러스 유전자를 제압하고 있다가 자외선으로 인해 억제자가 파괴되거나 제거되면 비로소 바이러스 유전자가 발현(유전자가 단백질을 만들어내는 과정_옮긴이)을 시작하는 것이다.

양의 방향으로 작용한다고 생각했던 활성 과정이 여기서도 마찬가지로 사실은 억제자를 억제한 결과로 나타났다.


| 잠복 중인 바이러스 | 자외선에 활성화된 바이러스 |
|:---:|:---:|
| | ⊥ |
| 억제자 | 억제자 |
| ⊥ | ⊥ |
| 바이러스 유전자 OFF | 바이러스 유전자 ON |


한때는 완전히 별개라고 생각했던 두 개의 현상을 하나의 논리로 설명할 수 있다고 확신하게 된 후, 모노와 자코브는 세포 안에 근본적으로 두 종류의 단백질이 있다고 제안했다. 하나는 구조 단백질이다. 구조 단백질은 효소처럼 세포 내에서 화학반응을 수행하거나 바이러스 구조를 만드는 단백질이다. 다른 하나는 조절 단백질이다. 조절 단백질은 환경에 따라 구조 단백질의 합성을 제어하는 단백질이다. 그렇다면 조절의

관점에서 모든 단백질이 다 동등한 것은 아니다. 어떤 단백질은 다른 단백질을 지배하도록 만들어진 것이다.

모노와 자코브는 '음성 조절'이 어디서나 일어나고 있음을 알게 되었다. 이제 음성 조절이 다른 방식으로 작용하는 경우를 찾기 시작했다.


## 피드백 논리

박테리아를 비롯한 모든 유기체는 복잡한 화합물을 단순한 화합물로 '분해'하기도 하지만, 단순한 재료로부터 중요한 화합물들을 '합성'할 수도 있다. 살아 있는 생명체 내에서 모든 일을 도맡아 하는 단백질은 아미노산이라고 부르는 건축 자재로 구성된다. 탄소원으로 포도당과 이산화탄소가 포함된 기본 조건에서 배양될 때, 박테리아는 총 스무 종류의 아미노산을 만들 수 있다.

그러나 박테리아에게 어떤 아미노산을 제공하면, 그 아미노산의 세포 내 합성은 빠르게 중단된다. 이런 즉각적 반응은 어떤 아미노산이 풍부할 때 박테리아는 그 아미노산을 합성하는 효소의 생산만을 선별하여 차단할 수 있는 메커니즘을 가졌다는 것을 의미한다.

1950년대에 생화학자들은 다양한 아미노산이 제조되는 과정을 밝히는 데 많은 노력을 기울였다. 모든 아미노산의 합성 과정은 대개 여러 단계를 거치는 긴 경로인데, 처음에 주어진 전구체(P)가 일련의 효소 반응을 거치며 탈바꿈하여 최종적으로 아미노산이 만들어진다는 사실이 밝혀졌다. 이러한 경로는 도식에서 각 단계의 중간 산물(I1, I2 등)이 사슬로 연결된 모양으로 표현된다. 각 중간 산물은 서로 다른 효소에 의해 생산된다.

$$P \rightarrow I1 \rightarrow I2 \cdots \rightarrow 아미노산$$

예를 들어 아미노산의 하나인 트립토판을 박테리아 배양액에 첨가하면 트립토판 합성 과정 중 중간 산물의 합성이 중단되는 것이 관찰되었다. 이것은 트립토판이 자신의 합성 경로에서 초기에 작용하는 어떤 효소에 영향을 주었음을 의미한다. 비슷하게 아이소류신이 제공되면 아이소류신 합성 경로의 첫 번째 효소의 활성이 억제된다는 것이 밝혀졌다.

이러한 발견은 '음의 피드백'이라는 개념에 영감을 주었다. 이는 특정 화합물이 세포 내에서 농도를 조절하기 위해 자신의 합성 경로에 재투입되는 것을 의미한다.(그래서 피드백을 한글로 되먹임이라고 번역하여 사용하기도 함_옮긴이) 이후에 진행된 생합성 경로에 관한 다양한 연구에 따르면 음의 피드백은 광범하게 존재할 뿐 아니라 거의 예외 없이 최종 산물이 합성 경로의 첫 번째 효소를 직접 저해하는 방식으로 작용한다.

효소 합성 유도 과정의 이중부정 논리처럼 생합성 경로에서 음의 피드백이라는 논리 또한 생물학적으로 매우 큰 의미가 있다. 한 경로의 최종 산물이 충분히 많이 있다면 세포는 해당 최종 산물을 비롯하여 어떤 중간 산물을 만드는 불필요한 일에도 에너지를 낭비하지 않는다. 그러나 최종 산물의 농도가 낮을 때 합성 공장은 제재가 풀리면서 필요한 생산물이 합성된다.

박테리아에 대한 이러한 선구적 연구를 통해 하나의 분자가 다른 분자의 생산량에 영향을 미칠 수 있는 네 가지 기본 원칙이 세워졌다. 각 원칙은 보편적 법칙과 조절의 논리로 이루어지는데, 나중에 보겠지만 박테리아가 아닌 다른 종에서도 수많은 과정을 지배한다.(아마 이 페이지를 표시해두는 것이 좋을 듯하다.)

---

### 조절의 보편적 법칙과 생명의 논리

양성 조절

A → B       A가 B의 양이나 활성을 촉진하는 방향으로 조절한다.

음성 조절

A ⊣ B       A가 B의 양이나 활성을 억제하는 방향으로 조절한다.

이중부정의 논리

A ⊣ B ⊣ C   A가 B를 억제한다. 그런데 B는 C를 억제한다. 따라서 이중부정의 논리에 따라 A는 C를 촉진한다. 또는 C의 양을 증가시킨다.

피드백 조절

A → B → C   C가 축적되면 맨 앞으로 돌아가 A를 억제한다. 따라서 B와 C의 생산도 억제된다.

---

## 생명의 두 번째 비밀

억제자와 피드백 제어의 발견은 어떻게 이 두 종류의 조절 방식이 분자 수준에서 작용하는지에 대한 강한 호기심을 불러일으켰다. 억제자가 하는 일은 무엇일까? 유도 물질은 어떤 역할을 하는가? 피드백은 어떤 식으로 일어나는가?

1961년 가을 어느 늦은 저녁, 자크 모노는 동료인 아그네스 울만<sup>Agnes</sup> Ullmann의 실험실로 들어갔다. 모노는 평소에 옷을 잘 차려입고 활력 넘치는 사람이지만 그날은 넥타이가 풀어져 있고 몹시 지치고 힘들어 보였다. 오랜 침묵 끝에 모노는 울만에게 말했다. "나 아무래도 생명의 두 번째 비밀을 찾은 것 같아."

울만은 모노의 안색이 좋지 않은 것을 보고 의자에 앉힌 후 그가 즐기는 스카치위스키를 한 잔 권했다. 한두 잔이 오가고 난 뒤 모노는 마침내 긴 설명을 시작했다. 그는 피곤하지도 아프지도 않았다. 사실 모노의 몸상태는 최상이었다. 그는 조절 과정의 억제와 음의 피드백에 관해 자신이 수년간 관찰해온 것을 정리했다. 그리고 그 두 현상을 하나로 묶어 설명할 수 있는 이론을 제시했다.

모노는 분자를 그림으로 나타내는 과정에서 실마리를 찾았다고 했다. 실험실에 앉아 자신이 연구하던 효소에 관해 생각하던 중이었다. 효소 작용의 재료가 되는 당이나 아미노산 같은 물질을 기질substrate이라고 하는데, 보통 효소는 기질보다 백 배 이상 더 크다. 효소 표면에는 활성 부위active site라고 하는 일종의 구멍이 나 있는데, 기질은 자물쇠에 들어맞는 열쇠처럼 활성 부위에 꼭 맞게 들어간다. 그리고 거기서 기질은 쪼개지거나 다른 형태로 개조된다.

모노가 연구하던 효소는 아미노산인 아이소류신을 합성하는 경로의 첫 단계에서 작용하는 효소였다. 이 효소의 기질은 트레오닌이며, 이 효소의 활성은 최종 산물인 아이소류신에 의해 억제된다. 모노는 어떻게 작은 아이소류신 분자가 효소 내에서 활성 부위에 꼭 맞게 결합하여 효소의 작업을 멈추게 하는지 그림으로 나타내보려고 했다. 그리고 그 순간 머리가 번뜩였다. 아이소류신은 트레오닌과 3차 구조가 다르다. 모양이 다른 두 개의 열쇠가 어떻게 하나의 자물쇠에 들어가지?

모노는 피드백에 의해 억제되는 다른 효소를 떠올려보았다. 마찬가지 상황이었다. 모두 자신의 기질과는 구조가 다른 분자에 의해 억제되는 것이다. 이것이 의미하는 바가 무엇일까? 모노는 피드백을 일으키는 분자가 결합하는 장소는 활성 부위와는 다른 곳이라는 결론을 내렸다. 효소, 즉 자물쇠는 두 개의 열쇠 구멍을 가져야 하는 것이다. 하나는 기질, 다른 하나는 피드백 제어 물질을 위해서 말이다.

제어 물질이 결합하면 효소의 구조가 바뀌면서 기질이 활성 부위에 들러붙지 못하게 된다. 다시 말해 열쇠 구멍을 막는 상황이 된다. 모노는 이러한 현상을 알로스테릭 현상allostery이라고 불렀다. 그리스어로 allos는 '다른'이라는 의미이고, stereos는 '입체' 또는 '물체'라는 뜻이다. 그는 알로스테릭 현상이야말로 단백질의 활성을 조절하는 중요한 메커니즘이라고 생각했다. 그림 3.6, 위

이렇게 해서 그날 밤, 모든 퍼즐 조각이 제자리를 찾았다. 효소 합성의 유도 물질과 억제자는 알로스테릭 현상에 의해 피드백 제어에서와 정확히 똑같은 방식으로 작용했다. 억제자 역시 두 개의 결합 부위를 가지고 있어야 한다. 하나는 DNA에 붙는 자리, 다른 하나는 유도 물질이 붙는 자리. 유도 물질이 없을 때 억제자는 DNA에 붙어 유전자가 발현되지 못하게 막는다. 하지만 유도 물질이 억제자에 결합하면 억제자의 물리적 형태가 변하는 바람에 DNA에서 분리되면서 유전자가 발현한다. 그림 3.6, 아래

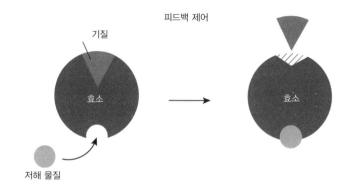

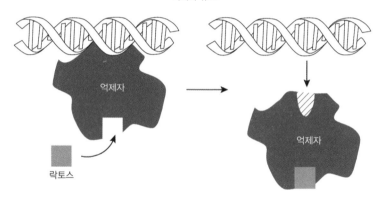

**그림 3.6** 알로스테릭 현상은 피드백 제어와 효소 합성 유도의 밑바탕이 된다. (위) 기질은 효소의 활성 부위에 들어맞는다. 저해 물질은 효소의 다른 자리를 차지한다. 저해 물질이 효소에 결합하면 활성 부위의 형태가 변하기 때문에 기질이 결합할 수 없게 된다. (아래) 억제자의 한 부분에는 DNA가 결합하고 다른 부분에는 락토스가 결합한다. 락토스가 결합하면 억제자의 형태가 변하기 때문에 DNA에 달라붙을 수 없게 된다. 따라서 억제자에서 풀려난 효소 합성 유전자가 발현을 시작한다.                                  그림_리앤 올즈

모노에게는 간단한 하나의 통일된 이론을 위한 두 가지 증거가 있었다. 즉 작은 분자(아미노산, 유도 물질)가 큰 분자(단백질)의 형태와 활성을 조절한다는 것이다. 보기에 서로 관련이 없어 보이는 효소 억제와 피드

백 제어라는 두 현상을 연결하면서 모노는 이를 어떻게 일반화할 수 있을지 상상했다. 알로스테릭 현상은 예를 들어 호르몬이나 신경전달물질 같은 작은 분자들이 어떻게 내분비계나 신경계를 조절하는지 설명할 수 있을 것이다. 모노는 자신의 이론이 적용될 수 있는 무한한 가능성을 생각하다가 머리가 멍해진 나머지 정신없이 헤맨 끝에 울만에게 가서 털어놓은 것이다.

DNA는 생명의 첫 번째 비밀이었다. 그렇다면 단백질과 유전자가 어떻게 동시에 조절되는지를 설명하는 알로스테릭 현상은 엄청난 영향력을 가진 두 번째 비밀이었다. 적어도 노벨상 위원회는 모노와 자코브의 발견이 모두 1965년 노벨 생리의학상을 탈 가치가 있다고 생각했다.


## 대장균과 코끼리

자크 모노와 프랑수아 자코브가 진행한 연구의 중요성은 대장균에서 락타아제 효소 조절의 미스터리를 푼 것에 그치지 않았다. 엘턴이나 캐넌처럼 그들이 가진 발상의 힘은 자신들이 밝혀낸 조절의 법칙이 독창적이면서도 보편적으로 적용될 수 있다는 사실에서 비롯된다.

엘턴은 생태계란 먹이사슬을 통해 상호작용하는 생물체의 사회라고 규정했다. 그리고 캐넌은 신체를 신경계와 내분비계를 통해 서로 소통하는 기관들로 구성된 집합체라고 보았다. 이와 비슷한 맥락에서 모노와 자코브는 세포 속의 생명을 "합성과 활성을 조절하는 복잡한 소통 시스템에 의해 뭉친 거대 분자들의 사회"로 생각했다.

모노와 자코브는 오로지 단세포 박테리아를 연구하여 알게 된 생명의 이치가 고등생물에서 일어나는 복잡한 현상을 이해하는 밑거름이 될 수 있음을 호소력 있게 주장했다. 그들은 1961년 당시에 밝혀진 지식을 거장의 솜씨로 통합하면서 재치 있게 "대장균에서 밝혀진 진리는 코끼리에게도 진리이다"라는 명언을 남겼다.

사실 이 말은 증명되거나 용인된 사실이라기보다는 대담한 소망에 가까웠다. 그렇다고 그것이 이들의 추론을 제한하지는 않았다. 고등생물 내에서 일어나는 조절 과정은 헤아릴 수 없을 만큼 훨씬 복잡할 것이라고 인정하면서도 그들은 다음과 같이 주장했다.

> 한편 하등생물에서 인지된 주요 메커니즘(알로스테릭 저해, 유도와 억제)을 분화된 고등생물에서 사용할 수 없다는 것은 어불성설이다. 오히려 이러한 메커니즘이 본질적으로 다른 상황에서도 널리 적용될 수 있고, 대장균과 사람에게서 완전히 다른 목적을 수행할 수 있다는 사실은 명백하다.

모노와 자코브는 비단 이러한 메커니즘만이 아니라 음성 조절의 논리 역시 고등생물에서 매우 중요한 의미를 지닌다고 보았다. 암세포란 정상적 조직이 증식을 조절하는 민감성을 상실한 경우라고 말하면서, 암은 세포 분열을 제어하는 억제자가 유전적 돌연변이나 기타 다른 물질에 의해 불활성화되면서 일어난다고 제안했다.

제4장과 제5장에서 보겠지만, 그들이 보여준 선견지명의 영향력은 매우 크고 놀라운 것이었다.

# 제4장

# 콜레스테롤, 피드백, 기적의 곰팡이

유전자를 대체하는 대신 조절 원리를 잘 이용하면

좋은 유전자가 더 열심히 일하게 만들 수 있습니다.

_조지프 골드스타인 박사가 머크 제약회사의 최고경영자 로이 바겔로스Roy Vagelos에게

1935년 6월 29일 미국인 앤설 키스Ancel Keys와 영국인 브라이언 매슈스Bryan Matthews는 해발고도 6,000m의 칠레 북부 아우칸킬차Aucanquilcha 산 정상 부근에 캠프를 설치했다. 그들은 봉을 세우고 그 위에 담요를 덮어 간단한 바람막이를 만들고 밤이면 영하 50도까지 떨어지는 극한의 기온과 바람으로부터 몸을 피했다. 키스와 매슈스는 고도 6,000m가 넘는 고지대에서 보름 동안 머물며 정상에도 여러 차례 다녀왔다. 당시 그들이 정복한 것은 안데스 산맥의 가장 높은 봉우리 중 하나였다. 그러나 이렇듯 용감무쌍한 등반가들은 사실 전문 산악인이 아니었다. 그들은 생리학자였다.

키스는 하버드대학교에서 왔고 매슈스는 케임브리지대학교에서 왔

다. 이 둘은 열 명의 과학자로 구성된 국제고지대탐사대[International High Altitude Expedition] 일원으로 인체가 높은 고도에서 어떻게 적응해왔는지 연구하기 위해 칠레까지 날아왔다. 해발고도 5,300m의 아우칸킬차는 지구 상에서 인간이 살고 있는 고도가 가장 높은 거주 지역 중 하나이며, 근처에는 고도 약 5,800m의 세계에서 가장 높은 탄광도 있다. 이번 탐사는 극한의 환경에서 인간이 어떻게 생활하고 일하는지 이해하려는 목적으로 조직되었다. 이는 지금까지 행해진 연구 중에서 가장 높은 고도에서 최장기간 동안 이루어졌으며 기술적 측면에서도 최고의 장비를 갖춘 대규모 프로젝트였다.

위대한 과학자의 징조 중 하나가 월터 캐넌, 찰스 엘턴, 자크 모노의 경우처럼 호기심이 이끄는 곳은 어디든 떠나는 용기라면, 앤설 키스는 이를 보여주는 가장 전형적 인물로 손꼽을 수 있다. 캘리포니아에서 자란 키스는 어릴 때부터 재주가 많았다. 그는 열다섯 살에 고등학교 학업을 중단했다. 그리고 애리조나에 있는 동굴에서 박쥐의 똥을 퍼내고 콜로라도의 금광에서 화약 운반수로 일하며 광부들에게 폭탄을 배달했다. 고향으로 돌아와 고등학교를 마친 그는 대학에서 화학을 전공했으나 이내 환멸을 느껴 중국으로 떠나는 원양 여객선에 올라 기관사를 보좌하는 조기수操機手로 일했다. 술이 곧 밥인 생활에서 벗어나 다시 대학으로 돌아간 키스는 경제학 전공으로 학사 학위를 받고 이어서 겨우 6개월 만에 생물학 학사 학위도 받았다. 그 후 캘리포니아의 라호야La Jolla에 위치한 스크립스연구소Scripps Institute에서 해양생물학으로 박사 학위를 받은 그는 케임브리지대학교로 가서 생리학 박사 학위를 추가했다. 그러고 나서 하버드대학교의 '피로연구소Fatigue Laboratory'에 들어가 칠레로 떠

**그림 4.1** 안데스 산맥 해발고도 6,138m 높이에서 앤설 키스(등을 대고 누워 있는 사람)가 고지대에서 신체의 반응을 측정하기 위해 채혈하고 있다.

출처_앤설 키스, "The Physiology of Life at High Altitudes," Scientific Monthly 43(4) : 309, 1936

나는 국제고지대탐사대를 조직하였다.

　과학자의 여정에서 두 번째로 공통적인 재료는 뜻밖의 운 좋은 발견이다. 캐넌의 성난 고양이나 엘턴이 트롬쇠에서 발견한 레밍에 관한 서적 그리고 모노의 이상한 생장곡선처럼 말이다. 키스의 경우에는 육군에서 온 자문 요청이었다. 아우칸킬차 산 정상 부근에서 6일간 머물면서 키스와 매슈스는 물과 농축된 식량으로 버텼다. 이는 육군 군수 장교의 흥미를 끌 만한 경험이었다. 유럽에서 전쟁이 발발하자 군대는 가볍고 장기간 보존이 가능한 전투 식량을 개발할 필요가 있었다. 이를테면 낙하산 부대가 적지에 침투한 후 지상군이 올 때까지 버틸 수 있도록 말이다. 국방부의 보급 부대는 키스에게 자문을 구했다.

당시 키스는 미네소타대학교에 있었는데 육군 대령이 그를 만나러 미니애폴리스로 찾아왔다. 키스는 대령을 데리고 트윈 시티스Twin Cities에 있는 가장 좋은 마트에 가서 함께 식료품들을 구입해 종이봉투에 나누어 담고는 지역 군 기지로 옮겨 테스트를 시작했다. 이후 조지아 주의 포트 베닝Fort Benning에서 추가 실험을 마친 후 약 3,000칼로리가 담긴 최초의 야전 휴대 식량에 들어갈 식재료를 결정했다. 이 전투 식량은 군복 주머니에 들어가는 크기의 방수 처리된 팩으로 되어 있는데 말린 소시지와 고기 통조림, 비스킷, 초콜릿, 껌, 성냥, 담배 등이 들어 있었다. 소문에 따르면 키스의 K를 붙여 'K 전투 식량'이라고 불리는 이 휴대 식량은 1944년 전쟁이 정점에 다다르던 시기에 1억 개 이상 생산되었다.

전쟁이 끝나자 키스는 다른 문제로 눈을 돌렸다. 전쟁 후 식량이 부족해진 유럽에서는 심장병으로 인한 사망률이 크게 줄어들었지만, 배 나온 수많은 미국인들은 심장마비로 죽어가고 있다는 통계가 키스의 관심을 끌었다. 왜 어떤 사람들은 심장마비에 걸리고 어떤 사람들은 아닐까? 키스는 미니애폴리스 지역 44~55세의 성인 남성 281명을 모집해 장기 연구에 들어갔다. 그는 식단을 비롯한 60가지 항목을 대상으로 심장마비의 위험성을 조사했다.

미네소타 연구가 진행되는 와중에 키스는 세계를 여행하며 심장병에 대한 정보를 수집했다. 나폴리에서 만난 어느 동료는 키스에게 나폴리에서 심장병은 심각한 사회문제가 아니라고 주장하였다. 키스는 이를 의심한 나머지 직접 확인에 나섰다. 나폴리 소방관들을 대상으로 조사한 결과 그들의 혈액은 미국 회사원보다 콜레스테롤 수치가 훨씬 낮다는 사실을 알게 되었다. 그는 스페인의 빈민촌에서도 마찬가지의 결과를 얻었다. 키스의 눈에는 상관관계가 분명해 보였다. 지방이 풍부한 식단을 섭취하는 부유한 사람들이 심장병에 더 많이 걸리는 것이다.

그러나 의학계에서는 식단과 혈청 콜레스테롤 그리고 심장병 사이의 연관성에 대해 회의적 태도를 보였다. 그래서 키스와 동료들은 전례 없는 대규모 국제 연구를 조직하여 고유한 식단을 가진 세계의 다양한 지역에서 남성 1만 2,000명을 대상으로 심장병 위험도를 측정했다. 유고슬라비아, 이탈리아, 그리스, 핀란드, 네덜란드, 일본, 미국을 포함한 '7개국 연구'는 1958년에 착수하여 5년마다 조사에 들어갔다.

마침내 1963년에 두 연구에서 동시에 결과가 얻어졌다. 미네소타 회사원들을 15년 동안 따라다닌 결과, 키스는 심장병을 일으키는 한 가지 주요 원인을 밝혀냈다. 바로 혈청 콜레스테롤 수치이다. 100mL의 혈액당 260mg 이상의 콜레스테롤을 가진 남성은 200mg 이하의 수치를 가진 사람에 비해 심장병에 걸릴 확률이 다섯 배나 더 높았다. 7개국 연구는 5년이 되던 해에 동일한 결과를 발표했다. 예를 들어 핀란드 동부 사람들의 콜레스테롤 수치는 270mg이었는데 그들은 200mg 이하의 수치를 가진 크로아티아 사람들보다 심장마비로 사망할 확률이 네 배 이상 높았다.

키스는 이제 사람의 입으로 들어가는 것이 신체를 병들게 할 수 있다는 강한 증거를 확보했다. 인체의 대동맥 조직에 형성되는 죽상경화반 atherosclerotic plaques은 다른 정상적인 대동맥 조직보다 적어도 20배 이상 많은 콜레스테롤을 포함한다. 그리고 동물에게 콜레스테롤을 먹이면 고콜레스테롤혈증hypercholesterolemia이나 죽상동맥경화증 atherosclerosis을 유도할 수 있다. 이 사실은 이미 50년 전부터 알려진 사실이었다. 그러나 키스가 주도한 대규모 역학 조사(7개국 연구 결과의 신빙성에 대한 논란이 있음_옮긴이)를 통해 혈청 콜레스테롤 수치와 심장병 간의 상관관계가 확실히 밝혀졌고 그 위험성에 대한 인지도를 높이게 되었다.

다만 이러한 상관관계를 통해서 알 수 없는 것은 이미 심장병을 앓고 있는 사람들을 어떻게 치료할 것이냐는 점이었다. 콜레스테롤은 단순히 체내에서 제거되어야 할 위험 물질이 아니다. 콜레스테롤 분자는 생명 유지에 반드시 필요하다. 콜레스테롤은 세포를 주위 환경으로부터 차단해주는 세포막의 필수적인 구성 요소이다. 또 세포막의 유동성을 조절하고 내부의 다른 분자들의 이동성을 조정한다. 더욱이 콜레스테롤은 스테롤이라고 부르는 중요한 구조 지방질의 하나이다. 그리고 코르티솔, 성호르몬(테스토스테론과 에스트로젠), 소화에 필수적인 담즙을 포함하는 스테로이드계 호르몬의 전구체(화학반응의 원료가 되는 물질_옮긴이)이기도 하다. 따라서 중요한 논제는 '어떻게 건강한 수준의 스테롤 ─콜레스테롤 항상성을 유지하는가' 하는 점이었다. 1960년대 초반에 심장병은 미국 성인을 사망으로 이끄는 가장 큰 요인이었다. 이러한 상황을 개선하기 위해서는 (가능하다면) 콜레스테롤 조절의 법칙을 알아야 했다.

콜레스테롤 조절의 메커니즘은 자크 모노와 프랑수아 자코브에게 영향을 받은 두 명의 젊은 의사가 두 프랑스인의 논문에서 몇 장을 빌려오면서 본격적으로 밝혀졌다. 우선 그들은 문제 해결을 위해 팀을 꾸렸다. 그리고 모노와 자코브가 연구했던 상시발현 돌연변이 박테리아처럼 효소 합성 조절에 문제가 생긴 사람들에게서 일어난 돌연변이를 분석함으로써 체계적으로 콜레스테롤 조절 원리에 접근했다. 마침내 모노와 자코브가 노벨상을 받은 지 정확히 20년 후에, 그들은 노벨상을 거머쥐기 위해 스톡홀름으로 똑같은 여행을 떠났다.


## 피드백의 발견

조지프 골드스타인Joseph Goldstein(1940~ )과 마이클 브라운Michael Brown(1935~ )은 1966년 보스턴의 매사추세츠종합병원Massachusetts General Hospital에서 인턴 과정으로 응급실 순환 근무를 시작하면서 처음 만났다. 골드스타인은 사우스캐롤라이나의 작은 마을에서 자랐고 브라운은 뉴욕과 필라델피아 대도시에서 컸다. 성장 배경은 서로 달랐지만 두 사람은 만나자마자 바로 죽이 맞았다. 병동에서의 긴 하루가 지나면 그들은 마주 앉아 자신들이 새로 배운 병증에 관해 이야기 나누는 것을 낙으로 삼았다.

보스턴에서 레지던트 과정까지 마친 그들은 둘 다 메릴랜드의 베데스다Bethesda에 있는 미국 국립보건원National Institutes of Health(NIH)으로 옮겼다. 그곳에서 임상 연구원으로서 기초 연구를 수행하고 환자도 치료하는 업무를 맡았다. 골드스타인은 국립심장연구소National Heart Institute에서 임상 진료를 했는데 그가 맡은 환자 중 두 사람이 보기 드문 사례였다. 여섯 살짜리 소녀와 소녀의 여덟 살짜리 오빠였는데 남매가 둘 다 심장 발작을 일으켰다. 이 남매와의 만남은 골드스타인에게 인생의 전환점이 되었다.

이 남매가 국립보건원 병원에 온 이유는 그들이 가족성 고콜레스테롤혈증 familial hypercholesterolemia (FH)이라는 희귀 질환을 앓고 있었기 때문이다. 이 유전병은 두 가지 형태로 나타난다. 하나는 쉽게 말해 잡종(또는 이형)의 형태인데 한 쌍의 유전자 중 한쪽에만 이상이 있는 경우를 말한다. 이 질환은 약 500명 중 한 명꼴로 발병하며, 혈청 콜레스테롤 수치는 300~400이고 빠르면 35세 전후로 사망한다. 다른 하나는 순종(또는 동형)의 형태로 한 쌍의 유전자가 모두 돌연변이인 경우를 말한다. 약 100만 명에 한 명 나올까 말까 하는 아주 희귀한 질환으로 혈청 콜레스테롤 수치가 800에 이르고 빠르면 5세에 심장마비를 겪는다.

텍사스에서 온 이 남매는 가장 심각한 형태의 가족성 고콜레스테롤 혈증을 앓고 있었다. 골드스타인은 브라운에게 남매에 대해 이야기했다. 그리고 어떤 결함이 체내에서 콜레스테롤을 급증시키는지 함께 고민하기 시작했다. 국립보건원에서 쉴 틈 없이 바쁜 하루를 보내는 와중에도 그들은 틈을 내어 다양한 주제를 다룬 저녁 강의를 듣곤 했다. 그중 하나가 체내에서 일어나는 조절 과정에 대한 자크 모노와 프랑수아 자코브의 이론을 주제로 한 토론 수업이었다. 골드스타인과 브라운은 의대에서 콜레스테롤 합성은 피드백에 의해 조절된다고 배웠다. 개에게 고콜레스테롤 식단을 먹이면 정상적인 경우 몸속에서 콜레스테롤 합성이 억제된다. 골드스타인과 브라운은 생각했다. FH 환자의 몸에서 이러한 콜레스테롤 합성의 피드백 조절 과정에 결함이 생긴 것은 아닐까?

당시 대부분의 능력 있는 동료들은 암이나 신경 과학, 그 밖의 전도유망한 분야에서 연구 실적을 쌓으려고 했다. 반면에 골드스타인과 브라운은 함께 팀을 조직해 콜레스테롤 조절을 연구하기로 했다. 친구들은 뜬구름 잡는다며 빈정댔지만 골드스타인과 브라운은 이를 가볍게 무시했다. 그리고 텍사스대학교의 사우스웨스턴메디컬센터University of Texas Southwestern Medical Center로 옮겨 공식적으로 연구실을 합치고 공동 연구를 시작했다. 그들은 2년 동안 일주일에 7일씩 실험실로 출근하며 일련의 잘 짜인 실험을 통해 콜레스테롤혈증의 미스터리와 콜레스테롤 조절의 원리를 밝히려고 노력했다.

그들이 콜레스테롤 연구를 시작할 무렵, 탄소 2개짜리 전구체로부터 최종적으로 탄소 27개의 콜레스테롤이 합성되는 경로가 밝혀져 그때까지 총 11명이 콜레스테롤 연구로 노벨상을 받았다. 이 경로에는 약 30개의 효소가 관여하는데, 이 중 첫 단계에 작용하는 효소의 활성도에 따라 콜레스테롤 합성 속도가 결정되어 효소가 활성화되면 콜레스테롤이 빠르게 합성된다. 이 효소의 이름은 3-하이드록시-3-메틸 글루타릴 CoA 환원효소3-hydroxy-3-methylglutaryl coenzyme A reductase, 줄여서 HMG-CoA 환원효소라고 한다. 이 장에서 다루는 효소는 HMG-CoA 환원효소밖에 없기 때문에 그냥 환원효소라고 부르자. 그리고 한 가지 덧붙이면, 이 효소의 기능에 대해 자세히 알 필요는 없다. 여기서 중요한 것은 다시 말하지만 조절의 논리이다.

환원효소는 간에서 작용한다. 하지만 인체를 대상으로 효소의 활성을 측정한다는 것은 어려운 일이었다. 그래서 브라운과 골드스타인은 사람의 간세포를 채취해 실험실에서 배양한 후 그 세포를 대상으로 효소의 작용을 관찰하는 방법을 고안했다. 세포를 배양액에서 기를 때 보통 혈청이 제공하는 영양분을 필요로 한다. 그런데 브라운과 골드스타인이 실험을 통해 발견한 첫 번째 사실은 환원효소의 활성도가 혈청 안에 있는 뭔가에 의해 음성적으로 조절된다는 점이었다. 혈청이 있으면 효소의 활성도는 떨어지고 혈청이 제거되면 활성도는 열 배로 뛰었다.

그렇다면 혈청의 어떤 성분이 환원효소의 활성을 억누르는가. 그들은 혈청 속의 지질을 포함하는 성분일 것으로 의심했다. 그래서 이른바 LDL(저밀도 지질단백질), HDL(고밀도 지질단백질), 그리고 지질 성분을 포함하지 않는 부분을 대상으로 효소의 활성도를 측정했다. 그 결과 혈청 속의 LDL이 효소 활성을 저해하는 잠재적 인자라는 것을 알게 되었다.(콜레스테롤은 물에 녹지 않기 때문에 혈액 안에서 운반 단백질에 의해 이동하는데, 이 운반 단백질과 콜레스테롤이 결합한 것을 지질단백질lipoprotein이라고 부름_옮긴이)

모노와 자코브의 논리를 따라, 골드스타인과 브라운은 콜레스테롤을 과잉 생산하는 과콜레스테롤혈증 환자는 환원효소의 유전자에 돌연변이가 생겨 LDL에 의한 효소 조절에 저항성을 가지게 되었다는 가설을 세웠다.(고로 LDL이 있어도 콜레스테롤을 합성하는 환원효소의 활성도가 떨어지지 않음_옮긴이) 그들의 첫 번째 실험 결과는 이 가설을 지지하는 것처럼 보였다. FH 환자에서 채취한 세포를 배지에서 키웠더니 건강한 사람의 세포에서보다 환원효소의 활성도가 40~60배 더 높았다. 그리고 정상적인 경우와 달리 LDL은 효소 활성에 영향을 미치지 않았다.

|  정상  | 가족성 고콜레스테롤혈증(FH) 환자 |
| :---: | :---: |
| LDL | LDL |
| ⊥ | ⊥ |
| 환원효소 | 환원효소(최대 60배↑) |

그러나 이어지는 실험 결과는 FH 환자의 환원효소에 돌연변이가 일어났다는 가설을 증명하지 못했다. 따라서 그들은 다른 가설을 생각해내야 했다. LDL은 콜레스테롤이 결합한 지질단백질로 지질과 단백질 입자를 모두 가지고 있다. 브라운과 골드스타인은 콜레스테롤이야말로 환원효소의 활성을 적극적으로 억제하는 물질이라는 가설을 세웠다. 그래서 세포에 지질단백질이 결합하지 않은 순수한 콜레스테롤을 처리했더니 정상적인 세포에서 효소 활성이 저해되었다. 그러나 놀랍게도 콜레스테롤은 FH 환자의 세포에서도 마찬가지로 환원효소의 활성을 방해했다. 이 결과는 FH 환자의 환원효소는 건강한 사람에게서처럼 최종 산물인 콜레스테롤에 의해 피드백으로 조절되지만, 콜레스테롤이 LDL의 형태로 존재할 때는 피드백 조절이 일어나지 않는다는 것을 말해주었다.

FH 환자가 가진 문제가 환원효소 자체에 있는 것이 아니라면 이는 브라운과 골드스타인이 알지 못하는 제3의 선수가 존재한다는 것을 암시한다. 콜레스테롤을 운반하는 LDL 입자는 세포 바깥에서 순환한다. 그렇다면 어쩌면 FH 환자는 LDL을 세포 바깥에서 안으로 전달하는 과정에 문제가 있는 것은 아닐까?

브라운과 골드스타인은 세포의 바깥 표면에 LDL을 통과시켜주는 특별한 LDL 수용체가 있을지도 모른다고 가정했다. 그래서 이를 확인하기 위해 간단한 시험을 했다. 그들은 LDL 입자가 세포 표면에 달라붙는 정도를 측정하기 위해 LDL 입자에 방사성 동위원소 표지를 입혀 추적했다. LDL의 움직임을 추적한 끝에, LDL 입자가 건강한 사람의 세포 표면에는 강하게 달라붙지만 FH 환자의 세포에서는 그렇지 못하다는 결과를 얻었다. 이 실험으로 정상적인 세포에는 LDL이 흡착할 수 있는 특별한 수용체가 있지만, FH 환자의 세포에서는 이 수용체가 사라졌음을 알 수 있었다. 콜레스테롤 수치를 조절하는 과정에 정말로 또 다른 선수가 등장한 것이다.(LDL이 세포 안으로 들어가야 혈중 콜레스테롤 수치가 낮아짐_옮긴이)

브라운과 골드스타인은 세포 바깥 표면의 수용체가 콜레스테롤을 세포 밖에서 안으로 데려오는 과정을 밝혔다. LDL 입자의 단백질 부분은 혈액 내에서 콜레스테롤을 운반하고 마치 우주선이 달에 착륙하듯이 세포의 특정 수용체에 안착한다. 수용체를 통과해 세포 안으로 유입된 후 콜레스테롤 분자가 운반 단백질로부터 분리되어 환원효소의 활성을 조절하는 임무를 수행하는 것이다. LDL 수용체의 발견은 FH 환자의 혈중 LDL이 왜 정상적인 경우처럼 콜레스테롤 합성을 조절할 수 없는지 설명했다.(FH 환자의 세포 표면에는 LDL 수용체가 부족하기 때문에 LDL의 형태로 존재하는 콜레스테롤을 세포 안으로 들여보낼 출입구가 없다. 콜레스테롤은 피드백 제어를 통해 세포 안에서 환원효소의 활성을 억제하는데 콜레스테롤이 세포 안으로 들어가지 못하기 때문에 효소 활성이 제어되지 못해 계속해서 콜레스테롤 합성을 진행한다는 뜻임_옮긴이)


|  정상적인 제어 과정  |  고콜레스테롤혈증(FH) 환자  |
|---|---|
| LDL(콜레스테롤) | LDL(콜레스테롤) |
| | | | |
| LDL 수용체 | LDL 수용체 |
| | ⊥ |
| 환원효소(비활성) | 환원효소(최대 60배 ↑) |

또한 브라운과 골드스타인은 LDL 수용체의 수 역시 환원효소처럼 피드백에 의해 조절된다는 것까지 밝혔다. 세포 내에서 콜레스테롤의 수준이 낮으면 LDL 수용체의 수가 늘어나고 환원효소의 활성도가 올라간다. 반대로 콜레스테롤 수준이 높으면 수용체의 수와 환원효소의 활성도가 감소한다. 즉, 콜레스테롤 수준이 낮으면 세포는 콜레스테롤을 합성할 뿐 아니라 LDL 수용체를 통해 혈류로부터 콜레스테롤을 끌어들인다. 콜레스테롤이 충분하면 환원효소와 LDL 수용체 모두 억제된다.

체내에 존재하는 전체 콜레스테롤의 93% 이상이 세포 안에 들어 있다. 여기서 콜레스테롤은 생명을 유지하는 데 반드시 필요한 기능을 수행한다. 나머지 7%는 혈관을 타고 돌아다니는데, 그중 3분의 2는 LDL의 형태이고 나머지 3분의 1은 HDL의 형태이다. 역학 조사와 동물 실험에 따르면 동맥경화반(혈관 벽 내에 지방분이 축적된 것으로 플라크라고도 함_옮긴이)을 형성하고 심장병의 주된 요인이 되는 장본인은 LDL로서, 흔히 나쁜 콜레스테롤이라고도 부른다.(콜레스테롤, 특히 나쁜 콜레스테롤이라고 불리는 LDL의 유해성에 대해서는 논란이 많음_옮긴이) 콜레스테롤 조절 법칙에 대한 브라운과 골드스타인의 통찰이 과연 병을 치료하는 데 영향을 미칠 수 있을까? 두 사람이 모르는 사이에 의학 혁명의 씨앗은 이미 텍사스로부터 아주 멀리 떨어진 곳에서 뿌려지고 있었다.


## 콜레스테롤의 페니실린

엔도 아키라遠藤彰는 일본 아키타 지방의 농장에서 자랐다. 대가족과

살면서 할아버지는 어린 아키라에게 자연에 대해 가르치며 의학과 과학에 관한 관심을 키워주었다. 열 살에 엔도는 버섯과 곰팡이에 완전히 빠져버려 파리를 죽일 수는 있지만 사람은 죽일 수 없는 버섯 등에 대해 알게 되었다. 대학에 가서는 푸른곰팡이 페니실린이 만들어내는 항생 물질인 페니실린을 발견한 알렉산더 플레밍<sup>Alexander Fleming</sup>(1881~1955)에 대해 배웠다.

졸업 후 엔도 아키라는 도쿄에 있는 산쿄<sup>三共</sup> 제약회사에 취직했다. 그는 처음에는 여기서 식재료에 관한 연구를 수행했다. 와인과 사과즙의 과육을 줄일 수 있는 효소를 찾기 위해 200균주가 넘는 곰팡이를 테스트했다. 그는 포도에서 자라는 기생성 곰팡이를 찾아내어 이를 이용해 적절한 효소를 만들었다. 제품이 시장에서 성공하자 엔도 아키라는 관심을 새로운 곳으로 돌렸다. 바로 콜레스테롤이다.

심장병과 콜레스테롤 수치의 연관성을 보이는 역학 조사 결과를 보고 엔도 아키라 역시 다른 제약회사 연구원들처럼 콜레스테롤 합성을 저해하는 물질의 중요성을 인지했다. 실제로 1960년대에 고콜레스테롤에 맞서는 신약들이 많이 개발되었다. 하지만 대개는 효과가 미미했고 전형적인 부작용 때문에 홍역을 치렀다. 그 어느 것도 환원효소를 표적으로 삼지 않았다.

그러나 엔도는 자기만의 파격적이고 독창적인 방식으로 문제에 접근했다. 그는 곰팡이류가 경쟁자인 다른 미생물의 생장을 억제하기 위해 페니실린 같은 다양한 화합물을 제조해낸다는 것을 아주 잘 알고 있었다. 세포막을 구성하는 주된 스테롤이 콜레스테롤이 아닌 에르고스테롤<sup>ergosterol</sup>인 곰팡이가 있다는 사실 또한 인지하고 있었다. 그는 어떤 곰팡이들은 자연스럽게 다른 생물체의 콜레스테롤 합성을 저해하는 물질을 진화시켜왔을지도 모른다고 생각하게 되었다. 과연 그가 콜레스테롤의 '페니실린'을 찾을 수 있을까?

수색에 들어가기 전에 엔도는 단순한 전략을 세웠다. 그는 환원효소가 콜레스테롤 합성 경로의 첫 관문이라는 사실을 알고 있었다. 그래서 환원효소의 활성을 저해하는 물질을 감지하는 테스트를 개발했다. 그는 실험실에서 자라는 곰팡이의 배지를 채취해 환원효소 저해 물질이 만들어졌는지 확인할 수 있었다. 1971년 4월 마침내 엔도와 세 명의 보조 연구원들은 본격적 탐색을 시작했다.

엔도의 연구 팀은 총 6,000종류에 달하는 수많은 곰팡이를 키우고 날마다 테스트했다. 그리고 2년간의 수색 끝에 두 개의 후보 종을 찾아내 활성화된 물질을 분리해냈다. 첫 번째 물질은 피티움 얼티멈*Pythium ultimum*이라는 곰팡이에서 찾아낸 것으로 이미 시트리닌*citrinin*이라고 알려진 항생물질이었다. 시트리닌은 환원효소를 저해하긴 하지만 동물에게 매우 강한 독성을 나타내어 약물로서는 부적합했다. 두 번째 물질은 1973년 여름 교토의 곡물상에서 찾아낸 쌀에서 자라는 페니실륨 시트리눔*Penicillium citrinum*이라는 곰팡이가 만들어낸 화합물이었다. 페니실륨 시트리눔은 푸른곰팡이 종류로 항생제 페니실린을 만들어내는 곰팡이와 가까운 친척 관계였다.

페니실륨 시트리눔에서 충분한 연구 재료를 확보하기 위해 엔도는 600L라는 엄청난 양의 곰팡이를 키웠다. 그리고 이를 정제해 총 23mg의 화합물을 얻었다. 기껏해야 아스피린 한 알보다도 훨씬 적은 양이었다. 이 귀한 시료를 가지고 엔도 팀은 그들이 추출한 분자가 낮은 농도에서 효과적으로 환원효소를 억제할 수 있다는 것을 보여 약물로서 잠재적 가능성을 증명했다. 그들은 이 화합물을 처음에 ML-236B이라고 불렀고 이후에 컴팩틴compactin이라고 명명했다. 컴팩틴 분자의 일부는 환원효소의 기질과 매우 흡사한 구조를 가졌다. 이 구조가 환원효소 제어에 결정적 역할을 했다. 정상적으로는 기질(열쇠)이 결합해야 하는 효소의 활성 부위(자물쇠)에 컴팩틴이 대신 자리를 차지하여 효소가 기질에 작용하는 것을 아예 차단해버린 것이다.

신약 물질로서 컴팩틴의 장래는 매우 밝아 보였다. 엔도 아키라가 발견한 것은 최초의 스타틴 제제로 2012년에만 290억 달러의 판매량을 기록하며 2,500만 명에게 처방된 약이다. 그렇다면 아마도 엔도 아키라가 적어도 돈방석에 올라앉았거나 이름을 날렸거나 어쩌면 노벨상을 탔을지도 모른다고 생각할 것이다.

하지만 그런 일은 일어나지 않았다.

컴팩틴은 발견의 순간부터 심장병 치료제로 인정받기까지 여러 우여곡절을 겪었다. 이 순탄치 않은 여정은 엔도 아키라와 마이클 브라운, 조지프 골드스타인 그리고 제약회사의 몇몇 임원진(비록 산쿄의 임원진은 아니었지만)을 비롯한 여러 사람의 확신과 인내심에 관한 이야기가 될 것이다.


### 곰팡이에서 약국까지

엔도 아키라와 산쿄는 컴팩틴의 발견을 논문에 싣고 특허를 신청했다. 다음 단계는 컴팩틴의 작용을 동물 실험으로 확인하는 과정이었다. 동물 실험 결과 좋은 소식과 나쁜 소식이 있었다. 좋은 소식은 컴팩틴을 실험용 들쥐에게 투여했을 때 눈에 드러나는 부작용이 없었다는 점이다. 나쁜 소식은 컴팩틴을 7일 동안 투여한 결과 콜레스테롤 수치에 어떤 변화도 나타나지 않았다는 점이다. 심지어 고용량으로 5주 동안이나 투여했음에도 아무런 효과를 나타내지 않았다. 들쥐 대신 생쥐에게 테스트했을 때도 마찬가지였다. 이런 부정적인 동물 실험 결과로는 약물로서의 전망이나 엔도의 장시간 노고가 허사로 돌아간 것처럼 보였다.

그러나 엔도는 포기하지 않았다. 추가 연구를 통해 들쥐와 생쥐에서 효과가 나타나지 않은 것은 콜레스테롤 조절의 종 특이성과 관련이 있으며 다른 동물에서는 효과를 나타낼 수도 있다는 희망을 품게 되었다. 1976년 어느 봄 엔도는 회사 근처의 바에서 우연히 동료 연구원을 만났다. 산란용 암탉을 연구하는 동료였다. 그의 도움으로 엔도 아키라는 암탉에게 컴팩틴을 테스트할 수 있었다.

단 1개월 만에 닭들의 콜레스테롤 수치는 50%나 떨어졌다! 암탉 실험의 성공으로 테스트의 범위는 원숭이와 개로 확대되었고 실험 결과 콜레스테롤이 30~44% 감소한 것으로 나타났다. 원숭이와 인간의 밀접한 생물학적 관계를 고려했을 때 이러한 결과는 컴팩틴이 의약품으로서 가능성이 있음을 나타내는 청신호가 되었다. 산쿄는 본격적으로 컴팩틴 개발에 들어가 엔도 아키라를 비롯한 약리학자, 병리학자, 화학자, 독성학자로 구성된 프로젝트 팀을 결성했다.

그러나 컴팩틴의 미래에 서광이 비치기 시작한 바로 그 무렵 독성학자들은 대용량의 약을 투여한 들쥐의 간세포에서 이상 증상을 발견했다. 이로 인해 임상 개발을 재개하기까지 여러 달을 기다려야 했다. 마침내 인간을 대상으로 한 임상 시험이 시작되었으나 산쿄의 독성학자들은 또 다른 문제를 발견했다. 약 2년에 걸쳐 다량의 컴팩틴을 복용한 개들이 장내 종양으로 보이는 증세를 나타냈기 때문이다. 결국 산쿄는 1980년 8월 컴팩틴의 개발을 종료했다.

이즈음 다른 이들이 엔도 아키라와 산쿄의 연구에 관심을 보이기 시작했다. 유명한 지질 생물학자인 로이 바겔로스$^{Roy Vagelos}$(1929~ )는 미국의 제약회사 머크$^{Merck}$의 연구소장이었다. 바겔로스는 학계에 있다가 의약품 개발의 혁신을 꿈꾸며 머크사로 옮겼다. 몇 십 년간 제약회사들은 특정한 분자의 표적을 찾기보다 세포나 미생물에 활성을 나타내는 화합물을 수없이 확인함으로써 신약 후보 물질을 찾아왔다. 하지만 바겔로스는 생화학을 이용한 표적 접근적인 약물 개발에 뜻을 품었다. 또한 그는 파리에서 자크 모노와 함께 일한 적이 있는데, 그 흥미로운 일 년간 바겔로스는 조절의 논리라는 개념에 익숙해졌다. 콜레스테롤 조절에 관한 마이클 브라운과 조지프 골드스타인의 연구 그리고 곰팡이에서 자연적인 환원효소 억제 물질을 발견한 엔도 아키라의 연구 사이에서 바겔로스는 새로운 종류의 콜레스테롤 신약이 지닌 잠재력을 가늠하게 되었다.

로이 바겔로스는 머크사의 과학자들을 격려해 다른 곰팡이에서 컴팩틴과 유사한 물질을 찾게 했다. 1979년 초에 마침내 그들은 아스페르길루스 테레우스$^{Aspergillus terreus}$라는 곰팡이에서 비슷한 화합물을 발견했다. 이후에 로바스타틴$^{lovastatin}$이라고 불린 이 화합물은 컴팩틴과 동일한 분자 구조에 추가로 탄소 원자 하나, 수소 원자 세 개로 이루어진 메틸

기가 붙어 있을 뿐이다. 머크사는 곧바로 인체에 로바스타틴의 임상 시험을 개시했다. 그러나 바젤로스는 개에서 종양이 발견되는 바람에 산쿄사에서 컴팩틴 임상 시험을 중단했다는 소식을 듣고는 곧바로 머크사의 연구를 중단시켰다. 텍사스에서 일어난 예상 밖의 결과가 아니었다면, 컴팩틴과 로바스타틴은 그렇게 수장되어 영원히 수면 위로 떠오르지 못했을 것이다.

한편 마이클 브라운과 조지프 골드스타인 역시 엔도 아키라의 발견에 대해 알게 되었다. 효소 저해 물질이 가진 잠재력에 깊은 인상을 받은 이들은 컴팩틴 샘플을 요청하고 엔도 아키라를 텍사스 실험실로 초청해 공동 연구를 시작했다. 과학자들은 컴팩틴이 환원효소의 활성을 방해할 뿐 아니라 컴팩틴을 처리했을 때 세포가 훨씬 더 많은 환원효소를 만들어낸다는 사실에 매우 놀랐다. 이것은 콜레스테롤 조절 법칙에서 중요한 이중부정의 논리를 드러냈다. 즉 내부의 콜레스테롤 합성이 저해될 때 환원효소 합성의 피드백 제어 역시 저해된 것이다.

컴팩틴

⊥

환원효소 활성 저해 → → → 콜레스테롤

⊥ 피드백 억제 감소

더 많은 환원효소


이러한 특이적 법칙을 알게 되면서 브라운과 골드스타인에게 놀라운 생각이 떠올랐다. 그들은 예전에 환원효소와 세포 표면의 LDL 수용체가 일제히 조절된다는 사실을 발견했다. 따라서 환원효소의 활성을 저해하는 화합물은 LDL 수용체의 수도 증가시킬 것이라고 예상했다.(환원효소가 비활성화되어 세포 내 콜레스테롤 농도가 낮아지면 혈액 내의 콜레스테롤을 끌어오기 위해 LDL 수용체가 증가함_옮긴이) 그리고 만약에 그것이 사실이라면 세포에서 증가한 LDL 수용체의 수는 혈류로부터 더 많은 LDL을 끌어오고, 결과적으로 심장병의 결정적 원인인 혈액 내 LDL 콜레스테롤 수치를 낮추게 될 것이다.

| 컴팩틴 없음 | 컴팩틴 있음 |
|---|---|
| LDL 수용체 숫자 낮음 | LDL 수용체 많아짐 |
| 혈청 LDL 콜레스테롤 높음 | 혈청 LDL 콜레스테롤 낮아짐 |

이러한 가능성을 테스트하기 위해 브라운과 골드스타인은 머크사로부터 소량의 로바스타틴을 얻어 개에게 투여했다. 말할 것도 없이 로바스타틴은 LDL 수용체의 수치를 늘리면서 혈액에서 LDL이 제거되는 수준을 높였다. 이 결과로 브라운과 골드스타인은 로바스타틴이 인체에서도 LDL 수치를 낮출 수 있다고 확신했다. 그러나 당시 산쿄와 머크사모두 개에서 나타난 종양 때문에 임상 시험을 멈추었다.

골드스타인은 일본으로 가서 엔도 아키라를 만났다. 당시 엔도는 산쿄를 사직하고 도쿄노코東京農工대학교로 옮긴 상태였다. 엔도는 골드스타인에게 개에서 발견된 종양은 산쿄의 병리학자들이 증상을 잘못 해석한 것이라고 주장했다. 개들의 장에 있는 것은 다량의 소화되지 않은 약물이라는 것이다. 따라서 개에게 나타난 이상 증상은 단지 너무 많은

130

양의 약물을 주입한 부작용일 뿐이라고 생각했다. 그 양은 인간에게 투여할 양의 100배도 넘었다. 골드스타인 또한 고용량의 컴팩틴을 처리한 세포 내에서 이상한 구조를 발견했다. 어쩌면 컴팩틴의 독성에 대한 우려는 부풀려진 것이 아닐까?

골드스타인과 브라운은 환원효소 저해 물질이 인체 내에서, 특히 FH 환자처럼 위험한 상태에 있는 사람들에게 효과가 있는지 시험하고 싶었다. 그래서 그들은 데이비드 빌하이머David Bilheimer와 스콧 그룬디Scott Grundy라는 두 명의 의사와 연구 팀을 꾸리고 소규모 테스트를 시도했다. 그들은 콜레스테롤과 LDL 수치가 높은 여섯 명의 환자에게 로바스타틴을 투여하고 LDL 수치를 낮출 수 있는지 테스트했다. 예상대로 그리고 희망했던 바대로 로바스타틴은 LDL 수용체의 수를 증가시켰고 결과적으로 LDL 콜레스테롤 수치를 27%나 감소시켰다.

이러한 결과에 흥분한 브라운과 골드스타인은 머크사의 로이 바겔로스에게 편지를 썼다. 로바스타틴의 투약으로 FH 환자가 가진 LDL 수용체 결핍이라는 유전적 결함을 '되돌리는' 메커니즘을 설명하고 유전병을 치유할 수 있는 획기적 접근법을 제안했다. "유전자를 대체하는 대신, 우리는 조절 원리를 활용해 좋은 유전자가 더 열심히 일하게 만들수 있습니다." 이는 컴팩틴이 발견된 지 10년, 그리고 머크사와 산쿄가 환원효소 저해 물질의 개발을 포기한 지 3년 만의 일이었다. 골드스타인과 브라운은 바겔로스와 머크사에 하루빨리 신약 개발을 다시 착수하도록 강력히 권고했다.

몇 개월 만에 머크사는 로바스타틴의 대규모 임상 시험을 재개했다. 그러나 콜레스테롤 수치가 극도로 높은 환자와 심혈관 질환을 앓는 고

위험군 환자만을 대상으로 했다. 머크사 경영진은 여전히 로바스타틴이 암을 유발하거나 다른 독성을 나타내지 않을까 우려했다. 머크사의 새로운 기초연구센터 소장인 에드워드 스콜닉 Edward Skolnick 박사는 이 문제만 해결된다면 로바스타틴이 신기원을 이루는 약물이 될 것이라고 믿었다. 그는 팀을 조직하여 로바스타틴의 잠재적 독성을 조사하는 포괄적 연구를 진행했다. 이 프로젝트에 스콜닉이 합류하여 로바스타틴 개발에 대한 강력한 지원군이 된 것은 브라운과 골드스타인에게는 매우 기쁜 소식이었다. 이 세 사람은 매사추세츠종합병원에서 인턴 생활을 하며 서로 알게 되었고, 특히 골드스타인과 스콜닉은 후에 국립보건원에서 실험실을 공유하며 친분을 쌓았다. 스콜닉은 텍사스로 달려가 옛 친구를 만나 콜레스테롤 조절에 관한 모든 것을 배웠다.

골드스타인과 브라운은 동물에서 인지된 병증이 약물 사용의 직접적 결과인지, 아니면 대량 투여에 의한 일시적 현상인지 판단할 수 있는 기발한 테스트를 제안했다. 테스트는 기적처럼 성공하여 이상 증세는 생기지 않았고 발암성도 나타나지 않았다. 스콜닉은 기쁜 마음으로 로바스타틴을 인체에 사용해도 안전하다고 확신하게 되었다.

약 2년간의 임상 시험 끝에 로바스타틴이 플라즈마 LDL 콜레스테롤 수치를 20~40% 줄일 수 있다는 것이 밝혀졌다. 머크사는 미국식품의약국(FDA) 승인을 요청하였고, 마침내 1987년 8월 시장에서의 판매 승인을 받았다.

그러나 훌륭한 임상 시험 결과와 FDA 승인에도 불구하고 여전히 의사들 사이에서는 로바스타틴을 상용하는 것에 대한 의심이 가시지 않았다. 결국 목표는 콜레스테롤 수치를 낮추는 게 아니라 사망률을 낮추

**그림 4.2** 조지프 골드스타인과 마이클 브라운. 1985년 노벨 생리의학상 수상을 통보 받은 날 찍은 사진이다.

사진_조지프 골드스타인 제공

는 것이었다. 스타틴의 장기적 이점을 검증하기 위해 머크사는 4,444명의 환자를 대상으로 차세대 스타틴 제제인 심바스타틴simvastatin과 조코르Zocor를 시험하는 5년짜리 연구를 후원했다. 연구 결과는 더할 나위 없이 좋았다. 관상동맥 질환으로 인한 사망률이 42%나 감소한 것이다.

스타틴 혁명은 최고조에 달했다. 덕분에 앤설 키스가 콜레스테롤에 대한 경각심을 제기한 이후로 심장병으로 인한 미국인의 사망률이 60%까지 감소했다. 이 혁명은 마이클 브라운과 조지프 골드스타인이 찾아낸 콜레스테롤 조절 법칙의 핵심 원리, 곰팡이에서 천연의 환원효소 저해 물질을 찾으려는 엔도 아키라의 독창적 시도와 머크사의 지도층과 임상의들의 인내가 없었다면 일어나지 못했을 것이다.

이러한 공헌으로 마이클 브라운과 조지프 골드스타인은 1985년 노벨 생리의학상을 나누어 가졌고그림 4.2, 로이 바겔로스는 1985년에 머크사의 CEO가 되어 회사를 혁신과 성공의 시대로 이끌었다.

그렇다면 엔도 아키라는? 엔도 아키라는 자신의 발명으로 한 푼도 벌지 못했다. 그리고 스타틴 개발을 위해 오랜 시간 연구한 공로 역시 제대로 인정받지 못했다. 하지만 2003년 엔도 아키라의 컴팩틴 발견 30주년을 기념하기 위해 열린 심포지엄에서 이러한 오류는 부분적으로나마 정정되었다. 브라운과 골드스타인은 엔도 아키라에게 바치는 헌사를 통해, "엔도가 없었다면 스타틴은 발견되지 않았을 것이다. … 스타틴 치료로 인해 삶을 연장한 수백만 명의 사람들은 모두 엔도 아키라와 그의 곰팡이 추출물 연구에 빚을 진 셈이다"라고 말함으로써 엔도 아키라의 공을 인정했다.

# 제5장

# 고장 난 액셀과 망가진 브레이크

암 정복의 원동력은 동정이나 두려움이 아니다.
어떻게 그리고 왜냐고 물을 수 있는 호기심이다.
_H. G. 웰스Wells

대학 캠퍼스에서 자전거를 타고 다니는 사람은 아주 흔하다. 그래서 시카고대학교 학생들은 매일 아침 캠퍼스로 등교하는 빨간 자전거를 눈여겨본 적이 없을 것이다. 하지만 자전거를 탄 사람이 다섯 명의 손주가 있는 우아한 은발의 할머니라는 사실을 알면 아마 깜짝 놀랄 것이다. 더욱이 사람들은 여든여덟 살의 이 행복한 할머니가 미국 시민이 받을 수 있는 가장 영예로운 상인 '대통령자유메달Presidential Medal of Freedom'을 수여 받은 훌륭한 과학자라는 것은 짐작도 못 할 것이다.

그녀가 바로 재닛 데이비드슨 롤리Janet Davidson Rowley(1925~2013)다. 암 연구 분야의 선구자인 롤리는 암이 유전 질환이라는 사실을 밝히는 데 중추적 역할을 했다. 그녀가 연구하던 문제는 박테리아에서 당 대사의

**그림 5.1** 자전거를 타고 실험실로 가는 중인 재닛 롤리.　사진_댄 드라이Dan Dry, 시카고대학교 잡지 제공

조절이나 인체 내에서 콜레스테롤의 조절보다 훨씬 복잡했다. 하지만 롤리도 결국 자크 모노와 프랑수아 자코브, 마이클 브라운과 조지프 골드스타인과 같은 방식, 다시 말해 조절의 법칙이 파괴된 상황을 찾아 문제의 근원을 밝히는 방식으로 문제에 접근했다. 그녀가 이루어낸 혁신적 성과는 암을 해석하는 새로운 관점을 이끌어냈고, 이는 곧 생명을 구하는 새로운 의약품의 개발로 이어졌다.


## 염색체와 종이 인형


재닛 데이비드슨은 대공황 시기에 시카고에서 자랐다. 모두가 힘든 시절에 그녀의 가족 역시 가난했기 때문에 자주 이사를 다녀야 했다. 그때마다 어린 재닛은 학교를 옮길 수밖에 없었다. 이런 어려운 시기에는 사치스럽거나 이색적인 취미 생활은 꿈도 꿀 수 없어서 데이비드슨의 아버지는 그녀에게 우표 수집을 권했다. 어린 나이의 데이비드슨은 우표를 들여다보면서 관찰력과 분석력을 길렀고 우표 간의 미세한 차이까지 구분할 수 있게 되었다. 그녀는 어른이 될 때까지 우표 수집을 계속했다. 이렇게 어린 시절부터 자연스럽게 패턴을 구분하는 기술을 익힌 것은 후에 그녀의 연구에 아주 유용하게 쓰였다.

고등학교에 입학한 지 겨우 2년 만에 데이비드슨은 특별 장학금을 받게 되어 열다섯 살에 시카고대학교에 입학했다. 그리고 열아홉 살에 고등학교와 대학 학사 과정을 모두 마쳤다. 어렵지만 자신을 아낌없이 지원해주는 가정환경에서 자라면서 생물학과 의학에 관심을 둔 데이비드슨은 결국 의대에 지원해 합격했다. 그러나 1944년에는 대학 입학 정원에 여학생 할당제가 있었기 때문에 전체 65명의 학생 중 여학생은 겨우 세 명만이 입학할 수 있었다. 안타깝게도 데이비드슨은 일 년을 기다려야 했다. 하지만 조급할 필요가 없었다. 의대에 등록할 당시에도 겨우 스무 살이었기 때문이다. 1948년 의대를 졸업한 데이비드슨은 졸업한 다음 날 동료 의대생인 도널드 롤리Donald Rowley와 결혼했다.

데이비드슨, 이제는 닥터 롤리가 된 그녀는 어린 나이에 일찌감치 공부와 의사 수련을 마쳤지만 본격적인 연구 활동은 훨씬 나중에 시작하였다. 롤리는 결혼하여 아내와 엄마가 되는 자신의 모습을 그려왔고 의사라는 직업은 집안일과 병행하면서 부수적으로 할 수 있는 일이라고 생각했다. 그래서 인턴 과정을 마친 뒤 도널드와 가정을 꾸렸다. 롤리는 처음에 메릴랜드 그리고 다시 시카고로 돌아와 일주일에 3~4일만 병원에서 일하면서 네 아이를 길렀다.

그녀는 발달 장애가 있는 아이들을 위한 소아 병원에서 근무했다. 1959년 다운증후군 아이들은 염색체 21번이 정상적인 경우처럼 두 개가 아니라 한 개가 더 있다는 것이 밝혀졌다. 이는 인간의 전체 염색체 수가 46개라는 사실이 밝혀지고 나서 겨우 몇 년 후의 일이었다. 재닛 롤리는 유전학을 배운 적은 없었지만 유전 질환에 크게 흥미를 느꼈다. 몇 해를 병원에서 일한 그녀는 마침내 좀 더 도전적인 일을 해야겠다고 마음먹었다.

남편인 도널드가 영국에서 안식년을 보내게 되면서 재닛 롤리에게도 기회가 찾아왔다. 도널드 롤리는 영국에서 옥스퍼드대학교의 하워드 플로리와 함께 일했다. 플로리는 한때 찰스 엘턴의 원정대 팀원이었고 페니실린 개발로 1945년에 공동으로 노벨상을 받은 과학자였다. 재닛 롤리는 영국에서 지내는 일 년 동안 염색체 분석 기법을 배워 가야겠다고 생각했다. 당시에는 염색체를 눈으로 확인하기 위해 혈액 세포를 채취해 방사능 표지가 된 DNA 전구체가 들어 있는 배지에서 키운 후 방사능을 띤 염색체를 필름에 담아 인화했다. 이런 식으로 정확한 염색체 개수를 세고 심각한 염색체 기형을 감지할 수 있었다. 그러나 이 방법으로도 개별 염색체를 자세히 구분하는 데는 한계가 있었다.

롤리는 영국에 머무는 동안 배운 염색체 분석 기술을 이용해 세포 분열 시 염색체 복제 과정을 분석한 논문의 공동 저자가 되었다. 시카고로 돌아오자마자 그녀는 병원을 그만두고 연구에 매진하기로 했다. 롤리는 자신의 이름이 들어 있는 한 편의 논문을 들고 아르곤암연구병원<sup>Argonne</sup> Cancer Research Hospital의 원장이자 시카고대학교의 맨해튼 프로젝트 연구 팀장을 맡았던 리언 제이컵슨<sup>Leon Jacobson</sup>을 찾아갔다.

"영국에서 시작한 연구 프로젝트가 있는데 계속 진행하고 싶습니다. 시간제로 일할 수 있을까요?" 롤리는 말했다. "저에게 필요한 건 현미경과 암실입니다. 참, 그리고 월급을 주실 수 있나요? 아이들을 돌봐줄 베이비시터를 고용해야 하거든요."

리언 제이컵슨의 동의하에 롤리는 혈액 질환 환자들의 염색체를 관찰하기 시작했다. 어떤 환자에게서는 여분의 염색체가 나타나기도 하고 또 일부 염색체가 사라지기도 했다. 그러나 이와 관련된 염색체나 특정한 패턴은 찾아낼 수 없었다. 마침내 형광 물질을 사용한 새로운 염색체 밴드 기술이 개발되고 나서야 롤리는 각 염색체의 자세한 특징들을 구분할 수 있게 되었다. 롤리는 영국에서 보낸 두 번째 안식년에 이 기술을 익혔고 미국으로 돌아와 더 많은 백혈병 환자들의 염색체를 다루기 시작했다.

1972년 초에 롤리는 두 명의 급성 골수성백혈병 환자의 세포에서 비정상적인 현상을 발견했다. 8번과 21번 염색체의 일부분이 잘려 나간 뒤 서로 맞바뀐 것이었다. 염색체 전좌 또는 염색체 자리바꿈이라고 부르는 이 현상이 같은 암을 앓는 두 환자에게서 동일한 형태로 나타났다는 사실은 롤리에게 커다란 충격이었다.

암세포의 염색체가 수나 종류에서 비정상적 형태를 나타내는 것은 당시에도 이미 잘 알려진 사실이었다. 하지만 자세히 조사해보면 이러한 비정상적 특징 사이에 공통점이 없고 매우 이질적으로 보였다. 일관되게 나타나는 패턴이 없었기 때문에 이러한 염색체 이상은 대개 암의 원인이라기보다 결과라고 인식되었다. 실제로 당시에는 암이 유전적 요인에서 기인한다는 생각이 널리 받아들여지지 않았다. 1966년에 페이턴 라우스Peyton Rous(1879~1970)가 닭에서 암을 유발하는 바이러스를 발견한 공로로 노벨상을 받았을 때, "가장 이상적인 가설은 암을 일으키는 물질이 체내의 세포에서 유전자 변형을 일으킨다는 것이다. … 하지만 수많은 사실을 종합해보면 확실히 이러한 가설을 배제할 수 있다"라고 말할 정도였다.

롤리는 흥분했다. 어쩌면 그녀가 두 백혈병 환자에게서 발견한 염색체 변화가 병의 원인이 될 수 있지 않을까? 롤리는 저명한 의학 저널인 《뉴잉글랜드 의학 저널》에 짧은 논문을 투고했지만 게재되지 못했다. 그녀가 이유를 물었더니 이 발견은 그다지 중요하지 않다는 차가운 답변이 돌아왔다. 롤리는 대신에 잘 알려지지 않은 프랑스 저널 《아날 드제네티크<sup>Annales de Génétique</sup>》에 논문을 실었다.

얼마 지나지 않아 롤리는 이번에는 만성 골수성백혈병을 앓는 암 환자의 세포를 관찰하기 시작했다. 쉬는 날이면 집에서 환자의 염색체를 들여다보곤 했다. 롤리는 사진에서 염색체를 잘라내어 종이에 붙이고는 식탁 위에 넓게 펼쳐놓았다. 염색체들은 짝을 지어 나타났다. 어떤 염색체들은 두 개의 긴 팔을 위아래로 늘어뜨린 채 중심부(동원체)에서 접합되었다. 아이들은 엄마가 종이 인형을 가지고 논다며 놀려댔다.

몇 해 전에 두 명의 필라델피아 연구원이 한 만성 골수성백혈병 환자의 암세포에서 비정상적으로 크기가 작은 22번 염색체를 발견하고 '필라델피아 염색체'라는 이름을 붙였다. 새로운 염색 기법을 사용해 환자의 암세포를 자세히 들여다본 롤리는 세 명의 환자에서 9번 염색체가 정상 크기보다 더 길다는 것을 감지했다. 실제로는 정상적인 22번 염색체에서 사라진 조각이 9번 염색체로 자리바꿈한 것이었다. 이 결과는 기존의 통념과 달리 환자의 세포에서 유전 정보가 소멸한 것이 아니라는 사실을 증명했다. 다만 새로운 장소로 옮아 간 것이었다.<sub>그림 5.2</sub>

세 명의 환자에게서 9번과 22번 염색체가 자리바꿈한 사례를 손에 쥐고 롤리는 이 결과를 국제적으로 저명한 과학 저널인 《네이처》에 투고했다. 하지만 편집자는 이러한 염색체 자리바꿈이 인구 집단에서 정상적으로 나타나는 변이에 불과할지도 모른다며 게재 불가 판정을 내렸다.

그 와중에 롤리는 환자의 혈액에서 암세포가 아닌 다른 세포들을 조사했다. 그런데 이 세포들은 46개 모두 정상적인 염색체를 가지고 있었다. 염색체 자리바꿈은 환자의 암세포에서만 특이하게 일어나는 현상이

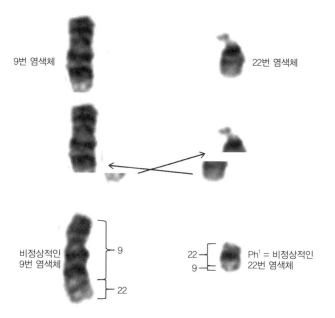

9번 염색체               22번 염색체

비정상적인      9                 22        Ph¹ = 비정상적인
9번 염색체                           9        22번 염색체
                 22

**그림 5.2** 백혈병 환자에서 일어난 염색체 변화. 재닛 데이비드슨 롤리는 만성 골수성백혈병 환자의 세포에서 22번 염색체(필라델피아 염색체)가 비정상적으로 크기가 작을 뿐 아니라 끝부분이 9번 염색체와 자리바꿈하였다는 사실을 찾아냈다.

출처_http://scifundchallenge.org/firesidescience/2013/11/11/philadelphia-the-birthplace-of-cancer-genetics/

었던 것이다. 더욱이 그녀는 추가로 만성 골수성백혈병 환자 중 동일한 염색체 자리바꿈을 나타내는 사례를 총 아홉 건 찾아냈다. 이례적인 염색체 이상은 단순한 우연의 일치가 아니었다. 이 추가 자료로 마침내 그녀의 논문은 1973년 여름《네이처》에 실렸다.

급성 골수성백혈병과 만성 골수성백혈병이라는 서로 다른 백혈병에서 각각 특이적인 염색체 이상이 발견되었다는 사실은 적어도 어떤 암은 특이한, 어쩌면 고유한 유전적 돌연변이에 의해 발병할 수 있다는 강력한 증거가 되었다. 롤리가 관찰한 염색체 자리바꿈은 다양한 궁금증을 유발했다. 이런 사례가 또 있을까? 어떻게 염색체 이상이 암을 유발할까? 롤리는 이런 의문에 사로잡혔다. 롤리의 시간제 직장은 하루아침에 그녀 인생에서 가장 흥미로운 부분이 되었다. 롤리 자신도 놀랐지만, 평생을 생각해온 계획과 달리 이제 염색체 연구는 집안일과 병행하던 곁다리 일에서 마흔여덟 살 그녀의 인생에 중심이 되었다. 롤리는 일주일에 5일씩 자전거를 타고 연구실로 출근하기 시작했다.

얼마 지나지 않아 롤리는 급성 전골수성백혈병acute promyelocytic leukemia이라는 또 다른 백혈병 환자에게서 15번과 17번 염색체 사이에 일어난 자리바꿈을 확인했다. 그리고 다른 연구진은 버킷 림프종Burkitt's lymphoma 환자에게서 유사한 염색체 자리바꿈을 찾아냈다.

염색체 자리바꿈은 서로 이웃하지 않았던 두 DNA 조각이 서로 결합하는 것을 말한다. 롤리는 서로 다른 위치에 있던 두 유전자가 나란히 배열되는 새로운 병치 현상이야말로 암의 시초가 되는 결정적 사건임이 틀림없다고 생각했다. 그러나 1970년대 중후반에 인간의 게놈(모든 유전자를 포함하는 총 23개 염색체의 DNA)은 여전히 미지의 영역이었다. 유전자의 자리바꿈이 어떻게 암을 일으키는지는 둘째 치고 어떤 유전자가 바뀌었는지조차 밝혀내기 어려웠다. 전혀 다른 분야에서 진행된 연구로부터 놀라운 사실이 모습을 드러낼 때까지는 말이다.


## 암을 일으키는 유전자를 찾아서

과거에는 염색체 변화가 암을 일으킨다는 사실에 대해 회의적인 태도가 지배적이었다. 따라서 암을 유발하는 원인으로서 바이러스의 역할은 이보다 훨씬 더 무시되었다. 1910년에 록펠러의학연구소Rockefeller Institute 소속 과학자 페이턴 라우스는 닭에서 육종 sarcomas이라는 악성 종양을 일으키는 바이러스를 찾아냈다. 그러나 이 발견에 대해 회의적인 비판이 너무 많았다. 종양을 일으키는 바이러스가 존재한다는 사실을 확인하는 것 이상으로 그가 할 수 있는 것은 없었기 때문에 라우스는 더 이상 연구를 진척시키지 못했다. 수십 년이 지나 고성능 전자현미경으로 바이러스를 관찰하게 되고, 다른 동물에서 종양을 유발하는 바이러스가 추가로 밝혀진 후에야 '암을 일으키는 바이러스'라는 개념은 완전히 자리 잡게 되었다. 육종 바이러스를 발견하고 56년이 지나서야 라우스에게 노벨상이 수여된 것이다. 그러나 이러한 바이러스가 인간에게서 발견된 적은 없었기 때문에 사람의 몸에서 일어나는 암에 바이러스가 어떤 역할을 하는지는 제대로 알려지지 않았다.

그럼에도 동물에게 종양을 유발하는 바이러스의 존재는 암을 일으키는 법칙을 밝히는 중요한 단서를 제공했다. 라우스육종바이러스Rous sarcoma virus (RSV) 같은 대상을 연구하는 가장 큰 장점은 바로 바이러스의 구조가 매우 단순하다는 점이다. RSV 바이러스가 가지고 있는 유전자는 손에 꼽을 정도밖에 안 된다. 그렇다면 질문은 뻔하다. 이 중에 어느 것이 암을 일으킬까?

결정적 단서는 스티브 마틴Steve Martin이라는 UC버클리 대학원생이 발견했다. 그는 숙주의 세포에서 번식은 할 수 있지만 숙주의 세포를 암세포로 바꾸지는 못하는 돌연변이 RSV 바이러스를 분리해냈다. 돌연변이는 바이러스가 가진 네 개의 유전자 중에서 src('사크'라고 읽음)라는 유전자에서 일어났다. 온전한 *src* 유전자는 바이러스가 암세포를 만드는 데 꼭 필요하기 때문에 바이러스성 '종양 유전자oncogene'라고 불린다. 그러나 이 바이러스 종양 유전자가 암이 일어나는 일반적 과정, 특히 인간에게서 암이 발병하는 원인에 대해 무엇을 말해줄 수 있을 것인가?

종양 바이러스에 대한 핵심적 이해는 미국 국립보건원에서 훈련 받은 또 다른 듀오이자 골드스타인과 브라운의 동급생이었던 해럴드 바머스Harold Varmus와 J. 마이클 비숍Michael Bishop의 연구에서 비롯되었다. 바머스는 국립보건원에서 자크 모노와 프랑수아 자코브가 연구했던 바로 그 효소 조절 시스템을 연구했다. 반면에 비숍은 소아마비를 일으키는 폴리오 바이러스를 연구했다. 1970년에 바머스는 종양 바이러스, 그중에서도 RSV 바이러스를 연구하기 위해 UC샌프란시스코에 있는 비숍의 연구실에 합류했고 이후 공동으로 실험실을 이끌었다.

*src* 유전자가 발견된 뒤 바머스와 비숍은 이러한 유전자의 기원이 궁금해졌다. *src* 유전자는 바이러스가 숙주를 감염시키고 자신을 복제하는 데 필요한 유전자가 아니다. 바이러스의 활동에 굳이 필요하지 않다면 도대체 바이러스는 왜 *src* 유전자를 간직하고 있으며, 또 이 유전자는 어디에서 온 것일까? 어쩌면 *src* 유전자는 기나긴 역사의 어느 시점에 바이러스가 숙주의 세포에서 우연히 납치해 온 것인지도 모른다. 이 가정이 옳다면 정상적인 닭의 세포에도 *src* 유전자가 존재할 수 있었다.

특정한 염기서열을 지닌 유전자를 찾아낸다는 것은 유전공학이 발달하기 이전 시대에는 말처럼 쉬운 일이 아니었다. 바이러스성 *src* 유전자에 방사성 동위원소를 표지한 후 이를 이용해 닭의 세포 내에서 비슷한 염기서열을 가진 유전자를 찾아내는 실험이 성공하기까지 거의 4년이 걸렸다. 1974년 10월에 처음으로 박사후연구원 도미니크 스테헬린 Dominique Stehelin이 첫 결과를 발표했다. *src* 유전자와 유사한 유전자가 닭의 세포 안에 정말로 존재했던 것이다. 그들은 이 유전자를 바이러스의 *src(v-src)*와 구분하기 위해 세포성 *src(c-src)*라고 불렀다. 곧이어 c-*src*는 오리, 칠면조, 심지어 에뮤 같은 조류에서도 발견되었다.

그러나 c-*src*는 단순한 조류 유전자로 그치지 않았다. 해럴드 바머스, 마이클 비숍 그리고 동료인 데버러 스펙터 Deborah Spector는 포유류에서도 c-*src* 유전자를 발견했다. 물론 인간을 포함해서 말이다. 여러 종에서 c-*src*가 존재한다는 것은 *src* 유전자가 수억 년 전부터 존재해온, 아주 오래된 유전자라는 사실을 말해주었다.

그렇다면 이 발견이 의미하는 바는 무엇일까? 바머스와 비숍은 흥미로운 가설을 제시했다. 첫째, c-*src*의 오래된 진화적 가계도는 이 유전자가 정상적인 동물의 세포에서 맡은 임무가 있다는 것을 의미한다. 둘째, c-*src*와 v-*src*의 염기서열이 매우 비슷하다는 것은 RSV 바이러스가 숙주의 세포로부터 c-*src*의 유전자를 빌려와 v-*src*를 진화시켰고, 그 과정에서 유전자를 개조하여 암세포를 증식시키는 능력을 획득했다고 해석할 수 있다.

하지만 여전히 *src*는 단지 하나의 사례일 뿐이었다. 바이러스 유전자 중에서 숙주의 세포 내에 짝을 이루는 종양 바이러스가 또 있는가? 이제 관건은 누가 빨리 그들을 찾는가 하는 것이었다. 여러 개의 바이러스성 종양 유전자가 닭과 생쥐, 들쥐의 세포 안에서 발견되었고 그와 짝을 이루는 유전자가 바이러스의 숙주뿐 아니라 인간을 비롯한 다른 동물에서도 발견되었다. *myc, abl, ras*라고 이름 붙은 이 유전자들 덕분에 바이러스성 종양 유전자가 '원 종양 유전자proto-oncogene'라고 하는 정상적인 동물 세포 유전자에서 유래했다는 패러다임이 확장하게 되었다.

이리하여 1970년대 후반에 암의 원인을 두고 강력하면서도 서로 성격이 완전히 다른 두 가지 증거가 모습을 드러냈다. 첫째, 바이러스성 종양 유전자와 이에 상응하는 세포성 원 종양 유전자의 존재를 통해 바이러스가 암을 일으킬 수 있다는 사실이 확실히 증명되었다. 하지만 동물의 경우로 한정되었다. 둘째, 사람의 몸에서 발생하는 일부 암에서 일관되게 나타나는 염색체 자리바꿈은 암의 원인으로 매우 설득력 있지만, 특정 종양 형태에서 제한적으로 나타나고 또 이와 관련된 유전자가 밝혀지지 않았다. 이 두 개의 증거를 연결할 방법은 없을까?

물론 가능했다. 이 두 개의 증거가 연결되면서 마침내 암이란 세포의 조절 과정에 문제가 생긴 병이라는 사실이 밝혀졌다.

## 조절의 법칙이 깨지다

*src* 유전자 이후에 발견된 바이러스성 종양 유전자와 세포 내 원 종양 유전자 중에, 생쥐에서 아벨손백혈병Abelson leukemia을 일으키는 바이러스 유전자인 v-*abl*과 이에 상응하는 생쥐의 유전자 c-*abl*이 있다. 앞에서 언급된 c-*src*나 그 밖의 종양 유전자처럼 c-*abl* 또한 인간의 게놈에 존재한다. 그런데 c-*abl* 유전자가 인간의 9번 염색체에 자리하고 있다는 사실이 밝혀지자 연구진들은 롤리가 만성 골수성백혈병 환자에게서

찾아낸 9번 염색체 이상을 떠올렸다. 여기에 어떤 연관성이 있는 게 아닐까? 환자의 9번 염색체에서 절단된 부위가 혹시 c-abl 유전자가 위치한 곳은 아닐까?

한양에서 김서방 찾는 격이었다. 염색체는 엄청나게 크고 염색체 하나당 평균 1,000개나 되는 유전자가 들어 있다. 일개 유전자 하나가 어디에 틀어박혀 있는지는 알 수 없는 노릇이다. 하지만 네덜란드와 영국의 연구 팀이 필라델피아 염색체(22번 염색체)를 가진 암세포를 추적한 결과, 22번 염색체로 옮겨 간 9번 염색체의 조각 안에 c-abl 유전자가 들어 있다는 충격적 사실을 확인했다.그림 5.3

이 발견으로 c-abl을 인간의 암과 직결하는 아주 흥미로운 가설이 제기되었다. 만성 골수성백혈병 세포에서 c-abl 유전자에 어떤 변화가 일어났는지 확인하기 위해 연구진은 c-abl이 새롭게 자리 잡은 22번 염색체 구간을 분리해냈다. 놀랍게도 17명의 환자 모두에게서 c-abl 유전자는 22번 염색체의 동일한 지역으로 자리바꿈했다. 9번에서 22번 염색체로의 자리바꿈은 암의 전형적 패턴일 뿐만 아니라, 실제로 모든 c-abl 유전자들이 동일한 염색체의 동일한 자리로 이동한 것이다. 이는 c-abl이 22번 염색체의 특정 위치로 옮겨 가면서 중요한 사건이 벌어졌다는 것을 암시했다. 후속 연구를 통해 c-abl 유전자가 22번 염색체의 bcr(breakpoint cluster region)이라는 유전자 바로 옆으로 이동한다는 것이 밝혀졌다. 이렇게 이동한 결과 c-abl 유전자와 bcr 유전자는 마치 하나의 유전자처럼 발현되어 c-abl 단백질의 머리 부분이 bcr 단백질의 꼬리 부분에 접합한 키메라 같은 새로운 단백질을 만들어낸 것이다.그림 5.3, 오른쪽

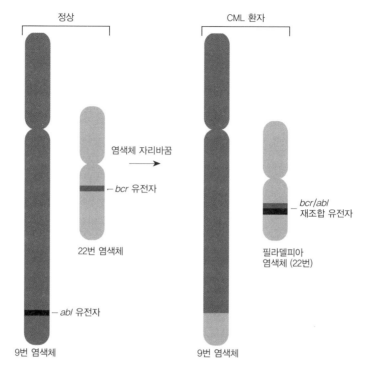

정상            CML 환자

염색체 자리바꿈

– bcr 유전자

22번 염색체

bcr/abl
재조합 유전자

필라델피아
염색체 (22번)

– abl 유전자

9번 염색체               9번 염색체

**그림 5.3** 두 유전자의 융합이 암을 유발하는 종양 유전자를 만들어내는 과정. 만성 골수성백혈병 (CML) 세포에서 9번 염색체에 위치한 *abl* 유전자가 22번 염색체로 자리를 옮겨 *bcr* 유전자에 융합한다. 두 유전자가 접합하여 만들어진 새로운 유전자는 비정상적으로 과활성화된 단백질을 생성한다.            그림_리앤 올즈

    이런 식의 재조합은 정상적인 원 종양 유전자를 끔찍한 종양 유전자로 바꿔놓았다. 연구진이 정상적인 c-abl 단백질과 bcr/abl 단백질의 활성을 비교하자 모든 것이 명확해졌다. c-abl 단백질은 타이로신 키나아제tyrosine kinase(또는 타이로신 인산화효소)라고 부르는 효소의 일종인데, 이 효소는 단백질에 인산기($H_2PO_4$)를 붙여주는 기능을 한다. 인산기를 탈부착하는 것은 단백질의 활성도를 조절하는 일반적 방식으로 단백질

을 활성 상태에서 불활성 상태로, 또는 그 반대로 전환하는 역할을 한다. 키나아제는 화학 전달 시스템의 일부로 작용하면서 세포 바깥에서부터 정보를 세포 안으로 전달하여 세포의 복제, 분화, 사멸을 결정하는 데 영향을 준다. 정상적인 세포에서 c-abl 타이로신 키나아제의 활성도는 낮은 편이다. 그러나 bcr/abl 재조합 단백질의 활성도는 훨씬 높았다. 재조합된 단백질은 돌연변이 효소, 즉 자크 모노와 프랑수아 자코브가 연구했던 상시발현 돌연변이처럼 항상 '켜져' 있는 돌연변이 효소를 창조한 것이다.

그렇다면 백혈병은 조절의 질병이다. 만성 골수성백혈병 환자의 세포에서 백혈구의 증식을 조절하는 과정이 bcr/abl 단백질이라는 돌연변이에 의해 망가진 것이다. 과도하게 활성화된 단백질이 세포 내의 중계 시스템을 교란하여 늘 ON 상태로 고정시켜버린 셈이다. 마치 자동차의 액셀을 밟은 채로 고정된 것처럼. 결국 다른 무수한 암에 연루된 수십 개의 다른 종양 유전자에서 일어난 돌연변이도 비슷한 효과를 가지는 것처럼 보였다. 다시 말해 암이란 전반적으로 조절의 질병이라는 것이다.

종양 유전자와 그 작용 구조에 대한 발견으로 암 정복을 향한 큰 도약을 이뤄내긴 했지만, 종양 유전자는 암이 가진 유전적 측면의 절반밖에 차지하지 않는다. 이쯤 되면 독자는 우리가 지금까지 배운 조절의 논리에 대한 기억을 더듬어 나머지 절반의 이야기가 무엇인지 충분히 짐작할 수 있을 것이다. 자동차가 통제할 수 없이 제멋대로 속력을 내어 달리고 있다면, 우리는 제일 먼저 액셀이 말을 듣지 않는다고 생각할 것이다. 그러나 그것만이 이유는 아닐 것이다. 자동차의 속력을 제어할 수 없게 되는 또 다른 상황에는 무엇이 있을까?(힌트 : 음성 조절과 이중부정의 논리를 생각해보라.)

그렇다. 자동차의 브레이크에서 발이 미끄러지거나 브레이크 선이 끊어졌을 때도 속력을 제어할 수 없게 된다. 연구자들은 실제로 암이 발병하는 과정에서 유전성 '브레이크'의 상실이 매우 흔하게 나타난다는 것을 증명해왔다.


## 종양 억제자


유전성 브레이크는 망막모세포종$^{retinoblastoma}$이라는 눈에서 발생하는 희소 암에서 처음 발견되었다. 이 질병은 대개 어린 나이에 발병하는데 때로 가족 내에서 유전된다. 망막모세포종의 유전적 미스터리를 풀게 된 결정적 단서는 망막모세포종 환자의 13번 염색체에서 나타났다. 환자의 세포에서 13번 염색체 두 개 모두 그 일부가 소실되었는데, 이는 쌍으로 존재하는 유전자의 두 짝 모두를 잃는 것이 망막모세포종의 형성에 중요한 시발점이 된다는 것을 암시한다. 이는 앞에서 설명한 종양 유전자의 경우와는 반대되는데, 종양 유전자에서는 한 쌍의 유전자 중 어느 한쪽(예를 들면, *bcr/abl*)에서 일어난 변화만으로도 암이 발병했다.

유전학 용어를 빌리면, 종양 유전자의 경우 돌연변이 종양 유전자가 정상 종양 유전자에 대해 우성이라고 말한다. 왜냐하면 한 쌍의 종양 유전자 중에서 하나는 정상적으로 작용함에도 불구하고 이에 상관없이 돌연변이 종양 유전자가 영향력을 행사하기 때문이다. 반면에 망막모세포종의 돌연변이는 열성이다. 왜냐하면 쌍을 이루는 유전자 두 개 모두 돌연변이가 되어야만 발병하기 때문이다. 그렇다면 망막모세포종에서 사라진 유전자의 정상적 기능은 종양 형성을 방해하거나 억누르는 데 필요했던 것으로 보인다. 그래서 이러한 형태의 유전자를 '종양 억제유전자'라고 불렀다.

망막모세포종 환자에게서 사라져버린 DNA를 찾아냄으로써 망막모세포종 유전자(*Rb*)가 모습을 드러냈다. *Rb*의 정상적 기능은 물론 암을 만들어내는 것이 아니다. 암의 발병은 *Rb* 유전자가 소실 또는 개조된 결과이다. Rb 단백질에 관한 폭넓은 연구 결과, 이 단백질의 정상적인 역할은 세포 주기에서 중요한 과정을 제어하는 것임이 밝혀졌다. 세포가 증식하기 위해서는 우선 DNA를 두 배로 똑같이 복제한 후 다시 반으로 나누는 과정이 필요하다. 이러한 절차는 고도로 규제되고 순차적으로 처리된다. Rb 단백질은 DNA를 복제하는 과정을 차단함으로써 세포 주기의 초기 단계에서 중요한 역할을 한다. 따라서 한 쌍의 *Rb* 유전자 모두를 잃은 경우 세포가 통제 받지 않고 계속해서 복제하게 되는 것이다.

*Rb* 유전자 말고도 종양 억제유전자는 많이 있다. 지금까지 약 70개의 종양 억제유전자가 밝혀졌다. 또 *Rb* 돌연변이는 망막모세포종에만 관련된 것은 아니었다. *Rb* 돌연변이는 골육종이나 폐암과 같은 다른 암에서도 발견되었다.

게다가 *Rb* 유전자를 불활성화하는 방법은 돌연변이 말고도 더 있다. 앞에서 설명한 키나아제가 Rb 단백질에 인산기를 덧붙이면 단백질이 불활성화된다. 간단히 설명하면 Rb는 인산화가 덜 될수록 활성도가 높고 인산기가 많이 붙어 인산화가 심해지면 불활성화된다. bcr/abl을 포함한 많은 종양 유전자 단백질은 Rb 단백질의 인산화를 증가시킴으로써 직간접적으로 영향을 미친다. 이로 인해 Rb 단백질이 활발하게 움직이지 않으면 결과적으로 세포의 증식을 막지 못해 세포분열이 끊임없이 일어난다는 것이다. 실제로 Rb 단백질은 인체에서 발생하는 대부분, 아니 아마도 모든 암세포에서 가장 비활성화되어 있다.

이제 우리는 앞에서 보았던 음성 조절과 이중부정의 논리를 다시 한 번 만나게 된다. Rb는 세포 복제의 억제자이다. 따라서 정상적인 경우에 세포 증식이 진행되려면 적당한 수준에서 이 억제자를 억제해야 한다. 그러나 Rb가 아예 불활성화(왼쪽)되거나 또는 돌연변이에 의해 상실(오른쪽)되면 그때부터 세포는 무제한 증식에 돌입하게 된다.

| 종양 유전자 돌연변이에 의한 암 | 종양 억제유전자의 돌연변이에 의한 암 |
|:---:|:---:|
| 종양 단백질(bcr/abl) | 종양 단백질 |
| ⊥ | ⊥ |
| Rb 단백질 불활성 | Rb 유전자 소실 |
| ⊥ | ⊥ |
| DNA 복제 | DNA 복제 |
| 세포 증식 | 세포 증식 |

Rb의 역할은, 수십 년 전에 자크 모노와 프랑수아 자코브가 세포 증식의 억제자가 불활성화될 때 암이 유발될 것이라던 추측과 놀랄 만큼 잘 맞아떨어진다.(제3장 참조)

유전자에 일어난 돌연변이가 어떻게 세포 증식의 조절 법칙을 파괴하는지 알게 된 이후 사람들은 암세포에 제동을 걸 방법을 찾아 나섰다.


## 논리적인 치료와 합리적인 약물

수십 년 동안 암 치료는 수술이나 방사선 또는 약물을 통해 분열하는 세포를 죽이는 방식에 의존해왔다. 그런데 특히 방사선이나 약물 치료는 암세포만을 표적으로 할 수 없고 정상 세포에도 똑같이 영향을 미치기 때문에 유효율을 조정하는 과정이 필요할 뿐 아니라 환자의 상태를 악화시키는 부작용을 초래하기도 한다. 따라서 암 연구의 오랜 염원은 암세포에만 선별적으로 작용하는 효과적이고 안전한 치료법을 찾아 환자의 상태에 따라 적절히 대처하는 것이다. 그리고 희망은 현실이 되었다. 글리벡<sup>Gleevec</sup>이라는 새로운 차원의 항암제는 재닛 롤리가 식탁에 늘어놓고 보았던 바로 그 돌연변이만을 표적으로 작용한다.

그러나 초기에 개발된 많은 신약 물질처럼 글리벡은 최종 승인을 받기까지 여러 번 수장될 고비를 넘겼다. 실제로 글리벡과 최초의 스타틴 개발 스토리는 비슷하게 전개된다. 그러나 스타틴 개발 과정에서처럼 절실하게 매달린 한 의사 덕분에 의학계의 역사를 바꾸어놓은 놀라운 임상적 성공이 이루어졌다.

염색체 자리바꿈으로 인해 만들어진 *bcr/abl* 유전자가 발현하면 지나치게 활성화된 키나아제가 만들어진다. 이 비정상적인 키나아제는 Rb 단백질이라는 세포 증식의 억제자를 옴짝달싹 못 하게 만들어 세포가 무한히 증식하게 만든다. 따라서 만성 골수성백혈병의 이중부정 논리를 설명할 수 있는 그 무엇, bcr/abl 유전자와 배신자로 탈바꿈한 효소를 저지할 수 있는 그 무엇이 필요했다.

스위스의 바젤Basel에 있는 치바-가이기Ciba-Geigy 제약회사에 근무하는 닉 라이던Nick Lydon과 알렉스 매터Alex Matter는, 많은 종양 유전자가 비정상적인 키나아제를 만들어내므로 키나아제를 저해하는 물질을 찾는다면 암세포의 증식을 막을 수 있지 않을까 생각했다. 과거에 엔도 아키라는 자연계에 존재하는 물질 중에서 새로운 의약품의 가능성을 찾아냈다. 그리고 제약업계에서는 전통적으로 물량 공세를 통한 시행착오 방식을 사용하여 신약을 개발한다. 하지만 라이던과 매터는 완전히 새로운 방법을 창안했다. 그들은 키나아제의 활성 부위에 기질 대신 들어갈 수 있는 물질을 직접 만들겠다는 계획을 세웠다. 자물쇠의 열쇠 구멍을 막아 정상적인 '열쇠'가 '자물쇠'로 들어가는 것을 원천 봉쇄하려는 시도였다. 이러한 '합리적 설계' 방식을 사용해 수년 동안 화학반응과 테스트를 거친 후 그들은 여러 개의 후보 화합물을 만들어냈다. 이 중에는 정상적인 c-abl 키나아제를 저해하는 분자도 포함되었다.

후보 화합물 중 만성 골수성백혈병 세포에 작용하는 화합물을 골라내기 위해 라이던은 친분이 있는 의사 한 명에게 실험을 의뢰했다. 포틀랜드에 있는 오리건보건대학교Oregon Health Sciences University의 브라이언 드루커Brian Druker는 bcr/abl 키나아제를 저해할 수 있는 물질에 큰 관심을 보였는데, 무엇보다 그는 실험에 사용할 만성 골수성백혈병 환자의 세포를 구할 수 있었다. 드루커는 라이던이 준 화합물 중에서 아주 낮은 농도로 처리했을 때 암세포를 죽이지만 정상 세포에는 해를 끼치지 않는 화합물을 찾았다.

　드루커, 라이던, 매터는 모두 그 결과에 흥분했지만 회사는 만성 골수성백혈병 관련 시장이 크지 않다고 판단했다. 그래서 이들이 회사를 설득해 동물 실험을 시작하기까지 1년이 더 걸렸다. 하지만 개를 대상으로 한 첫 독성 실험 결과 이 약물을 사람에게 정맥용으로 사용하기에는 안전하지 않다는 우려가 제기되었다. 얼마 지나지 않아 치바-가이기는 산도스<sup>Sandoz</sup> 제약회사와 합병해 새롭게 노바티스<sup>Novatis</sup>라는 회사를 세웠다. 합병 후 글리벡 개발은 시들해졌고 라이던은 사직했다.

　우여곡절 끝에 노바티스 연구 팀은 동물 실험을 통해 경구용 약제를 개발했지만 결과는 또다시 부정적이었다. 어떤 독성학자는 알렉스 매터에게, "내 눈에 흙이 들어갈 때까지 이 약이 사람의 몸에 들어가는 것은 절대 안 된다"라고 말할 정도였다.

　하지만 드루커는 단념하지 않았다. 환자들의 예후는 암울했다. 환자 중 25~50%가 진단 받은 첫해에 사망했다. 지금의 치료법으로 그가 할 수 있는 일은 환자들이 죽음을 맞이할 시간을 조금 늦춰주는 것뿐이었다. 드루커는 환자를 꾸준히 살피고 투여량을 조절하면 약물의 독성을 충분히 제어할 수 있다고 생각했다. 그는 매터를 설득하여 이 약에 기회를 달라고 부탁했다. 매터는 꾸준히 회사에 이 약의 필요성에 대해 강조했다. 마침내 노바티스의 새로운 CEO인 대니얼 버셀라<sup>Daniel Vasella</sup>가 인간 임상 시험을 지원했다. 연구는 1998년 6월에 시작되었다. 드루커가 실험실에서 만성 골수성백혈병 세포에 처음으로 약물을 시험한 지 5년 만의 일이었다.

　드루커와 두 명의 의사는 소수의 만성 골수성백혈병 환자에게 약물을 투여하기 시작했다. 서서히 투여량을 늘려가면서 동시에 그들의 병세와 잠재적 부작용을 확인하였다. 약의 효능을 나타내는 지표는 백혈구 수치였다. 정상적으로는 마이크로리터의 혈액당 약 4,000개에서 1만개의 백혈구가 존재하지만 만성 골수성백혈병 환자의 경우는 10만 개에서 50만 개까지 치솟는다. 처음에 투여량이 적을 때는 환자의 백혈구 수에 아무런 변화도 나타나지 않았다. 그러나 고용량으로 투여하자 일부 환자에게서 백혈구 수치가 정상 수준으로 떨어졌다. 현미경으로 환자의 혈액을 들여다보니 필라델피아 염색체를 포함하는 세포의 비율도 줄어들고 있었다. 약물이 그들의 표적을 죽이고 있었다.

노바티스는 글리벡 개발에 총력을 기울였다. 임상 시험이 확대되고 투여량을 늘렸으며 환자의 상태를 여러 달에 걸쳐 지켜보았다. 가장 고용량을 투여 받은 환자 97%에서 백혈구 수가 4~6주 만에 정상치로 돌아왔다. 환자의 4분의 3에서 필라델피아 염색체를 포함하는 암세포가 사라졌다. 결과는 좋은 정도가 아니었다. 정말 대단했다. 암 치료의 화학요법 역사상 이런 전례가 없었다. FDA는 글리벡을 우선순위로 검토했고, 3개월 만인 2001년 5월에 승인했다.

글리벡 덕분에 만성 골수성백혈병에 대한 예후가 극적으로 바뀌었다. 8년 이상 장기 생존 비율이 신약 개발 이후 45%에서 거의 90%까지 증가했다. 회사의 애초 예상과 달리 이 약은 노바티스 회사에도 황금알을 낳는 거위가 되었다. 10년간 거의 280억 달러어치가 팔렸다. 2012년에 닉 라이딘, 브라이언 드루커, 재닛 롤리는 만성 골수성백혈병의 이해와 치료에 대한 기여와 공로로 권위 있는 일본상Japan Prize을 수상했다.

만성 골수성백혈병 치료에 대한 합리적 접근은 대단한 성공을 거두었다. 그러나 글리벡은 단지 하나의 약물이며, *bcr/abl*은 단지 하나의 종양 유전자이고, 만성 골수성백혈병은 단지 한 가지 유형의 암일 뿐이다. 우리는 남아 있는 다른 암에 대해 무엇을 말하고 시도할 수 있을 것인가?

## 적을 파악한 다음 해치워라

성인의 몸을 구성하는 37조 개의 세포들은 200개가 넘는 종류로 구분된다. 이렇게 서로 다른 수많은 세포를 적당한 수만큼 생산하고 유지하기 위해서는 고도의 조절과 규제가 필요하다. 또한 이 과정은 수조 개의 긴 DNA 분자를 복제하는 작업을 포함한다. DNA를 복제하는 과정에서 실수가 일어나기도 하지만 대부분의 오류는 인체에 해가 없다. 그러나 어떤 오류는 재앙의 씨앗을 품고 있다. 암을 정확히 진단하고 치료 대상을 제대로 파악하기 위해서는 각각의 암에서 일어나는 돌연변이를 파악하는 것이 중요한 열쇠로 작용할 것이다.

암을 분석하는 기술은 재닛 롤리가 염색체 사진을 잘라 식탁 위에 늘어놓고 보았던 그 시절 이후로 엄청나게 발전했다. DNA 염기서열 분석 비용은 감소했고 속도는 빨라졌다. 따라서 종양을 분석하고 모든 유전자가 온전한지 확인하는 것이 가능해졌다. 연구자들은 모든 종류의 조직에서 수천 가지의 종양을 연구하여 유전자 돌연변이의 목록을 작성했다. 개별 암에서 돌연변이가 자주 일어나는 유전자 또는 사라진 유전자를 찾는 방식으로 암을 일으키는 데 관여하는 대부분의 유전자가 밝혀졌다.

　이러한 연구를 통해 밝혀진 한 가지 중요한 사실은 인간 유전자 중 아주 일부만이 암에 관련된다는 것이다. 인간 게놈에 포함된 약 2만 개의 유전자 중에서 약 140개가 수시로 돌연변이를 일으키는데 이 중 반은 종양 유전자이고 나머지는 종양 억제자로 나뉜다. 이러한 수치는 일반적으로 연구자, 의사, 환자에게 긍정적인 소식으로 여겨진다. 어쨌거나 용의선상에 올려 보낼 유전자를 상당히 걸러내 주기 때문이다. 더구나 우리는 이 유전자들의 정상적인 기능을 잘 알고 있다. 사실상 이들 모두가 세포 분화와 생존을 조절하는 시스템 또는 화학 경로의 일부인데, 이러한 시스템은 이미 충분히 연구가 이루어진 것들이다.

　또한 조사에 따르면 대부분 암은 위에서 말한 140개 유전자 중 2~8개의 유전자에서 돌연변이가 일어난다. 개개의 종양에서 어떤 유전자가 파괴되는지 파악함으로써 각 종양을 유전적 특성에 따라 분류하고 암과 관련된 돌연변이를 찾아내 치료의 표적으로 삼는 혁신이 일어날 수 있는 것이다. 1997년까지 승인된 항암제 중에 돌연변이를 선별적으로 공격하는 약은 없었다. 그러나 2015년에는 약 40개의 관련 항암제가 승인되었고 더 많은 수가 현재 진행 중이다. 우리는 성공에 가까워지고 있다. 그러나 승리를 선언하기는 아직 이르다.

　2010년에 재닛 롤리는 난소암 진단을 받았다. 치료 기간 내내 그녀는 조직 검사를 받고 동료들에게 종양 표본을 보내어 연구에 사용할 수 있도록 했다. 그러나 2013년 12월 17일 결국 합병증으로 사망했다. 죽기 전에 그녀는 연구자들이 자신의 몸을 부검하여 병이 진행된 과정을 연구할 수 있도록 계획했다.

앞서 암 정복의 원동력에 대한 H. G. 웰스의 말로 이 장을 시작했다. 웰스의 소설 《그동안Meanwhile》에 나오는 작중 인물의 대화 중 한 부분이다. 그 인용구 앞에는 이런 문장이 생략되었다. "암은 병원과 실험실에서 감정을 억누른 채 서두르지 않고 침착하게 일하는 사람들의 끈질긴 노력에 의해 생명체로부터 축출될 것이다." 그러나 실제로 암의 이해와 치료에 대해 가장 큰 도약을 이끌어낸 과학자들은 느긋하지도 않고 절실함과 열정을 제어하거나 억누르지도 않은 사람들이었다.

제3부

# 세렝게티 법칙

자연을 이해하고 자연의 행보를 예측하려면
먼저 개체군이 어떻게 조절되는지 알아야 한다.

_넬슨 헤어스턴, 프레드릭 스미스
로렌스 슬로보드킨(1960)

지금까지 우리는 특정 분자나 세포의 수를 조절하는 법칙과 논리에 관해 탐구했다. 그리고 그 법칙이 깨지고 논리가 무너졌을 때 일어나는 무서운 재앙을 보았다. 또한 우리는 특정 법칙에 대한 상세한 지식이 질병을 치료하는 데 어떻게 사용될 수 있는지도 보았다. 그렇다면 이제 거시적 관점으로 돌아가 동식물의 개체군 조절 법칙을 이해하는 것이 어떻게 병들어가는 생물 종과 그들의 서식처를 치유하는 데 도움이 될 수 있는지 살펴보자.

핵심적 문제는 이미 찰스 엘턴이 제기하였다.(제2장 참조) 어떻게 동물과 식물의 종류와 개체 수가 조절되는가?

위대한 세렝게티의 예를 들어보자. 이곳에는 깜짝 놀랄 만큼 많은 수의 동물들이 살고 있다. 70종 이상의 포유류, 500종 이상의 조류가 있고 쇠똥구리 종류만도 100종이 넘는다. 포유류 중에서도 가장 희귀하고(아프리카들개), 가장 빠르고(치타), 가장 크고(아프리카코끼리), 가장 많은(검은꼬리누) 동물이 바로 세렝게티 안에서 살고 있다.

그러면 어떤 법칙이 이렇게 상이한 생물체의 수를 조절할까?

이 질문의 중요성을 깨우치기에 세렝게티보다 더 나은 곳은 없지만, 기초적인 법칙을 좀 더 쉽게 알아내기에 적합한 장소를 찾아야 한다. 생물학이라는 학문의 예술성은, 이해하고자 하는 현상의 가장 단순한 모델을 찾고 한 번에 하나의 변수만을 조작하여 신중하게 통제된 실험을 수행하는 과정에 있다. 따라서 하나의 완전체로서 세렝게티의 규모와 풍요로움은 과학자에게는 되레 장애가 될 수 있다. 이동하는 검은꼬리누, 사자, 코끼리 무리를 대상으로 통제된 실험을 한다는 것은 (불가능한 것은 아니지만) 결코 쉬운 일이 아니기 때문이다.

콜레스테롤 합성이나 세포분열을 지배하는 법칙을 탐구하는 과정에서 그랬던 것처럼 동물 개체군을 조절하는 법칙을 찾는 두 가지 좋은 방법이 있다. 의도적으로 법칙을 파괴해 그 결과를 관찰할 수 있는 실험을 설계하거나, 또는 생태계가 파괴된 지역을 찾아 그 원인을 규명하는 것이다.

개체군을 조절하는 법칙을 정의하기 위해 나는 먼저 세계의 다양한 지역에서 얻은 선구적 발견들을 살펴볼 것이다.(제6장) 그런 다음 어떻게 이들이 추가적인 법칙들과 함께 위대한 세렝게티를 운영하는지 탐구할 것이다.(제7장) 그리고 다시 법칙이 깨진 곳으로 돌아올 것이고,(제8장) 전체 생태계를 복원하기 위한 이례적인 노력에 대해 살펴볼 것이다.(제9장, 제10장)

개척자들이 발견한 것은 내가 이전에 기술했던 생리학적 법칙과 놀랄 만큼 유사한 생태적 법칙이다. 사실 나는 의도적으로 분자 수준에서 일어나는 양성·음성 조절, 이중부정의 논리 그리고 피드백 조절에 대해 먼저 이야기했다. 이제 우리는 가장 커다란 무대 위에서 이 법칙들이 활약하는 것을 보게 될 것이다.

제6장

# 동물 세계의 불평등

생태계를 끝까지 밀어붙여 보라.
한순간에 모든 규칙이 달라질 것이다.
_로버트 페인

1963년만 해도 미국에서 사람의 흔적이 없는 오지를 찾으려면 한참
을 멀리 가야 했다. 시애틀의 워싱턴대학교 동물학과 조교수로 부임한
로버트 페인Robert Paine(1933~2016)은 교란되지 않은 자연 그대로의 지역
을 찾아 헤매다 결국 미국 본토 48개 주의 가장 북서쪽 모퉁이에서 가
능성을 발견했다. 학생들과 함께 태평양 연안으로 야외 조사를 떠난 페
인은 올림픽 반도의 끄트머리에 자리한 머코우 만Mukkaw Bay(마카Makah 만
이라고도 함_옮긴이)에 도달했다. 굽이친 만의 모래와 자갈 해변은 서쪽
을 향해 열린 대양을 마주 보았고, 곳곳에 커다란 암석과 바위들이 흩어
져 있었다. 바위 사이에서 페인은 왕성하게 번식하는 생물 군집을 발견
했다. 조수의 웅덩이는 다채로운 생명체로 가득했다. 초록 말미잘, 보랏

빛 성게, 분홍색의 해초들 그리고 새빨간 태평양 애기불가사리<sup>blood starfish</sup> 들이 해면과 삿갓조개<sup>limpet</sup>, 딱지조개<sup>chiton</sup>와 함께 오색 빛깔의 수를 놓았다. 썰물이 물러가면서 바위 표면을 따라 작은 따개비<sup>acorn barnacle</sup>, 크고 자루가 달린 거위목따개비<sup>goose barnacle</sup>, 까만색의 캘리포니아 홍합과 보라색, 주황색의 대형 오커불가사리<sup>Pisaster ochraceus</sup>들이 사방에 나타났다.

그는 생각했다. "그래, 이게 바로 내가 찾던 거야!"

다음 달인 1963년 6월 페인은 다시 시애틀에서 머코우로 떠났다. 페리호를 타고 퓨젯사운드 만<sup>Puget Sound</sup>을 건너 후안데푸카<sup>Juan de Fuca</sup> 해협의 해안도로를 따라 마카 부족의 땅으로 들어가 마침내 머코우 만의 안쪽 후미진 곳까지 도달하는 데 무려 네 시간이 걸렸다. 썰물 때가 되자 그는 바위섬의 노두로 날쌔게 올라갔다. 그리고 손에 쇠 지렛대를 들고 198cm의 거구가 낼 수 있는 힘을 최대로 모아 보라색, 주황색의 불가사리들을 떼어냈다. 그러고는 만의 바깥으로 있는 힘껏 던져버렸다.

이렇게 생태학 역사상 가장 중요한 실험이 시작되었다.


## 지구는 왜 초록색일까?


머코우 만까지 달려가 불가사리와 조우하기까지 로버트 페인은 먼 길을 돌아왔다. 페인은 매사추세츠의 케임브리지에서 자랐다. 페인이라는 이름은 그의 선조이자 미국 독립선언서에 서명한 로버트 트리트 페인<sup>Robert Treat Paine</sup>(1731~1814)의 이름을 딴 것이다. 그는 뉴잉글랜드의 숲을 탐험하며 자연에 대한 호기심을 키워갔다. 새를 관찰하는 것을 제일

**그림 6.1** 태평양 해안의 조간대 암석 지대에 서식하는 오커불가사리. 불가사리는 홍합을 잡아먹음으로써 켈프나 작은 수생 동물들이 군집 내에서 자리를 차지할 수 있는 기회를 준다.
사진 제공_데이비드 콜스David Cowles, rosario.wallawalla.edu/inverts

좋아했고 그다음이 나비와 도롱뇽이었다.

　페인은 이웃과 함께 자주 산책하러 나가 새를 관찰하곤 했는데, 그는 페인에게 관찰한 것들을 모두 기록해보라고 권했다. 이것은 아주 좋은 훈련이 되었다. 덕분에 페인은 새를 관찰하는 예리한 눈을 키워 최고의 탐조가들만 들어갈 수 있다는 너틀조류학회Nuttall Ornithological Club의 최연소 회원이 되었다.

　페인은 저명한 박물학자들의 책에도 영향을 받았다. 그는 책을 읽으며 야생에서 벌어지는 드라마에 눈을 떴다. 에드워드 포부시Edward Forbush가 쓴 《매사추세츠의 새Birds of Massachusetts》라는 책에 나온 에피소드는 페인의 젊은 상상력에 불을 지폈다.

> 어느 겨울날 메드필드 숲에서 한 무리의 사람들이 '네 개의 날개'
> 를 가진 거대한 새 한 마리가 큰 소리를 내며 빠르게 날아가는 것
> 을 보고 모두 놀라 쫓아갔다. 그 '새'는 멀리 날아가지 못하고 눈
> 속에 처박혔는데, 달려가 보니 참매와 줄무늬올빼미Barred Owl 한 마
> 리가 서로 얽혀 움켜쥐고 있었다. 들어보니 두 마리 모두 죽어 있
> 었다.

그는 또한 짐 코빗Jim Corbett이 쓴《쿠마온의 식인 동물Man-eaters of Kumaon》
이라는 책을 읽고 인도의 어느 지방에서 호랑이와 표범을 쫓는 사냥꾼
들의 오싹한 이야기에 마음을 빼앗겼다. 페인의 집에서는 거미가 신성
한 동물이었다. 어린 페인은 몇 시간이고 거미 앞에 앉아 자신이 준 파
리를 잡아먹는 이 베 짜는 동물을 감탄의 눈으로 지켜보곤 했다.

페인은 하버드대학교에 입학한 후 몇몇 유명한 고생물학 교수의 영
향을 받아 동물 화석에 대해 관심을 가지게 되었다. 그는 무려 4억 년
전에 바다에 살았던 해양 동물에 푹 빠진 나머지 미시건대학교에서 대
학원 과정으로 지질학과 고생물학을 공부하기로 결심했다.

페인에게는 어류학이나 양서파충류학 같은 무미건조한 동물학 필수
강의가 다소 지루하게 느껴졌다. 단, 예외가 있었는데 바로 생태학자인
프레드릭 스미스Frederick Smith가 가르치는 민물 무척추동물 자연사 수업
이었다. 페인은 학생들로 하여금 스스로 생각하게 하는 스미스 교수의
수업 방식이 마음에 들었다.

날씨가 너무 좋아 교수는 수업에 의욕이 없고 학생은 강의실에 앉아 있을 생각이 없던 어느 봄날, 스미스 교수는 창문 밖으로 막 잎이 돋아나기 시작한 나무를 보며 말했다.

"왜 저 나무가 녹색인지 아나?"

"엽록소 때문입니다"라고 한 학생이 잎에 들어 있는 색소의 이름을 정확히 외쳤다. 그러나 스미스는 고개를 저었다.

"저 푸른 이파리들이 어떻게 아직 다 뜯어 먹히지 않고 남아 있는가 말이지." 이건 너무나도 단순한 문제였다. 그러나 스미스는 이렇게 기본적인 사실조차 제대로 알려져 있지 않다는 사실을 알려주었다. "저 바깥에는 엄청나게 많은 곤충이 바글거리고 있어. 어쩌면 이 곤충들을 통제하는 뭔가가 있는 게 아닐까?" 그는 생각에 빠져 혼자 중얼거렸다.

대학원 1학년 말 무렵, 스미스는 페인을 보고 그가 지질학에서 마음이 떠났다는 걸 눈치챘다. 스미스는 페인에게 생태학으로 전공을 바꿔볼 것을 권했다. "내 학생이 되지 않겠나?" 스미스는 물었다. 전공을 바꾸면 연구 방향도 완전히 달라져야 한다. 그런데 한 가지 문제가 있었다. 페인이 데본기 시대의 동물 화석을 공부하겠노라고 연구 계획을 세워놓은 것이다. "그건 절대 안 되네." 페인은 멸종한 종이 아니라 살아 있는 생명체를 연구해야 했다. 페인은 동의했고, 스미스는 그의 지도 교수가 되었다.

스미스는 아주 오랫동안 완족동물brachiopod, 즉 위아래 껍데기가 경첩으로 연결된 해양 무척추동물에 관심을 쏟아왔다. 완족동물의 화석 기록은 풍부하게 남아 있었지만, 상대적으로 현존하는 종의 생태에 대해서는 알려진 바가 별로 없었다. 페인의 첫 과제는 살아 있는 완족동물을 찾는 것이었다. 가까이에 바다가 없었기 때문에 페인은 1957년과 1958년에 플로리다로 답사를 떠나 괜찮은 장소 몇 군데를 찾아냈다. 그리고 스미스 교수의 승인을 받아 자칭 '대학원 안식년'이라고 부른 장거리 연구에 착수했다. 1959년 6월 페인은 플로리다로 돌아가 자신의 폭스바겐 밴에서 먹고 자는 생활을 시작했다. 총 11개월에 걸쳐 그는 완족동물 한 종의 분포 영역과 서식처, 행동을 연구했다.

이 일은 진정한 박물학자가 되는 든든한 기초를 마련해주었고 동시에 페인에게 박사 학위를 안겨줄 일이기도 했다. 하지만 여과 섭식을 하는 완족동물은 그다지 역동적인 생물체는 아니었다. 6mm밖에 안 되는 생물체를 찾기 위해 수없이 모래를 걸러야 하는 작업 역시 별로 재밌는 일이라고 볼 수는 없었다.

페인이 멕시코 만을 따라 삽질을 하는 동안, 정작 그의 상상력을 자극한 것은 플로리다의 완족동물이 아니었다. 플로리다 팬 핸들<sup>pan handle</sup>(플로리다 반도의 서북쪽 지역으로 앨라배마 주에 인접해 있음_옮긴이) 지역에서 페인은 엘리게이터항만해양연구소<sup>Alligator Harbor Marine Laboratory</sup>를 발견하고는 거기서 머물러도 된다는 허가를 받았다. 연구소 근처에 있는 엘리게이터 포인트<sup>Alligator Point</sup>의 가장자리에서는 매달 며칠씩 썰물이 밀려 나가면서 길이 30cm가 넘는 말고둥<sup>horse conch</sup> 같은 대형 포식자들이 잔뜩 모습을 드러냈다. 진흙과 억새가 우거진 엘리게이터 포인트의 개펄은 단조로움과는 거리가 먼 치열한 전쟁터였다.

완족동물에 대한 학위 논문 작업과 더불어 페인은 고둥류에 대한 찰스 엘턴 식의 신중한 연구를 시작했다. 그는 엘리게이터 포인트에서 수가 많은 여덟 종류의 고둥을 선별하여 먹고 먹히는 관계를 상세히 기록했다. 복족류가 복족류를 잡아먹는 약육강식의 싸움터에서는 예외 없이 큰 고둥이 작은 고둥을 포식했다. 하지만 그렇다고 큰 고둥이 자기보다 몸집이 작은 고둥을 모두 먹잇감으로 삼는 것은 아니었다. 예를 들어 무게가 5kg이나 나가는 말고둥의 경우 주로 고둥 종류를 잡아먹고 살지만, 자기보다 훨씬 작은 먹이에는 손을 대지 않았다. 이런 작은 먹이는 말고둥보다 몸집이 작은 다른 고둥의 먹잇감이었다. 젊은 과학자 페인은 찰스 엘턴의 말을 빌려 자신의 데이터를 다음과 같이 해석했다.

엘턴(1927)은 크기의 차이가 바로 먹이사슬이 존재하는 이유라고 주장했다. 너무 크거나 작아서 한 생물체의 먹이가 되지 못한다고 해도 또 다른 생물체의 먹잇감은 될 수 있기 때문이다. 이런 식으로 하나 이상의 중간 단계를 거치면 아주 작은 동물들도 간접적으로는 더 큰 포식자의 먹이가 되는 셈이다.

로버트 페인이 플로리다에서 포식자들과 시간을 보내는 동안 그의 지도 교수인 프레드릭 스미스는 일전의 그 녹색 나무들과, 자연계에서 포식자의 역할을 곱씹어보고 있었다. 스미스는 군집의 구조뿐 아니라 군집이 형성되는 과정에 관심이 있었다. 그는 동료인 넬슨 헤어스턴 시니어Nelson Hairston Sr.(1917~2008)와 로렌스 슬로보드킨Lawrence Slobodkin(1928~2009)과 함께 점심 도시락을 먹으며 생태학의 주요 개념들에 대해 설전을 벌이곤 했다. 세 과학자 모두 동물 개체군이 조절되는 과정에 흥미가 있어 당시 유행하는 이론을 함께 토론했다. 당시 생태학계에서 가장 영향력 있는 학파는 개체군의 크기가 날씨와 같은 물리적 환경에 의해 제어된다고 주장했다. 하지만 헤어스턴, 스미스, 슬로보드킨(이제부터 HSS라고 표기함) 이 세 사람은 이 주장을 강하게 의심했다. 왜냐하면 이 주장이 사실이라면 개체군의 크기는 날씨에 따라 무작위적으로 변해야 하기 때문이다. HSS 트리오는 대신에 어느 정도는 생물적 요인이 자연에서 종의 풍부도를 결정한다고 확신했다.

찰스 엘턴의 피라미드처럼, HSS는 먹이사슬을 각각 소비하는 먹이, 즉 영양 단계trophic level에 따라 단계별로 묶어 그림으로 나타냈다. 맨 밑바닥에는 유기물의 잔해를 분해하는 분해자가 있다. 그 위에는 생산자 즉 햇빛과 비, 토양의 양분을 이용하는 식물이 있고, 그다음에는 식물을 먹는 소비자인 초식동물, 그 위에는 초식동물을 먹는 포식자(육식동물)가 자리하고 있다. 그림 6.2

일반적으로 생태학자들은 각 영양 단계를 구성하는 생물이 바로 상위 단계의 생물을 제한한다는 데 동의했다. 다시 말해 개체군은 영양 단계의 바닥에서부터 위로 올라가며 양성적으로 조절된다는 것이다.(이를테면 초식동물이 증가하면 초식동물을 먹고사는 육식동물의 수도 덩달아 증가한다는 뜻_옮긴이) 그러나 스미스와 도시락 친구들은 이런 관점으로는 설명할 수 없는 현상에 대해 숙고하고 있었다. 즉 이 땅은 초록색이라는 사실이다. 그들은 초식동물이 자신의 활동 영역 안에서 자라는 식생을 모조리 소비하지는 않는다는 사실을 알고 있었다. 실제로 대부분 식물의 이파리들은 그 일부만 동물에게 먹힌 흔적이 있다. 이 현상은 결국 초식동물의 개체군 크기를 제한하는 것은 먹이 공급이 아니라 다른 무엇이라는 것을 의미했다. HSS는 그 무엇이란 바로 포식자로서, 먹이사슬의 위에서 아래로 내려가며 초식동물 개체군을 음성적으로 조절한다

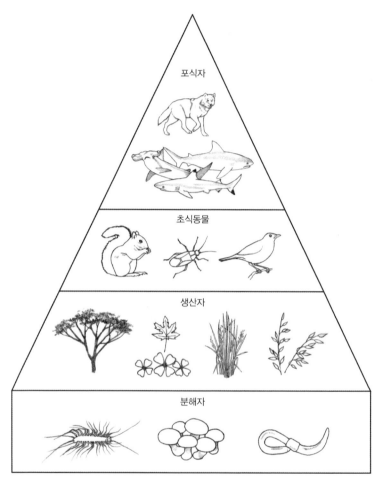

**그림 6.2** 생물 군집의 영양 단계. 헤어스턴, 스미스, 슬로보드킨(HSS)의 녹색 세계 가설에 따르면, 유기체는 다음 네 영양 단계 중 하나에 속한다. 분해자(곰팡이와 땅속에 사는 벌레), 생산자(식물과 해조류), 초식동물, 육식동물.

그림_리앤 올즈

고 믿었다.(포식자가 증가하면 역으로 초식동물은 감소한다는 뜻_옮긴이) 오랜 시간 동안 생태학자들이 포식자와 피식자의 관계를 연구해왔음에도 불구하고 대개는 먹잇감의 수가 포식자의 수를 조절하는 것이지 그 반대는 아니라고 여겼다. 따라서 포식자가 피식자의 수를 조절한다는 생각은 꽤나 급진적인 발상이었다.

이러한 관점에 힘을 싣기 위해 HSS는 포식자가 제거된 뒤 초식동물 개체군이 폭발적으로 늘어난 사례를 찾았다. 예를 들어 애리조나 북부 카이바브$^{Kaibab}$ 지역에서는 사슴 개체군이 늑대와 코요테의 몰살 이후로 증가했다. HSS는 이러한 관찰과 주장을 종합하여 '군집의 구조, 개체군 제어 그리고 경쟁'이라는 제목으로 논문을 썼고, 1959년 5월에 과학 저널 《에콜로지$^{Ecology}$》에 투고했으나 거부되었다. 이 논문은 《아메리칸 내츄럴리스트$^{American \ Naturalist}$》의 1960년 마지막 호에 실릴 때까지 빛을 보지 못했다.

포식자가 초식동물 개체군을 조절한다는 가설은 이제 'HSS 가설', 또는 '녹색 세계 가설'로 널리 알려졌다. HSS는 "이 가설의 논리를 쉽게 반박할 수 없을 것이다"라고 선언했지만, 기존 이론에 도전하는 대부분의 새로운 발상처럼 HSS 가설은 수많은 비판을 받았다. 여기서 모두 다 설명할 필요는 없지만, 다만 한 가지 타당한 비판은 HSS의 가설이 검증되어야 하고 더 많은 증거가 필요하다는 것이었다. 그리고 바로 이것이 프레드 스미스의 옛 제자가 1963년 머코우 만에서 성공적으로 완수한 일이었다.

## 저지르고 보기

HSS 가설은 본질적으로 관찰에 따른 자연 세계에 대한 기술이었다. 찰스 엘턴의 연구와 가설이 그러했고, 완족동물과 포식자 고둥에 대한 로버트 페인 자신의 연구도 마찬가지였다. 이 점에서는 다윈도 마찬가지다. 1960년대까지 행해진 사실상 모든 생태학적 연구가 관찰에 기반을 둔 것이었다. 하지만 관찰이 중심인 생물학이 가지는 한계는 관찰된 현상을 설명할 수 있는 제2의 가설이 언제든지 등장할 수 있다는 것이다. 페인은 앞에서 이야기한 분자생물학의 신들처럼, 자연을 움직이는 메커니즘(이를테면 동물 개체군을 조절하는 법칙)을 밝히려면 자연을 인위적으로 교란하여 그 법칙을 무너뜨릴 수 있는 기회를 찾아야 한다는 것을 깨달았다. 포식자의 역할을 제대로 알고 싶다면 포식자가 사라졌을 때 발생하는 일을 관찰할 수 있는 무대를 설치해야 한다는 말이다. 일단은 쫓아내고 그다음에 어떻게 되는지 보자는 의미에서 '킥 잇 앤 씨Kick it and see' 생태학이라고 부른 이 실험 덕분에 머코우 만에서 불가사리들이 가차 없이 내던져져 버려진 것이었다.

봄과 여름에는 한 달에 두 번씩 그리고 겨울에는 한 달에 한 번씩, 페인은 머코우로 돌아와 불가사리를 내던지는 예식을 거행했다. 길이 7.6m, 높이 1.8m의 해안가 바위섬에서 페인은 모든 불가사리를 제거했다. 인접한 지역은 비교를 위해 자연 상태 그대로 내버려두었다. 그리고 각 구획에서 총 15종을 추적하여 수를 세고 밀도를 계산했다.

머코우 만 먹이그물의 구조를 이해하기 위해 페인은 포식자들의 먹이를 자세히 관찰했다. 불가사리는 먹이를 먹는 독특한 재주를 가지고 있는데, 입 밖으로 위장을 까뒤집어 꺼내어 벌어진 조개껍데기 틈으로 집어넣은 후 소화액으로 먹이를 녹여서 흡수했다. 불가사리가 무엇을 먹는지 보려고 페인은 1,000마리 이상의 불가사리를 뒤집어 위장이 붙들고 있는 먹잇감을 조사했다. 불가사리는 기회주의적인 먹이 습성을 가진 종으로 따개비, 딱지조개, 삿갓조개, 고둥, 홍합을 먹었다. 한 번에 수십 개의 작은 갑각류를 먹어치울 수 있는 대식가이면서 지천으로 널린 작은 따개비류는 별로 건드리지 않았다. 불가사리의 식단에서 일차적 에너지원이 되는 가장 중요한 메뉴는 홍합과 딱지조개였다.

그해 9월, 불가사리를 제거하기 시작한 지 3개월이 지나자 페인은 벌써 군집의 구성원이 바뀌고 있음을 느꼈다. 줄무늬따개비가 왕성하게 번식하여 서식 가능한 면적의 60~80%를 차지했다. 그러나 1964년 6월, 실험을 시작한 지 일 년이 지나자 줄무늬따개비는 점차 빠르게 번식하는 거위목따개비와 홍합에 밀려 살 곳을 잃어버렸다. 게다가 해조류 네 종이 자취를 감추고 두 종의 삿갓조개와 딱지조개가 구획을 떠나버렸다. 불가사리의 먹잇감이 아니었던 말미잘과 해면 역시 줄어들었다. 그러나 작은 포식성 고둥인 타이스 에마르기나타*Thais emarginata* 개체군은 열 배에서 스무 배까지 증가했다. 요컨대 포식성 불가사리를 제거한 뒤 조간대(밀물 때는 잠기고 썰물 때는 땅이 드러나는 지역_옮긴이)에 서식하는 군집의 다양성이 빠르게 감소해 원래 15종이던 것이 8종으로 줄어들었다.

이 간단한 실험의 결과는 놀라운 것이었다. 하나의 포식자가 자신의 먹잇감뿐 아니라 식단에 들어 있지 않은 동식물에까지 영향을 주어 군집의 전체적인 종 구성을 조정할 수 있다는 것을 보여주었기 때문이다.

이후 페인은 5년에 걸쳐 실험을 지속했다. 홍합 개체군이 바위 표면을 따라 썰물 지점까지 평균 약 90cm를 전진해 내려왔다. 홍합은 차지할 수 있는 거의 모든 공간을 독점하면서 다른 종들을 완전히 몰아냈다. 페인은 불가사리가 그동안 전력을 다해 홍합 개체군을 억제하고 있었다는 것을 깨달았다. 조간대에 서식하는 해양 동물과 해조류에게 가장 중요한 자원은 땅, 즉 바위 표면의 공간이다. 홍합은 그 공간에 대한 강력한 경쟁자였고 불가사리가 사라지자 권력을 승계하여 다른 종들을 모조리 몰아낸 것이다. 포식자는 경쟁적으로 우점종의 개체군을 음성적으로 조절함으로써 군집의 안정을 유지했다. 불가사리의 유무에 따른 구획을 도식화하면 다음과 같다.

불가사리

⊥

따개비/삿갓조개 ⇔ 홍합 ⇔ 딱지조개/해조류


불가사리

⊥

따개비/삿갓조개 ⇔ 홍합 ⇔ 딱지조개/해조류


　로버트 페인이 불가사리를 내던져버린 예식은 포식자가 군집에서 아래쪽으로 통제력을 발휘한다는 HSS의 가설에 대한 강력한 검증이 되었다. 그러나 이는 단지 태평양 연안의 한 모퉁이에서 포식자 한 종만을 대상으로 진행한 하나의 실험에 불과했다. 보편적 원리를 끌어내고자 한다면 다른 지역에서 다른 포식자를 가지고 실험할 필요가 있었다. 머코우 만에서의 극적인 결과 이후로 여기에 영감을 받은 유사한 실험들이 쏟아져 나왔다.

페인은 연어 낚시 여행을 하다가 우연히 사람이 살지 않는 타투시 섬 Tatoosh Island을 발견했다. 타투시 섬은 머코우 만에서 수킬로미터, 연안에서 약 1km 정도 떨어진 섬이었다. 폭풍이 강타하고 간 이 작은 섬에서 페인은 대형 오커불가사리를 포함해 머코우 만에서와 동일한 종들이 수없이 바위에 붙어 있는 것을 발견했다. 마카 부족의 허락을 받고 페인은 오커불가사리를 물속으로 도로 던져 넣기 시작했다. 몇 달 사이에 홍합은 포식자 없는 바위 전체로 퍼져 나갔다.

뉴질랜드에서 안식년을 보내는 동안 페인은 오클랜드 인근 해안의 북쪽 끝에서 또 다른 조간대 군집을 조사했다. 이곳에서 스티카스테르 아우스트랄리스 Stichaster australis라는 다른 불가사리를 발견했다. 이들은 뉴질랜드 초록입술홍합 green lipped mussel을 먹고 사는데, 이 홍합은 전 세계의 음식점으로 수출되는 바로 그 종이다. 9개월 동안 페인은 $37m^2$에 해당하는 구역에서 모든 불가사리를 제거했고 인접한 구역은 대조군으로 그대로 두었다. 얼마 지나지 않아 그는 눈에 띄는 변화를 목격했다. 불가사리가 제거된 구역은 홍합이 빠르게 점유하기 시작해 서식 영역을 40% 정도 확장했다. 겨우 8개월 만에 애초에 있었던 20종 가운데 6종이 자취를 감추었다. 15개월 만에 대부분의 공간이 오로지 홍합의 영역이 되었다. 흥미롭게도 이러한 홍합의 번성은 다른 대형 홍합 포식자인 바다우렁 sea snail이 충분히 있었음에도 불구하고 일어났다.

페인에게 워싱턴과 뉴질랜드의 포식성 불가사리는 조간대 해양생물 군집의 구조에서 핵심적 위치를 차지하는 것으로 보였다. 아치의 정점에 있는 쐐기돌이 아치 구조의 안정을 위해 절대적으로 필요한 것처럼 먹이그물의 정점에 있는 포식자들은 생태계의 다양성을 위해 결정적 역할을 하는 존재다. 그들을 제자리에서 벗어나게 하면 – 페인이 보여준 것처럼 – 군집은 허물어진다. 로버트 페인의 선구적인 실험과 그가 새로 만든 용어인 '핵심종(또는 중추종)<sup>keystone species</sup>'으로 인해 다른 군집에서도 핵심종을 찾는 노력이 이어졌다. 그리고 페인은 또 다른 도전적 발상에 이르렀다.

## 연쇄 효과 그리고 먹이사슬에서 이중부정의 논리

로버트 페인의 실험은 포식자, 즉 육식동물만을 대상으로 한 것이 아니었다. 그는 전체적으로 해안 군집을 형성하는 법칙을 파악하고 싶었다. 조수 웅덩이와 얕은 물가에서 눈에 띄는 거주자 중에는 켈프<sup>kelp</sup>라는 대형 갈조류가 있다. 그런데 켈프를 비롯한 해조류는 바다 전체에 고르게 분포하는 것이 아니고 무리를 지어 어떤 곳에서는 풍부하고 다양하며 어떤 곳에서는 눈에 보이지도 않았다. 바다에서 가장 널리 번식하는 초식동물은 성게이다. 따라서 페인은 로버트 베이더스<sup>Robert Vadas</sup>와 함께 성게가 해조류의 다양성에 미치는 영향을 연구하기로 했다.

페인과 베이더스는 머코우 만 주변의 한 웅덩이에서 성게를 모두 손으로 직접 제거했다. 또한 벨링햄<sup>Bellingham</sup> 근처의 프라이데이 항구 지역에서는 철망을 설치하여 성게의 유입을 차단했다. 실험 대조군으로 지정한 지역은 원래 상태 그대로 보존했다. 페인과 베이더스는 웅덩이에서 성게가 제거된 효과를 제대로 볼 수 있었다. 성게 금지 지역에서 여러 종의 해조류가 갑자기 증가하기 시작한 것이다. 반면 성게 개체군이 크게 발달한 대조군 지역에서는 해조류가 매우 드물게 자랐다.

페인은 성게가 우세하게 점유한 '황무지'가 타투시 섬 주변에 흔하게 나타난다는 것을 발견했다. 성게 황무지에서 나타나는 현상대로라면 초식동물이 서식 영역의 식생을 다 소비해버리지는 않는다는 HSS 가설의 가장 중요한 주장이 위반된 셈이었다. 그러나 태평양에서 이러한 불모지가 나타나는 원인은 금방 명확해졌다. 놀랍게도 페인이 이곳에 손을 대기 훨씬 이전에 워싱턴 주의 해안에서 제거된 또 다른 핵심종을 찾은 것이다.

해달은 한때 일본 북부에서 알류샨 열도까지 그리고 북아메리카 태평양 연안을 따라 바하칼리포르니아(캘리포니아반도)까지 분포했던 동물이다. 해양 포유류 중 가장 조밀한 털로 이루어진 고급스러운 모피 때문에 18~19세기 초반까지 해달은 집중적인 남획의 대상이었다. 그 결과 15만~30만이었던 개체 수가 1900년대 초반에 이르러 겨우 2,000마리밖에 남지 않았고 워싱턴 주를 비롯한 서식 영역 대부분에서 사라지게 되었다. 해달은 1911년에 국제조약에 따라 보호 대상이 되었다. 덕분에 알류샨 열도에서 해달은 거의 절멸 상태에 있다가 일부 지역에서 다시 높은 밀도를 회복하게 되었다.

1971년에 페인은 이들 지역 중 하나인 암치트카 섬Amchitka Island 으로 초대를 받았다. 알류샨 열도의 서쪽에 자리한 이 나무 없는 섬에서 학생들이 켈프 군집을 연구하고 있었다. 페인은 그들에게 조언을 해주러 암치트카로 날아갔다. 애리조나대학교에서 온 짐 에스티스Jim Estes가 페인에게 연구 계획을 설명해주었다. 에스티스는 해달에 관심이 있었지만 생태학자는 아니었다. 그는 켈프 숲이 해달 개체군을 어떤 식으로 부양하는지 연구하고 싶다고 말했다.

"짐, 질문이 틀렸네"라고 페인이 말했다. "켈프와 해달, 이 두 개로는 부족하네. 세 개의 영양 단계를 살펴봐야 해. 해달이 성게를 먹고 성게가 켈프를 먹는 관계 말일세."

에스티스는 지금까지 해달과 켈프 숲이 모두 발달한 암치트카만 보았다. 그는 재빨리 해달의 존재 여부를 비교할 기회를 찾았다. 에스티스는 동료 학생인 존 팔미사노 John Palmisano 와 함께 셰미아 섬 Shemya Island 으로 갔다. 셰미아 섬은 서쪽으로 320km 정도 떨어진 약 15km²의 바위섬으로 해달이 살고 있지 않았다. 그들은 섬 해변으로 걸어가면서 거대한 성게 무리를 본 순간 처음으로 뭔가 다르다는 느낌을 받았다. 그러나 정말 충격적인 장면은 에스티스가 물속으로 잠수했을 때 나타났다. 바다 밑 바닥에는 성게가 카펫처럼 깔렸고 켈프는 전혀 찾아볼 수 없었다. 그는 두 섬 주변의 생물 군집에서 또 다른 놀라운 차이점을 찾아냈다. 암치트카에는 색색의 줄노래미, 잔점박이물범, 흰머리수리가 흔했지만, 해달이 없는 셰미아 섬에서는 이들을 찾아볼 수 없었다.

에스티스와 팔미사노는 두 군집 사이의 커다란 차이점은 성게의 게걸스러운 포식자인 해달에 의해 만들어졌다고 주장했다. 해달은 성게 개체군을 음성적으로 조절함으로써 해안의 해양생물 군집 구조와 다양성에 열쇠 역할을 맡은 핵심종이었다.

에스티스와 팔미사노의 발견은 해달을 도입함으로써 해안 생태계가 극적으로 재개편될 수 있다는 가능성을 제시했다. 그들의 선구적인 연구에 바로 뒤이어 해달의 영향력을 가늠할 기회가 찾아왔다. 해달이 알래스카 해안을 따라 퍼져 나가면서 다양한 군집이 다시 번성했다. 1975년에 알래스카 동남부의 디어 만$^{Deer\ Harbor}$에는 해달이 없었다. 그러나 1978년 해달이 돌아와 다시 자리를 잡았다. 해달이 돌아오자 이 지역의 성게는 작고 귀해졌다. 바다 밑바닥에는 해달이 먹다 버린 성게의 잔해들이 가득했다. 그리고 켈프가 크고 조밀하게 자라기 시작했다.

해달은 자신이 아니었다면 켈프의 생장을 억제했을 성게를 통제했다. 성게와 켈프의 조절 법칙을 개략적으로 보면 다음과 같다.

해달

⊥

성게

⊥

켈프

다시 한 번 이중부정의 논리가 등장한다. 이 경우에 해달은 성게 개체군을 억제함으로써 켈프의 생장을 '유도'했다. 해달이 초식성 성게를 포식함으로써 켈프를 조절한다는 사실은 HSS 가설을 강하게 지지했고, 페인의 핵심종 개념에 대한 강력한 증거가 되었다.그림 6.3

생태학 관점에서 포식성 해달은 밑에 있는 다수의 영양 단계에 연쇄적인 파급 효과를 일으켰다. 페인은 군집에서 한 종이 제거되거나 재도입되었을 때 영양 단계의 아래쪽으로 영향을 미치는 현상을 기술하기 위해 새로운 용어를 생각해냈다. 그는 그와 다른 사람들이 발견한 이러

**그림 6.3** 해달이 성계와 켈프 숲에 미치는 영향. (위) 해달이 있으면 성게 개체군이 제어되어 켈프 숲이 자랄 수 있다. (아래) 해달이 없으면 성게가 크게 번식하여 켈프가 사라진 황무지를 형성한다.

사진_밥 스티넥Bob Steneck 제공

한 현상을 '영양 단계의 연쇄 효과 trophic cascades' 또는 '영양 종속'이라고 불렀다.

영양 단계의 연쇄 효과는 매우 흥미로운 것이었다. 불가사리나 해달 같은 포식자의 존재 여부로 야기되는 많은 간접적 효과는 이전에는 예상치 못했던(정말 상상도 하지 못했던) 생물 간의 연관성을 드러내 보였다. 켈프 숲의 생장이 해달에 달려 있다는 것을 누가 생각해낼 수 있었겠는가. 이런 예상 밖의 현상을 보고 생물학자들은 자신들이 모르는 사이에 영양 종속이 다른 곳에서도 군집 형성에 작용하고 있으리라는 가능성을 제기했다. 그렇다면 영양 종속은 생태계의 일반적 특성이자 군집 내에서 생물의 수와 종류를 지배하는 조절의 법칙이 될 것이다.

실제로 많은 영양 종속 현상이 모든 종류의 서식처에서 발견되었다. 단지 몇 가지 예를 드는 것으로도 충분할 것이다.

미국 오클라호마 주에 있는 민물 생태계에서 포식자-초식동물-담수 조류로 이어지는 연쇄 효과가 캄포스토마 아노말룸 Campostoma anomalum 이라는 잉어과의 작은 초식성 물고기와 담수 조류의 풍부도를 조절하였다. 메리 파워 Mary Power 와 동료들은 브라이어 크리크 Brier Creek 의 웅덩이에서 배스의 수와 캄포스토마의 수 사이에 역상관관계를 발견했다. 두 물고기는 브라이어 크리크의 14개 웅덩이 중에서 겨우 두 군데에서만 함께 나타났는데, 그것도 큰 홍수가 지나간 뒤에 합쳐진 것이었다. 배스가 있는 웅덩이는 해캄이나 헛뿌리말속의 사상성 조류 filamentous algae 로 푸르렀고, 반면에 배스가 없는 대신 캄포스토마가 서식하는 곳은 황량했다. 이러한 분포는 배스가 해달처럼 초식성 물고기의 생장을 억누르고 그것이 차례로 담수 조류가 번성하는 데 기여했다는 가설을 이끌어냈다.

이 가설을 증명하기 위해서 메리 파워는 사상성 조류가 자라는 초록 웅덩이에서 배스를 제거하고 중간에 울타리를 설치했다. 웅덩이 한쪽에는 캄포스토마를 집어넣고 다른 쪽은 그대로 두어 대조군으로 설정했다. 캄포스토마는 웅덩이가 황폐해질 때까지 닥치는 대로 식물을 먹어치웠다. 파워는 그 웅덩이에 세 마리의 배스를 풀어주었다. 겨우 세 시간 만에 캄포스토마는 배스가 접근할 수 없는 웅덩이 안쪽의 가장 얕은 지역으로 옮겨 갔다. 그리고 몇 주 후 웅덩이는 초록색을 되찾았다. 이러한 결과는 배스-캄포스토마 아노말룸-담수 조류 간의 종속 관계를 입증하였을 뿐 아니라 포식자를 기피하는 현상이 포식 그 자체와 비슷한 효과를 낳을 수 있다는 것을 보여주었다.

배스-캄포스토마 아노말룸-담수 조류, 해달-성게-켈프의 트리오와 유사한 포식자-초식동물-식물의 영양 종속이 육지에서도 발견되었다. 미국 미시간 주의 슈피리어 호$^{Lake Superior}$에 있는 아일 로열$^{Isle Royale}$에서 20세기 상반기에 들어 말코손바닥사슴과 늑대가 다시 번식하기 시작했다. 장기적 연구에 따르면 늑대는 전나무를 먹어치우는 말코손바닥사슴의 밀도를 제어함으로써 전나무 생장에 긍정적 영향을 미쳤다. 그리고 베네수엘라의 라고 구리$^{Lago Guri}$에서는 열대림에 일어난 홍수 때문에 포식자가 사라진 섬들이 생겨나면서 연쇄 효과가 발생했다. 이를테면 잎꾼개미$^{leaf-cutter ant}$를 잡아먹는 포식자인 군대개미와 아르마딜로가 제거되자 잎꾼개미가 폭발적으로 증가하여 나무를 초토화한 것이다. 나무의 생장에 간접적으로 영향을 미침으로써 이러한 포식자들은 다른 종들이 사용하는 서식 환경에도 영향을 미쳤다.

이러한 담수 그리고 육상에서 나타나는 영양 종속의 논리는 다음과 같다.

| 포식자 | 배스 | 늑대 | 군대개미/아르마딜로 |
|---|---|---|---|
| | ⊥ | ⊥ | ⊥ |
| 초식동물 | 캄포스토마 | 말코손바닥사슴 | 잎꾼개미 |
| | ⊥ | ⊥ | ⊥ |
| 생산자 | 조류 | 전나무 | 나무 |

이러한 연쇄 효과를 제시한 것은 서로 다른 영양 단계에 있는 생물체 사이에서 위로부터의 음성 조절이라는 상호작용이 일어난다는 것을 강조하기 위해서이다. 그러나 이것은 두 가지 점에서 지나치게 단순화되었다. 첫째로 대부분의 생물체는 단순히 일렬로 연결된 먹이사슬 위에 있지 않다. 그보다는 (엘턴이 인지했듯이) 여러 구성원 간에 상호 관계로 이루어진 먹이그물의 일부로 존재한다. 둘째, 모든 생태계는 어느 정도까지는 아래에서부터 일어나는 양성 조절의 대상이 된다. 태양 빛이 없이는 식물도 없다. 식물이 없다면 초식동물의 먹이도 없을 것이다. 초식동물이 없으면 육식동물인 포식자를 위한 먹잇감도 없을 것이다. 하지만 HSS와 페인에 의해 탄생한 개념적 진보는 이러한 전통적인 생각을 뒤엎고 포식자가 생산자에게 미치는 강력한 '간접적' 효과를 드러낸 것이다.

영양 종속은 생태계의 역동적인 – 정적이 아닌 – 특성이다. 실제로 영양 종속은 직접적인 인간의 개입이 없어도 교란될 수 있다는 것이 관찰되었다. 1970년대에 알래스카 남동부를 따라 해달 개체군이 10만 마리 정도로 다시 증가했다. 그러나 그 후에 알래스카 반도의 남부에 있는 캐슬 케이프Castle Cape에서 알류샨 열도의 아투Attu 섬에 걸쳐 개체 수가 급격히 감소했다. 감소의 원인을 두고 다양한 가능성이 제기되는 가운데, 짐 에스티스와 동료들은 범고래를 유력한 용의자로 꼽았다. 그들은 근래에 범고래가 자신이 선호하는 먹잇감인 바다사자나 고래가 부족해지자 해달을 잡아먹기 시작했다고 설명했다. 그리하여 범고래는 3단계짜리 연쇄 반응(왼쪽)을 4단계(오른쪽)로 바꾸어놓았고 그 바람에 하위 단계에 있는 개체군의 상황이 역전되어 해안 서식처는 다시 성게로 뒤덮이고 켈프가 사라진 황무지가 되어버린 것이다.

범고래

⊥

해달

⊥

해달 ⇒ 성게

⊥ ⊥

성게 성게

⊥ ⊥

켈프 켈프

## 모든 동물이 다 동등한 것은 아니다

불가사리를 던져버리며 시작된 실험이 자연의 운영 법칙에 대한 두 가지 근본적인 통찰로 이어졌다. 개체군 조절에 관한 두 가지 법칙이자,

우리의 첫 세렝게티 법칙이다.

---

**세렝게티 법칙 1**

**핵심종 : 모든 동물이 다 동등한 것은 아니다.**

어떤 종은 개체 수나 생물량이 불균형한 군집의 안정과 다양성에 막대한 영향을 미친다. 핵심종의 중요성은 먹이사슬에서의 위치가 아니라 그들이 다른 생물에게 미치는 영향력의 수준으로 판단된다.

---

하지만 모든 포식자가 핵심종은 아니며, 반대로 모든 핵심종이 다 포식자는 아니라는 사실을 강조하고 싶다. 또한 모든 생태계가 반드시 핵심종을 필요로 하는 것도 아니다. 우리는 제7장에서 몇 가지 핵심종을 만나게 될 것이다.

---

**세렝게티 법칙 2**

**어떤 종은 영양 종속을 통해 강력한 간접 효과를 매개한다.**

먹이그물의 어떤 구성원은 압도적으로 강한 하향 효과를 나타내는데, 이 효과는 군집 전체로 퍼지며 자기보다 낮은 영양 단계에 있는 종에 간접적으로 영향을 미친다.

---

이러한 영양 종속은 영양 단계 사이에 다수의 강력한 상호 조절 관계가 나타나는 곳이면 어디든 존재한다. 이는 포식자 대 포식자, 포식자

대 초식동물, 초식동물 대 생산자 간에 일어날 수 있다.

하지만 군집에 속한 대다수 종은 이처럼 강한 상호 관계에 연루되지 않는다는 점을 강조하고 싶다. 수년에 걸친 또 다른 대규모 연구 과제에서 로버트 페인은 타투시 섬에서 초식동물과 생산자 사이의 상호 관계의 강도를 측정했다. 그는 대부분 종이 약하게 또는 무시할 수 있는 수준에서 상호작용을 한다는 것을 발견했다. 페인은 자신이 힘겹게 얻은 지식을 조지 오웰의 《동물농장》을 인용하여 이렇게 요약했다. "그러나 어떤 동물은 다른 동물보다 더욱 평등하다."(원래 앞에 "모든 동물은 평등하다"로 시작되는 《동물농장》의 계명이다. 모두가 평등하던 사회에 계급이 생겼음을 상징하는 문장으로 결국 모두가 평등하지는 않다는 뜻임_옮긴이) 그러나 나는 여기에 "어떤 박물학자들은 더욱 평등하다"라고 덧붙이고 싶다.그림 6.4

종양 유전자와 종양 억제유전자의 발견으로 유전자가 세포 수의 조절 과정에서 모두 동등한 위치에 있는 것은 아니라는 사실이 밝혀졌다. 이와 마찬가지로 핵심종과 영양 종속의 발견을 통해 군집을 구성하는 동물이 개체군 조절 과정에서 모두 같은 위치에 있지는 않다는 사실이 증명되었다. 암 연구자들이 종양 유전자와 종양 억제유전자에 집중하여 과제를 단순하게 만든 것처럼, 핵심종과 영양 종속에 초점을 맞춤으로써 생태학자들은 생태계의 구조와 조절을 쉽게 이해할 수 있었다.

이제 새로운 눈으로, 이 책을 시작했던 부분 그리고 우리 선조들이 시작했던 곳으로 되돌아가자. 위대한 대자연 세렝게티로 말이다.

**그림 6.4** 머코우 만에서 불가사리를 잡고 있는 로버트 페인.　　　사진_케빈 셰이퍼/앨러미Alamy 제공

# 제7장

# 세렝게티 논리

아프리카는 다양하고 풍부한 대형 포유류로 인해 지구 위에서 가장 신비로운 곳이 되었다.
··· 사람들은 거대한 생명체가 이렇게 지천으로 돌아다니는 것을 보고 경탄을 금치 못했다.
··· 그런데 어찌해서 이렇게 된 건가?

_줄리언 헉슬리

탄자니아의 사오힐Sao Hill에 자리한 서던하이랜즈Southern Highlands 기숙학교 외부의 베란다는 동물 방문객들에게 매우 인기가 있다. 밤이면 불빛에 이끌린 커다란 쇠똥구리가 나타났다. 여덟 살의 토니 싱클레어Tony Sinclair(1944~ )는 기숙사에서 몰래 나와 쇠똥구리를 채집해 애완용으로 길렀다. 여느 날처럼 밤에 나와 곤충을 쫓아가던 꼬마는 자기처럼 밤 사냥을 나온 표범과 정면으로 마주쳤다. 두 사냥꾼은 아주 천천히 서로에게서 뒷걸음질을 쳤다.

기억하는 한 싱클레어는 언제나 동물에 빠져 있었다. 어떤 동물인지는 상관없었다. 딱정벌레, 새, 카멜레온, 그저 움직이기만 하면 되었다. 싱클레어는 잠비아(이전의 북로디지아)에서 태어나 다르에스살람(탄자니아의 도시, 이전 탕가니카Tanganyika의 수도)에서 자랐지만, 처음으로 야생에서 대형 아프리카 포유류를 눈앞에 마주한 것은 그가 열한 살 때 잠시 케냐에 머물면서였다. 1955년에는 아프리카에서 동물 보호구역이 생소한 개념이었다. 싱클레어는 나이로비 바깥의 보호구역에서 거대한 야수를 보고 경이로움을 느꼈다.

영국에서 기숙학교를 마친 후 싱클레어는 생물학을 공부하기 위해 옥스퍼드에 입학했다. 입학 둘째 날, 그는 세렝게티에 학생을 파견한 동물학과 교수가 있다는 소문을 들었다. 싱클레어는 세렝게티에 가본 적이 없었다. 그는 꼭 아프리카로 되돌아가고 싶었다. 그래서 아서 케인Arthur Cain(1921~1999) 교수를 찾아갔다. 케인 교수는 그의 요청을 듣고 당황해하며 "아, 알았네. 내년에 나랑 같이 가도록 하지"라며 얼버무렸다. 하지만 싱클레어는 두어 달마다 한 번씩 찾아가서는 세렝게티로 보내 달라고 졸랐다. 그와 동시에 옥스퍼드에서 다른 기회도 찾아냈다. 싱클레어는 찰스 엘턴의 아들인 로버트 엘턴Robert Elton과 친분을 쌓으며 엘턴의 집에서 그 유명한 생태학자와 함께 점심을 즐기곤 했다.

다음 해인 1965년 6월 30일 마침내 싱클레어는 케인을 따라 케냐를 통해 마라 강Mara River을 건너 처음으로 세렝게티에 입성했다. 케인은 공원을 통과해 이주하는 유럽과 아시아의 새를 연구하기 위해 세렝게티를 찾았다. 싱클레어는 그의 보조 연구원이었다. 처음 3일 동안 케인과 싱클레어는 2만 1,000km$^2$나 되는 세렝게티 전역을 달리며 평원을 가로지르고 사바나와 숲을 훑어보았다. 반짝이는 호숫가에는 가젤, 얼룩말, 검은꼬리누, 사자, 분홍색 홍학류가 모여들어 커다랗게 무리를 짓고 있었다. 다양하고 아름다운 풍경, 각양각색의 동식물을 보며 싱클레어는 세렝게티가 지구 위에서 가장 이색적인 곳이라고 생각했다. 이 놀라운

**그림 7.1** 이동 중인 검은꼬리누. 세렝게티 국립공원.　　　　　　사진_토니 싱클레어

세계에 발을 디딘 지 3일 만에 싱클레어는 평생을 이곳에 머물며 '세렝게티가 어떻게 지금의 모습을 갖추게 되었는지' 연구하기로 마음먹었다.

　세렝게티는 처음 이곳과 마주한 많은 사람들에게 주술을 걸어 왔다. 미국인 사냥꾼 스튜어트 에드워드 화이트^Stewart Edward White (1873~1946)는 백인 탐험가로서는 처음으로 이 오지의 야생 세계에 발을 디뎠다. 1913년 8월 세렝게티 북부로 들어온 그는 자신의 발견을 이렇게 묘사했다.

　　나는 나침반을 따라 볼로곤자^Bologonja라는 강을 향해 본격적인 여
　　행을 시작했다. … 사슴영양과 일런드영양 몇 마리가 돌아다니는

불타버린 사막을 수 킬로미터 지나갔다. 마침내 내가 찾던 강 언저리에서 초록색 나무들을 보았다. 그리고 한 3km쯤 더 걸었을까. 나는 천국을 발견했다.

제대로 표현할 수 있을지 모르겠다. 공원 안의 나무 아래로 에메랄드 초록빛 언덕이 강에서부터 부드럽게 낮은 경사를 이루며 굽이쳤다. 시선이 닿을 수 있는 끝까지 지평선이 펼쳐졌다. 탁 트인 작은 숲에 홀로 서 있는 나무들이 눈에 밟혔다. 풀은 가장 풀빛다운 색채를 띠고 있었다.

나는 그 어디에서도 이렇게 많은 사냥감을 본 적이 없었다. 언덕을 메우고 틈이 있는 곳은 어디나 서 있었으며 수풀 사이를 이리저리 돌아다니며 풀을 뜯어 먹었다. 홀로 다니기도 하고 무리 지어 움직이기도 했다. 어딜 보아도 눈에 들어왔다. 여기든 저기든 똑같이 많았다. 얼마나 멀리 가든 언덕을 몇 개나 넘든 어디서 내려다보든지 상관없었다. 어딜 가도 똑같았다. … 하루는 4,628마리까지 세었다. … 나는 마치 에덴동산의 주인이 된 것처럼 이 길들지 않은 야수의 무리 사이를 거닐었다.

생명이 넘치는 야생 세계를 발견한 감동은 잠시뿐, 화이트의 머릿속은 곧바로 착취와 개발의 야욕으로 가득 찼다. 이것이 당시에 식민지 아프리카를 대하는 백인들의 보편적 사고방식이었다.

갑자기 나는 이 아름다운 사냥감 천국에서 아직 그 누구도 총을 발사한 적이 없다는 것을 깨달았다. 이곳이야말로 아무도 손대지 않

은 숫처녀 같은 곳이며 앞으로 세계에서 그 누구도 이런 곳을 찾지
는 못할 것이다. 아프리카에서 탐험하지 않은 이 같은 사냥터가 더
남아 있을 가능성은 없다.

　제1차 세계대전 이후 탕가니카 영토는 영국의 손에 넘어갔다. 1929년
영국 정부는 찰스 엘턴의 가정교사였던 줄리언 헉슬리를 동아프리카로
파견해 이 지역에 대한 정책과 우선 과제에 대한 조언을 청했다. 약 4개
월에 걸쳐 우간다와 케냐, 탕가니카를 돌아본 생물학자들은 아프리카의
야생동물 세계는 스포츠맨을 위한 사냥터로 전락하기엔 아까운 가치
를 지녔다고 평가했다. 헉슬리는 448쪽짜리 《아프리카 전망Africa View》이
라는 책에서 세렝게티를 비롯한 광활한 아프리카의 대지는 국립공원과
수렵 금지 구역으로 지정되어 보존해야 한다고 권고했다.

　동아프리카에 서식하는 대형 동물들은 이 지역만의 고유한 재산이
　다. 만약 이 지역이 파괴된다면 다시 회복하지 못할 것이다. 인류는
　빵만으로는 살 수 없다. 동아프리카의 황야에서 남자와 여자들이
　세대를 거듭하며 생기를 북돋우고 영감을 키우게 될 것이다.

　줄리언 헉슬리의 학창 시절 동기 중에 사파리 가이드이자 사냥꾼인
데니스 핀치-해튼Denys Finch-Hatton이라는 친구가 있었다. 그는 카렌 블릭
센Karen Blixen(1885~1962)의 회고록이자 영화로도 만들어진 《아웃 오브
아프리카》 속의 남자 주인공인 블릭센의 연인으로 유명하다. 핀치 해튼
의 고객 중에는 미래의 에드워드 8세도 있었다. 핀치-해튼은 세상의 이

목을 원치 않는 매우 조용한 사람이었지만 관광객과 사냥꾼들이 세렝게티에서 벌이는 무분별한 살생을 끔찍하게 여겼다. 그래서 런던의《타임스Times》에 투서를 보내 아프리카에서 일어나는 "도살 파티"를 저주하고 "너무 늦기 전에" 세렝게티를 보호할 것을 강력히 촉구했다. 의회는 이 사안을 상정했다. 핀치-해튼의 노력에 힘입어 세렝게티는 1930년에 보호구역으로 지정되었고, 1937년에 구역 일부가 수렵 금지 구역으로 선포되었다. 1951년에 세렝게티 국립공원이 설립되었고, 1981년에는 유네스코가 세계자연유산으로 지정하였다. 유네스코세계유산은 자연 또는 문화적으로 고유하고 보편적 가치가 있는 지역에 대해 특별한 보호의 필요성을 인정받은 곳을 말한다.

정말이지 세렝게티는 생물학적으로 매우 특별한 장소이다. 넓이가 2만 6,000km²에 달하는 이 거대한 생태계는 사방이 천연의 울타리로 둘러싸여 있다. 세계에서 대형 포유류들이 가장 밀집한 이곳은 다른 대륙에서는 사라지거나 절멸한 거대 동물들이 마지막으로 명맥을 유지하는 터전이며, 육상에서 대규모 동물 이주가 일어나는 몇 안 되는 지역 중 하나이다. 이 땅이 품고 있는 수많은 포유류 중에 특히 우리의 관심을 끄는 중요한 종이 있는데 바로 인류이다. 생물학자 로빈 레이드Robin Reid가 말한 것처럼, 이곳은 "인류가 탄생한 사바나"다. 왜냐하면 여기에서 300만 년 전에 우리 조상들이 터를 잡고 살았기 때문이다. 하마, 기린, 코끼리, 코뿔소 모두 그 옛날 우리 선조가 보았던 것과 똑같은 동물의 후손이다.

국립공원으로 지정되자 관광객들과 함께 생물학자들도 이곳을 찾았다. 그들의 궁금증은 당연한 것이었다. 이 드넓은 세렝게티에는 도대체 얼마나 많은 생물이 사는 걸까? 1957년 탕가니카 국립공원 소장의 초빙으로 프랑크푸르트 동물원 원장인 베르나르트 그르치메크[Bernard Grzimek]와 그의 아들 미하엘[Michael]이 방문해 세렝게티 야생동물에 대한 개체군 상세 조사를 처음으로 실시했다. 1958년 1월 총 2주 동안 그들은 얼룩말 무늬가 그려진 도르니에르[Dornier] 27을 타고 광활한 평원의 45~90m 상공 위를 아주 천천히 날면서 눈에 보이는 모든 네발짐승의 수를 세었다. 게르만 민족 특유의 정확함으로, 그들은 검은꼬리누 9만 9,481마리, 얼룩말 5만 7,199마리, 톰슨가젤과 그랜트가젤 19만 4,654마리, 토피영양 5,172마리, 임팔라 1,717마리, 아프리카물소 1,813마리, 기린 837마리, 코끼리 60마리를 찾았다. 모두 합쳐 공원 내부에서만 36만 6,980마리의 대형 포유류가 집계되었고, 여기에 그들이 놓쳤을지도 모르는 만 마리를 추가했다. 그들은 공원 경계 밖에서도 수천 마리가 돌아다니고 있다고 언급했다.

이 숫자는 그르치메크에게는 상상도 하지 못할 큰 수였다. "과연 세렝게티의 들판과 산, 강과 계곡 그리고 숲이 이 거대한 무리를 먹여 살리기에 충분한가?" 그들은 염려했다. 이는 그르치메크 이후 세렝게티의 후임 과학자들이 언제나 묻고 조바심 내는 부분이 되었다.

아이러니하게도 화이트, 핀치-해튼, 헉슬리, 그르치메크 그리고 싱클레어를 이토록 매료시킨 세렝게티의 야생동물 수는 이곳이 완전한 전성기였을 때에 비하면 겨우 일부에 불과했다. 싱클레어가 세렝게티에 도착했을 무렵 대형 포유류 군집에서 커다란 변화가 감지되기 시작했다. 1965년 조사 때 아프리카물소의 수는 3만 7,000마리로 집계되었지만 4년 전만 해도 겨우 1만 6,000마리였다. 세렝게티에서 일하는 과학자들은 싱클레어에게 박사 학위 논문 주제로 아프리카물소 개체군이 급격히 증가한 현상에 대해 다뤄보면 어떻겠느냐고 제안했다. 물론 그들은 "새를 전공한 사람이 어디 물소를 할 수 있겠어?"라며 놀려댔다.

"당연히 할 수 있습니다." 싱클레어는 그들을 안심시켰다. 싱클레어는 어느 특정 동물 분류군에 얽매여 있지 않았다. 모든 동물이 그에게는 관심의 대상이었다. 결국 싱클레어가 알고 싶은 것은 세렝게티의 현재를 만든 힘 그리고 미래의 변화를 이끄는 힘이었다. 그는 새에서 물소로 연구 대상을 바꾸었고, 이 과정은 그에게 중요한 단서를 알려주었다. 바로 물소뿐 아니라 모든 종류의 초식동물, 육식동물 그리고 심지어 나무까지도 조절하는 세렝게티의 법칙을 말이다.

## 아프리카물소가 늘어나는 이유는?

마릿수. 1966년 10월 싱클레어가 본격적으로 조사를 시작할 당시에는 세렝게티 야생동물의 생태에 관해 알려진 바가 거의 없었기 때문에 그는 먼저 동물의 수를 파악하는 데 집중했다. 같은 해에 조지 샐러<sup>George</sup> <sup>Schaller</sup>가 세렝게티의 사자에 관한 초기 연구를 시작하였다. 동물의 수는 커다란 불가사의였다. 주어진 시간과 장소에서 동물이 특정한 수로 존재하는 이유는 무엇일까? 동물 간에 수의 차이는 어떻게 설명할 수 있을까? 예를 들면 가까운 친척인데도 왜 검은꼬리누의 수는 그렇게 많고 사슴영양의 수는 얼마 안 될까?

하지만 이렇게 광범한 문제와 씨름하기 전에 싱클레어는 우선 아프리카물소의 개체 수 변화가 실재하는 현상인지 알아야 했다. 집계 과정에서 나타난 오류 때문인지 아니면 단기적 변동에 불과한지 확인할 필요가 있었다. 또한 물소가 어떻게 살고 죽는지도 배워야 했다.

1966년에 싱클레어는 아프리카물소 개체 수 조사에 참여했고 1967년부터는 직접 조사를 주관했다. 물소의 수를 세기 위해서는 먼저 그들을 찾아야 했다. 종들은 각기 선호하는 서식처가 다른데 대부분 식생(한 장소에 모여 사는 식물의 집단_옮긴이)에 따라 움직인다. 식생은 풀이나 나뭇잎을 뜯어 먹는 초식동물, 더 나아가 포식자의 먹이를 결정하기 때문에 동물이 서식처를 정하는 데 가장 중요한 요인이 된다. 세렝게티에서 대부분 동물이 살고 있는 서식처는 세 군데로 나뉘었다. 첫째는 초원으로 나무가 거의 자라지 않아 탁 트여 있고 풀로 뒤덮인 광활한 평원을 말한다. 둘째는 사바나로 나무가 분포하지만 조밀하지 않아 그 아래로 풀이 충분히 자랄 수 있는 초원 지대를 말한다. 셋째는 임야woodland인데 사바나의 일부로 나무가 좀 더 밀집해 자라는 지역을 말한다. 아프리카물소는 탁 트인 임야 지역을 선호하지만 나무가 전혀 없는 초원은 꺼리는 경향이 있다.

아프리카물소의 수를 세기 위해 싱클레어와 팀원들은 3~4일에 걸쳐 1만 km² 넓이의 숲을 바둑판 형태로 낮게 그리며 비행했다. 조사는 주로 동물들이 개방된 공간으로 나와 풀을 뜯는 아침 시간을 이용했다. 그들은 비행을 하며 동물 무리의 사진을 찍고 사진에서 중첩되는 부분을 단서로 촬영한 장소를 세렝게티 지도 상에 표시했다. 싱클레어는 1972년까지 거의 매년 이 조사를 반복했다. 확실히 아프리카물소 개체군은 증가하고 있었다. 사실 1969년 즈음부터는 물소의 개체 수가 너무 커져서(거의 5만 4,000마리에 달함) 일일이 센다는 것 자체가 거의 불가능한 지경에 이르렀다. 그때부터 싱클레어는 세렝게티 북부 지역의 임야지대를 표본으로 삼아 개체 조사를 한 뒤 비율에 따라 전체 수를 추정하는 방식으로 집계 방식을 바꾸었다. 1972년의 추정치는 5만 8,000마리였다.

개체 수는 1961년에서 1965년 사이에 가장 급격히 증가했고 상승 추세는 이후 7년간 지속되었다. 개체군 증가 추세가 사실임을 확인했으므로 싱클레어는 다음 문제로 넘어갔다. 아프리카물소가 늘어난 이유는 무엇일까? 개체군 증가는 일반적으로 출산율의 증가 아니면 사망률의 감소, 또는 이 둘의 조합으로 설명할 수 있다. 싱클레어는 먼저 암컷 아프리카물소의 출산율을 조사했다. 그러나 조사 결과, 개체군 증가 기간에 아프리카물소의 출산율은 안정적으로 유지된 것으로 드러났다.

다음으로 그는 아프리카물소 개체군에서 사망률을 조사했다. 세렝게티에서는 매해 수천 마리의 아프리카물소가 죽는다. 싱클레어는 이빨을 가지고 물소의 나이를 측정하는 방법을 배웠다. 어린 동물들의 이빨은 연령에 따라 차례로 나는데, 늙은 개체의 이빨은 뿌리에 나이테처럼 연령을 알 수 있는 가로 줄무늬가 나타난다. 또한 싱클레어는 세렝게티에서 죽은 물소 약 600마리의 두개골을 분석했다. 이빨과 두개골을 분석한 결과, 일반적으로 태어난 첫해 그리고 14세 이후에 물소의 사망률이 가장 높다는 사실을 알게 되었다. 싱클레어는 1958년까지의 기록을 대조하여 1959~1964년에 어린 아프리카물소의 사망률이 1965~1972년에 비해 훨씬 더 높았다는 사실을 밝혀냈다.

여기에 수수께끼가 있다. 왜 1964년 이전에는 어린 아프리카물소들이 더 많이 죽었을까? 그리고 왜 그 이후에 사망률이 감소한 걸까?

아프리카물소가 죽는 과정은 포식, 질병, 먹이 부족의 세 가지로 설명된다. 현장 관찰에 따르면 사자나 하이에나에 의한 포식은 아프리카물소 사망률에 큰 영향을 끼치지 않았다. 영양실조 역시 1964년 이전의 높은 사망률을 설명할 수는 없었다. 세렝게티는 1964년 이후 더 많은 개체를 먹여 살린 것이 분명했기 때문이다. 그렇다면 질병이 남았다. 아프리카물소는 다른 동물들처럼 전염성 질병의 공격을 받기 쉽다. 여기에 싱클레어의 눈에 띈 한 가지 사실이 있었다.

우역牛疫은 소를 비롯한 발굽이 갈라진 동물에게 전염되는 치명적인 질병으로, 인간으로 치면 홍역 바이러스와 가까운 우역 바이러스에 의해 발병한다. 우역은 아시아와 인도에서 몇 백 년간 발생했으며 동아프리카에는 1889년에 이탈리아가 에티오피아를 침공하면서 처음 전파되었다. 병사들이 인도나 아라비아에서 감염된 가축을 데려와 바이러스를 퍼뜨렸고, 이후 마사이 부족의 가축을 통해 세렝게티까지 퍼지게 되었다. 우역 바이러스는 세렝게티의 야생 반추동물(소, 기린, 양, 사슴처럼 되새김질하는 동물_옮긴이)들을 몰살시켰다. 1891년 8월 독일인 오스카 바우만Oscar Baumann은 세렝게티를 통과하며 거의 95%에 이르는 가축과 아프리카물소, 검은꼬리누가 폐사했다고 추정했다. 이후로도 우역은 세렝게티에서 주기적으로 발병하여 이후 70년간 기록되었다. 제1차 세계대전 기간, 1929~1931년, 1933년, 1945년, 1957년 그리고 1960년 10월에 크게 발생했고 1961년부터는 매해 발생했다.

싱클레어는 궁금했다. 우역이 1964년 이전에 아프리카물소 개체군의 성장을 억제한 것일까? 그리고 우역 바이러스가 사라지면서 물소 개체군이 빠르게 증가한 것일까? 이를 밝히기 위해 싱클레어는 다양한 연령의 아프리카물소에서 우역 바이러스 감염의 흔적을 조사했다. 바이러스에 노출된 동물의 혈청에는 바이러스에 대항하는 항체가 생성된다. 이러한 항체는 실험실에서 쉽게 확인할 수 있다. 만약 싱클레어의 가정이 맞는다면 나이 든 개체는 항체를 보유하지만 어린 개체에서는 항체가 검출되지 않아야 한다.

싱클레어의 지인 중에 월터 플로라이트Walter Plowright라는 바이러스 학자가 있었다. 그는 우역 바이러스에 대한 새로운 백신을 개발하여 여러 해 동안 동아프리카에서 우역 감염을 모니터링해오고 있었다. 싱클레어는 플로라이트에게 1960년대 후반에 채취한 아프리카물소의 혈청 샘플을 주고 테스트를 의뢰했다. 그는 플로라이트를 만나러 나이로비 외곽의 무구가Muguga에 위치한 동아프리카수의학연구소East African Veterinary Research Organization를 방문했다. 마침 그곳에는 그가 혈청을 채취한 동물들의 두개골이 보관되어 있었다. 운 좋게도 싱클레어는 해당 아프리카물소의 활동 시기를 계산하여 그의 우역 바이러스 가설을 테스트할 수 있었다.

항체 검사 결과 1963년 또는 그 이전에 태어난 대부분의 물소는 우역 바이러스 항체를 보유하고 있었지만, 1964년 이후 태어난 물소들은 바이러스에 노출되지 않았다는 것이 밝혀졌다. 완벽한 결과였다. 싱클레어가 처음으로 유레카를 외친 순간이었다.

우역 발병의 여부와 아프리카물소 개체군 증감 사이의 상관관계는 곧바로 또 다른 가능성을 제기했다. 같은 가설을 검은꼬리누 개체군에도 적용할 수 있다는 점이다. 검은꼬리누 개체군 역시 1961년 이후로

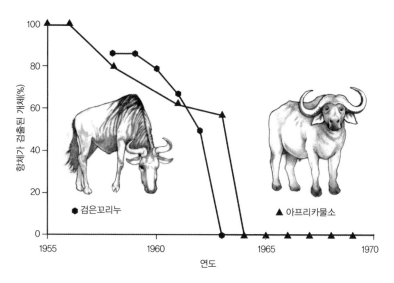

**그림 7.2** 세렝게티 검은꼬리누와 아프리카물소에서 우역 바이러스의 박멸. 체내에서 검출된 바이러스의 항체가 검은꼬리누에서는 1963년, 아프리카물소에서는 1964년에 사라졌다. 이는 세렝게티 국립공원 안에서 우역이 완전히 박멸되었음을 의미한다.

그림_싱클레어(1979)의 자료를 바탕으로 리앤 올즈가 재구성

세 배 이상 증가했다. 싱클레어는 검은꼬리누에 대해서도 항체 데이터를 조사했다. 물소의 경우와 마찬가지로 1963년 이후로 항체 검출률이 현저히 떨어지며 바이러스에 노출된 증거를 찾을 수 없었다.그림 7.2 게다가 싱클레어는 바이러스의 영향은 종 특이적이라는 사실을 알게 되었다. 즉 반추동물이 아니라서 우역 바이러스에 감염될 가능성이 없는 얼룩말의 경우 우역 바이러스의 발병과 상관없이 개체군 크기가 안정하게 유지되었다.

아프리카물소와 검은꼬리누에서 우역 바이러스가 퇴치되었음을 보여주는 이러한 증거는 동아프리카에서 새롭게 발발한 우역 바이러스

감염의 원천에 대한 그간의 지배적인 견해를 부정했다. 이때까지 야생동물이 우역 발생의 근원이라고 여겨졌다. 하지만 동아프리카에서 진행 중인 백신 프로그램은 대상이 가축화된 소로 한정되었음에도 불구하고 야생동물에서 바이러스가 제거되는 효과까지 낳았다. 다시 말해 우역 발생의 진원지가 야생동물이 아닌 가축화된 소라는 것을 증명한 셈이다.

토니 싱클레어는 반추동물인 아프리카물소와 검은꼬리누가 빠르게 증가하는 수수께끼를 풀었다. 우역 바이러스는 이 군집에서 현미경적 핵심종으로 작용하고 있었다. 바이러스의 존재는 반추동물을 음성적으로 조절했다. 따라서 바이러스의 억제는 역으로 반추동물이 증가하는 결과를 낳은 것이다.


가축화된 소

우역 바이러스　　　　(예방접종)　　　우역 바이러스

⊥　　　⊥　　　→　　　⊥　　　⊥

아프리카물소　검은꼬리누　　　　아프리카물소　검은꼬리누


우역 바이러스가 군집에 막대한 영향력을 행사했다는 사실은 군집 내에서 포식자뿐만 아니라 병원균 역시 핵심종으로 작용하여 군집에 불균형한 영향을 미칠 수 있음을 보여주었다. 그리고 포식자의 경우처럼 병원균의 도입 또는 제거가 생태계 안에서 영양 단계의 연쇄적 효과를 초래할 수 있다는 사실도 증명하였다. 우역 바이러스는 무려 70년 동안이나 세렝게티를 억눌러왔다. 이어서 싱클레어가 발견한 것처럼 우역 바이러스의 퇴치로 인한 반추동물의 급증은 세렝게티 내에서 전혀 다른 일련의 변화를 촉발했다.


## 13만 톤의 검은꼬리누

비뚤어진 방식이긴 했지만 우역 바이러스는 생태학자들에게는 선물과도 같았다. 불가사리의 제거나 해달의 재도입처럼 우역 바이러스의 창궐과 소멸은 토니 싱클레어와 다른 과학자들로 하여금 세렝게티의 군집 내 역학 관계를 파악하게 해준-비록 우연에 의한 것이었을지라도-사건이었다. 1973년에 검은꼬리누 개체군은 77만 마리라는 엄청난 수에 도달했다. 그러나 아프리카물소와 달리 검은꼬리누의 개체군은 안정될 기미가 보이지 않았다. 검은꼬리누는 세렝게티에서 자라는 풀을 모조리 먹어치웠고, 그들 자신은 육식동물의 식단에 주식이 되었다. 싱클레어가 세렝게티를 제대로 이해하고 싶다면 검은꼬리누에 집중해야 한다는 사실이 분명해졌다.

그러나 1970년대에 들어서면서 세렝게티에서 일하는 것이 어려워졌다. 반추동물 때문이 아니라 바로 호모 사피엔스 때문이었다. 1960년대 말에 탄자니아는 농업을 집단화하고 은행을 비롯한 기업의 국유화를 추진하여 사유재산을 금지함으로써 극단적 형태의 사회주의 노선을 채택했다. 자본주의 노선을 택한 케냐와의 긴장이 몇 년간 지속된 끝에 1977년 2월 탄자니아는 돌연 국경을 폐쇄했다. 국경의 긴장이 고조되고 여행이 제한되어 세렝게티 관광객이 80%나 감소했다. 세렝게티 생태계의 마라<sup>Mara</sup> 구역은 행정적으로 케냐에 속했기 때문에 과학자들은 국경을 넘나들며 동물 개체군을 조사하는 것이 과연 가능할지 알 수 없었다.

1977년까지 4년 동안 검은꼬리누 개체 수 조사는 이루어지지 못했다. 싱클레어의 동료 마이크 노턴-그리피스<sup>Mike Norton-Griffiths</sup>는 비행사였다. 노턴-그리피스와 싱클레어는 검은꼬리누 개체 수를 모두 파악하려는 목표를 세웠다. 5월 22일 모든 것이 완벽했던 그날 그들은 세렝게티 연구소 근처의 간이 활주로에서 이륙했다. 그리고 세렝게티를 가로질러 북쪽에서부터 남쪽으로 저공비행하면서 사진을 찍었다. 그들은 거대한 검은꼬리누 무리와 함께 한 떼의 트럭들이 줄지어 케냐 국경을 향해 북쪽으로 이동하는 것을 목격했다.

이들이 다시 활주로에 착륙했을 때, 총을 뽑아 든 탄자니아 병사들이 다가왔다. 한 장교가 싱클레어와 노턴-그리피스에게 군 운송 차량 위를 비행한 목적이 무엇인지 물었다. 그들은 태연하게 검은꼬리누 무리의 수를 세고 있었다고 대답했다. 장교는 의심스러운 눈초리로 어떻게 그런 높이에서 동물을 셀 수 있는지 되물었다. 싱클레어는 먼저 항공사진을 찍고 나중에 수를 센다고 답했다. 하지만 일은 잘 풀리지 않았다. 특히 노턴-그리피스가 케냐에서부터 날아왔다는 사실이 알려지면서 일은 더욱 꼬였다.

"귀하는 케냐에서 왔고, 우리 군을 촬영했다. 귀하를 케냐 스파이로 체포하겠다"라고 탄자니아 장교가 말했다. 비행기는 압류당했지만 싱클레어는 겨우 카메라에서 필름을 몰래 빼내 올 수 있었다.

두 과학자는 군대의 감시하에 집 안에 구금되었다. 사흘 간의 억류 끝에 포로들은 살길을 찾았다. 그들은 경비가 교대하는 시간이면 감시가 허술해진다는 사실을 눈치챘다. 싱클레어와 노턴-그리피스는 경비가 자리를 비운 시간을 틈타 재빨리 비행기로 뛰어 들어가 이륙했다. 하지만 케냐까지 되돌아가기엔 연료가 부족했다. 그들은 올두바이 협곡에 있는 메리 리키의 캠프로 우회하기로 했다. 그곳의 고생물학자들이 여분의 연료를 가지고 있기를 바라면서 말이다.

마침 메리 리키는 연료를 충분히 비축해두고 있었다. 리키는 싱클레어와 노턴-그리피스에게 연료뿐 아니라 엄청난 이야기도 함께 들려주었다. 일 년 전 리키 팀은 라에톨리 지역에서 우연히 오래된 화산재 퇴적물 속에 보존된 동물의 흔적을 발견했다. 여러 흔적 중에서 그들은 어딘가 익숙해 보이는 놀라운 발자국을 찾아냈다. 리키는 적어도 두 사람으로 보이는 발자국이 약 30m 정도 걸어간 흔적을 보여주었다. 이는 처음으로 드러난 360만 년 전에 살았던 인류 조상의 발자취였다. 싱클레어와 노턴-그리피스는 입을 다물지 못했다. 원시시대 발자국의 발견으로 초기 인류가 두 발로 걸었다는 사실에 대한 모든 의심이 한 번에 사라졌다.

몇 주 후에 싱클레어와 노턴-그리피스는 개체군 조사에서 촬영한 필름을 보고 깜짝 놀랐다. 검은꼬리누 개체군이 무려 140만 마리로 추정된 것이다. 이는 4년 전 수치의 거의 두 배이고, 1961년에 비하면 다섯 배 이상 많은 수였다. 이는 발굽을 가진 유제류有蹄類 중에서는 세계에서 가장 큰 무리였다. 다른 과학자들 역시 이 기간에 세렝게티에서 일어난 전반적 변화를 느낄 수 있었다. 예를 들어 사자와 하이에나의 수가 증가했다. 그도 그럴 것이 먹잇감이 흔해졌기 때문이다. 새로 늘어난 100만 마리의 검은꼬리누는 지구에 13만 톤의 생물량을 추가했다. 이는 엄청난 수의 육식동물의 배를 채울 수 있는 양이었다. 한편 이해하기 어려운 변화도 있었는데, 개별적으로 따져보면 원인이 그다지 명확하지 않은 것들이었다. 이를테면 기린의 수가 증가한 것이다. 검은꼬리누의 증가와 기린의 증가 사이에 연관성이 있을까?

실제로 관련이 있었다. 퍼즐의 조각은 마이크 노턴-그리피스의 연구에서 발견되었다. 세렝게티에서 건기에 일어나는 화재의 빈도와 강도가 1963년 이후로 급격히 감소했다는 결과였다. 화재는 묘목의 생장을 방해한다. 따라서 화재 발생이 줄어들면 어린나무들이 무럭무럭 자라게 되고 기린에게 더 많은 먹이를 선사하게 되는 것이다.

그렇다면 왜 화재가 감소했을까? 노턴-그리피스와 싱클레어는 그들의 개체군 조사 데이터에서 해답을 찾았다. 세렝게티에서 검은꼬리누와 아프리카물소 개체군이 급증하는 바람에 초원의 풀이 남아나질 않았다. 바로 이 때문에 화재가 줄어든 것이다. 태울 연료가 없었던 것이다.(같은 초식동물이지만 검은꼬리누와 아프리카물소는 땅바닥에 자라는 풀을 먹고 기린은 나무에 달린 잎사귀를 먹음_옮긴이) 세렝게티에서 일어나는 모든 변화는 서로 연결되어 있었다. 그리고 이 변화는 모두 하나의 사건으로 인해 시작되었다. 우역 바이러스가 사라진 사건 말이다. 이것이 영양 종속의 고삐를 풀어 초식동물, 육식동물 그리고 수목 개체군에 연쇄적으로 영향을 미쳤다.

잠시 시간을 내어 그림 7.3을 따라가면서 영양 종속의 논리를 음미해보라. 나는 이러한 장기 연구를 통해 드러나는 가장 중요한 사실을 지적하고 싶다. 텔레비전에서 언제나 그려지는 모습과는 반대로, 세렝게

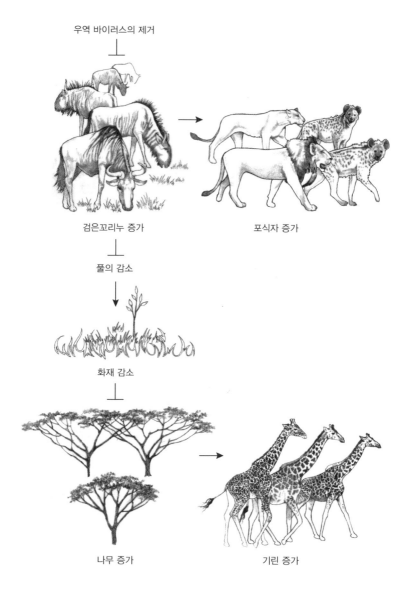

우역 바이러스의 제거

검은꼬리누 증가          포식자 증가

풀의 감소

화재 감소

나무 증가          기린 증가

**그림 7.3** 세렝게티에서 벌어지는 진정한 드라마. 우역 바이러스의 제거로 검은꼬리누 개체군이 급증하면서 풀의 소비량이 늘어나고 영양 종속의 족쇄를 풀어 포식자, 나무, 기린, 그 밖의 다른 종들을 증가시켰다.

그림_리앤 올즈

티의 진짜 드라마는 가젤을 쫓아가는 치타나 사자의 추격 장면에 있지 않다. 검은꼬리누가 한가롭게 풀을 뜯어 먹는 장면이야말로 아프리카의 진정한 드라마다. 이러한 일상적이고 평범한 활동이 100만 마리의 개체에 의해 증폭될 때 사바나에서는 더 많은 포식자, 더 많은 나무, 더 많은 기린 그리고 다른 종들로 이어지는 상호작용의 극적인 연쇄 반응이 일어나는 것이다.

검은꼬리누의 붐으로 야기된 모든 변화 중에서도 수목의 생장이 싱클레어를 가장 크게 놀라게 했다. 해달과 켈프의 관계처럼 우역 바이러스와 나무의 관계는 여러 차례의 음성적 조절 단계를 거친다. 이 경우에는 이전에는 명확하지 않았던 삼중부정의 논리가 적용되었다. 실제로 몇 십 년 동안 연구자들과 환경보호론자들은 세렝게티에서 성숙목(다 자란 나무)이 사라진 것에 조바심을 내며 코끼리를 탓해왔다. 어린나무가 다시 자라고 있다는 사실은 대체로 간과되었다.

그러나 싱클레어는 '적당히' 상관관계를 나타낸다는 표현 정도로는 만족하지 않았다. 수목 개체군이 실제로 사바나에서 확장하고 있는지 확인하기 위해 싱클레어는 몇몇 지점을 설정해 수목 개체군의 변화를 기록할 수 있는 카메라를 설치했다. 싱클레어는 나에게 세렝게티 전역에서 여러 종의 나무들이 '폭발'적으로 증가했다는 것을 확인하기까지 "겨우 십 년밖에 안 걸렸다"라고 말했다. 그림 7.4

나무가 없는 평원에서 검은꼬리누는 화재를 예방하는 차원 외에도 식물에 다른 큰 영향을 미쳤다. 검은꼬리누의 수가 늘어나기 전에 동쪽 평원에 있는 초본은 대개 50~70cm 높이까지 자랐다. 하지만 검은꼬리누가 기하급수적으로 증가한 이후로 풀들은 10cm를 넘지 못했다. 풀

**그림 7.4** 세렝게티에서 수목 개체군의 폭발적 증가. 화재 발생이 감소하자 수목의 밀도가 높아졌다. 사진은 21년간 세렝게티에서 수목 밀도의 변화를 촬영한 것임. 　　　사진_토니 싱클레어 제공

의 높이가 낮아지자 상대적으로 다른 식물이 빛과 영양분을 받을 기회가 많아졌다. 그래서 초본의 종류가 다양해졌고, 식물의 종류가 많아지자 다양한 나비들이 모여들었다.

　놀랍게도 풀에 대한 검은꼬리누와 다른 초식동물의 영향은 완전히 부정적인 것만은 아니었다. 생태학자 샘 맥너튼Sam McNaughton은 세렝게티의 주요 풀들이 지상부를 재생하는 보상 성장 반응compensatory growth response을 진화시킴으로써 심하게 뜯어 먹히는 상황에 적응해왔다는 것을 알아냈다. 실제로 풀은 보호 받을 때보다 동물에 의해 뜯어 먹힐 때 더 많은 먹이를 제공하고 풍성해진다. 이러한 방식으로 검은꼬리누는 매해 자신들을 먹여 살리는 조밀한 풀밭의 형성을 양성적으로 조절해왔다. (아래 도식에서 ↑⏎기호로 표시됨.)

검은꼬리누는 메뚜기처럼 풀을 먹고 사는 다른 동물들과 경쟁한다. 검은꼬리누가 활개를 치면서 메뚜기의 개체 수와 다양성이 줄어들어 처음에 40종 이상이던 것이 10여 종으로 감소했다. 톰슨가젤의 감소도 검은꼬리누와 먹이를 두고 경쟁한 결과로 설명할 수 있다. 싱클레어와 노턴-그리피스는 검은꼬리누 개체군이 두 배로 증가한 4년 동안 가젤 개체군은 60만에서 30만으로 반이나 줄었다는 것을 알게 되었다. 반대로 일부 지역에서 아프리카물소가 제거되었을 때 나타난 결과를 보면, 아프리카물소는 다른 종에 대해 검은꼬리누처럼 강한 영향력은 미치지 못한다는 것을 알 수 있었다.

조간대 바위 지역의 홍합과 같이 검은꼬리누는 평원에서 자원을 독차지하는 강력한 경쟁자이다. 그리고 그들의 활동은 사바나뿐 아니라 초원에서도 종의 개체군을 조절한다.(도식에서 ↔ 기호로 표시됨)

가젤 ↔ 검은꼬리누 ↔ 메뚜기

⊥

풀 ↔ 초본 → 나비

↑⌡

경쟁은 개체군의 수와 다양성을 조절하는 또 다른 주요한 도구이다. 여기서 세 번째 세렝게티 법칙이 등장한다.

**경쟁 : 어떤 종들은 공유 자원을 두고 서로 경쟁한다.**

공간, 먹이, 서식처를 두고 경쟁하는 종은 다른 종의 풍부도를 결정할 수 있다.

풀, 화재, 수목, 포식자, 기린, 초본, 곤충 그리고 그 밖의 풀을 뜯어 먹는 초식동물들에 대한 검은꼬리누의 직간접적 영향을 보면 검은꼬리누가 세렝게티에서 군집의 구조와 조절에 파격적 영향을 미치는 핵심종이라는 것을 알 수 있다. 토니 싱클레어가 말했듯이 "검은꼬리누가 없다면, 세렝게티도 없을 것이다".

이제 새로운 궁금증이 생긴다. 그렇다면 정작 검은꼬리누의 수를 조절하는 것은 무엇일까? 개체군은 무한히 확장할 수 없고 그렇게 되지도 않는다. 실제로 1977년에 검은꼬리누의 수는 정점을 찍었다. 우역 바이러스가 없는 상황에서 검은꼬리누의 득세를 꺾은 것은 무엇일까. 임팔라? 아프리카물소? 아니면 코끼리? 무엇이 검은꼬리누의 수를 조절할까?

이 질문을 쫓아가다 보면 세렝게티 법칙의 새로운 영역에 들어서게 된다. 이 법칙은 단지 동아프리카에서만이 아니라 전 세계를 통틀어 수많은 동물의 수를 조절한다.

## 크기의 문제 : 누가 식단에 오를까? 그리고 너무 커서 먹을 수 없는 것은 무엇일까?

'먹느냐 먹히느냐.' 동물의 세계를 가장 함축적으로 표현한 문장이다. 우역 바이러스 같은 전염병이 없는 상황에서 이 진리는 동물 개체군을 조절하는 두 개의 중심축을 형성한다. 첫째, 무엇을 먹느냐 즉 먹이를 구할 수 있느냐(영양 단계의 상향성 관점). 둘째, 누구에게 먹히느냐(영양 단계의 하향성 관점). 또는 이 둘의 적절한 조합. 어느 종이 되었건 문제는 간단하다. 둘 중 어느 것이 생존에 더 치명적인가?

자연계의 대부분 종에 대해 질문을 던지는 것은 답을 하는 것보다 훨씬 쉽다. 장기적 관찰이 필요하고 가급적이면 실험도 진행해야 하기 때문이다. 싱클레어와 그의 동료 사이먼 무두마Simon Mduma와 저스틴 브래스헤어스Justin Brashares는 세렝게티의 포유류를 대상으로 40년간의 자료를 조사해 사망 원인을 찾았다. 그들은 성체의 몸 크기와 포식의 가능성 사이에서 놀라운 상관관계를 발견했다.

그래프는 몸무게 150kg을 중심으로 뚜렷이 양분되었다. 150kg보다 작은 동물들은 대개 포식에 의해 조절되고 이보다 큰 동물들은 그렇지 않았다. 오리비(18kg), 임팔라(50kg), 토피영양(120kg) 같은 작은 영양류는 천적에게 잡아먹혔다.그림 7.5 왼쪽 위 대체로 몸집이 작은 동물일수록 노리는 포식자가 더 많다. 예를 들어 오리비는 세렝게티에 서식하는 열 종류의 육식성 포유류(살쾡이, 자칼, 치타, 표범, 하이에나, 사자 등) 중에서 적어도 여섯 종류의 먹잇감이 된다. 물론 이외에도 오리비를 노리는 천적 중에는 포유류가 아닌 독수리나 비단뱀 같은 포식자도 있다.그림 7.5

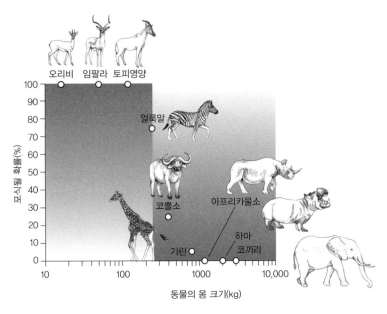

**그림 7.5** 몸집에 따른 포식률. 오리비, 임팔라, 토피영양 같은 작은 영양류는 대개 포식에 의해 죽거나 개체 수가 조절된다. 기린이나 하마, 코끼리 같은 대형 포유류는 포식을 거의 경험하지 않는다. 대신 그들은 먹이 공급에 의해 조절된다.

그림_싱클레어 등(2010)의 자료를 바탕으로 리앤 올즈가 재구성

그러나 아프리카물소 같은 대형 포유류는 포식에 대한 경험—사자에 의해서만—이 별로 없다. 그리고 어른 기린, 코뿔소, 하마, 코끼리들은 실제로 다른 동물에게 잡아먹히는 일이 전혀 없다고 보면 된다.그림 7.5 오른쪽 아래 후자에 속하는 초식동물들, 이른바 대형 초식동물들은 사자조차도 감히 거꾸러뜨리기 어렵거나, 오히려 포식자를 위험하게 만드는—그리고 방어를 위한—커다란 몸집을 진화시킴으로써 포식자에 의한 개체 수 조절의 가능성을 피해온 것으로 보인다. 몸 크기의 한계선 위쪽에 있는 코끼리와 다른 대형 포유류들은 포식자에 의한 하향적 조

절 대상이 되지 않으므로 반대로 먹이에 의한 상향적 조절 대상이 된다.

몸 크기의 한계치는 몸집과 포식 간의 재미있는 상관관계를 보여준다. 그러나 로버트 페인이 했던 불가사리 실험처럼 세렝게티에서 포식자를 쫓아냈을 때 어떤 일이 일어나는지 볼 기회는 없을까? 다행히도 그러나 한편으로 유감스럽게도 이러한 '퇴출'은 1980년에서 1987년 사이에 세렝게티 북부에서 상당수의 사자, 하이에나, 자칼이 밀렵과 독극물 중독으로 사라지게 되면서 자연스럽게 이루어졌다. 싱클레어와 동료들은 육식동물이 감소하기 전후의 피식자 개체군을 비교하였고, 육식동물이 귀환한 후에 다시 한 번 비교하였다. 그들이 추적한 다섯 종의 소형 먹잇감(오리비, 톰슨가젤, 혹멧돼지, 토피영양, 임팔라) 모두 포식자가 사라진 기간 동안 수가 늘었다. 기린 개체군은 변화가 없었다. 이 다섯 개체군은 포식자가 돌아오자 다시 줄어들었다. 그러나 역시 기린의 수에는 변동이 없었다. 다섯 개체군은 모두 포식자에 의해 위로부터 음성적으로 조절되고 있었다.

세렝게티 포식자와 피식자에 대한 이러한 관찰은 찰스 엘턴이 거의 80년 전에(세렝게티 같은 상황을 볼 수 있는 이점이 전혀 없는 상태에서) 만들었던 추론에 대한 정량적이고 실험적인 검증에 다름 아니었다. "육식성 동물의 먹잇감 크기는 위쪽으로는 먹이를 사냥할 수 있는 힘과 능력에 따라 제한되고, 아래쪽으로는 작은 크기의 먹이를 식욕을 채울 수 있을 만큼 충분히 구할 수 있느냐에 따라 결정된다." 이를 바탕으로 몸 크기에 따라 개체군이 포식에 의해 조절되는지 아닌지를 결정할 수 있는 구체적 법칙이 탄생한다.

자, 만약에 몸집이 너무 커서 포식자도 쉽게 건드릴 수 없다는 것이 그렇게 큰 이점이라면 포식자가 판을 치는 세상에서는 모든 종이 이런 방향으로 진화해왔을 것이라 생각할 수 있다. 그러나 그렇지 않다. 세렝 게티 역시 코끼리나 아프리카물소 같은 대형 초식동물이 대다수를 차 지하고 있지는 않다. 그들의 수도 마찬가지로 조절된다. 그러나 어떤 방 식으로 대형 동물이 제어되는가? 지금 우리는 자연계에서 가장 크기가 큰 생물체의 통제 방식을 찾고 있지만, 실제로 이와 관련된 메커니즘은 이미 분자 수준에서 익숙한 것이다.

## 야수를 조절하는 피드백

토니 싱클레어는 조사를 통해 우역 바이러스가 사라진 후 급격히 증 가했던 아프리카물소 개체군이 1970년대에 들어서면서 안정화되었다 는 사실을 알게 되었다. 세렝게티에서 코끼리 개체군이 회복된 이야기 도 비슷하게 전개된다. 하지만 종류가 다른 역병 때문이었다. 19세기에 유행한 상아 무역 때문에 20세기 초반에 코끼리 개체군은 그 수가 매우 줄어들었다. 베르나르트 그르치메크는 1958년에 공원의 남쪽 지역에서 겨우 60마리의 코끼리를 찾았다고 했다. 그러나 1960년대 초반부터 세렝게티의 코끼리 개체군은 증가 추세로 돌변하면서 1970년대 중반에는 수천 마리로 늘어났고, 그 후 몇 해 동안 비교적 안정된 상태를 유지하였다.

싱클레어가 여러 종을 대상으로 개체군 크기 대비 개체 수 증가율을 그래프로 표시했더니 유사한 패턴이 나타났다.그림 7.6 개체 수가 늘어나는 '비율'은 개체 수가 작을수록 더 높았고, 개체군이 커지면서 줄어들다가 어느 수준에 도달하면 마이너스로 바뀌었다. 즉 개체군이 줄어드는 것이다. 결국 개체 수의 변화율은 개체군의 밀도에 따라 달라졌다.

이 현상은 '밀도 의존성 조절density dependent regulation'로 알려져 있다. 사회경제학자 토머스 맬서스가 "인구는 특별한 제한 요소가 있지 않은 한 무한대로 증가할 것이다"라고 쓴 이후로 밀도에 의한 조절이라는 개념이 사람들에게 인식되기 시작했다. 산양 같은 대형 동물이 제한된 공간에 모여 있다고 상상해보자. 개체 수가 얼마 안 되는 무리에서 시작했다면 동물이 번식하면서 개체군이 빠르게 확장할 것이다. 그러나 동물의 수가 많아지면서 공간이나 먹이가 부족해지기 시작한다. 만약에 서식처가 감당할 수 있는 한계 이상으로 무리의 크기가 커지면 그때부터 개체군은 감소 추세로 접어든다. 그리고 마침내 한정된 자원을 최대로 공급받을 수 있는 시점에서 평형을 이루게 될 것이다.

밀도 의존성 조절은 음의 피드백의 한 형태이다. 효소 반응의 최종 생산물이 쌓이면 앞으로 되돌아가 자신의 합성 과정을 방해하는 되먹임

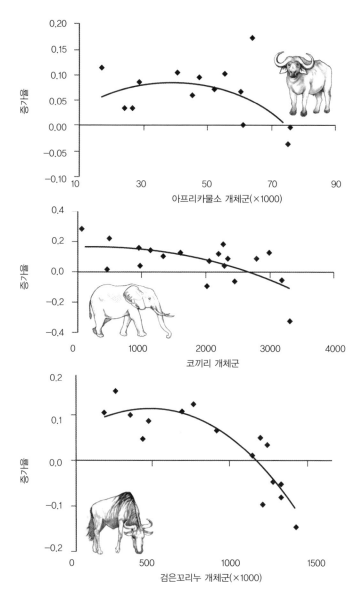

**그림 7.6** 동물 개체군의 밀도 의존성 조절. 세렝게티에서 아프리카물소, 코끼리, 검은꼬리누의 개체군이 증가하면서 개체군 증가율이 낮아지면 어느 순간 마이너스로 바뀌면서 개체군이 감소한다. 출처_싱클레어 등(2010), 싱클레어(2003), 싱클레어와 크레브스(2002)의 자료를 바탕으로 리앤 올즈가 그림

작용을 하듯이, 동물 개체군이 축적되면 개체를 생산해내던 과정은 느려지거나 심지어 역행하기도 한다. 싱클레어는 이러한 음의 피드백 조절이 아프리카물소에게 작용하는 방식을 출산율과 사망률을 조사함으로써 연구하였다. 그는 개체군의 크기가 커지면서 영양실조로 죽는 성체의 절대적인 수뿐 아니라 '비율'도 높아진다는 것을 발견했다.

토니 싱클레어, 사이먼 무두마 그리고 그들의 동료 레이 힐본Ray Hilborn은 이주하는 검은꼬리누의 개체군에서도 이와 똑같은 밀도 의존 메커니즘이 개체군을 제어하는 것을 발견했다. 개체군 크기가 100만에 다다르자 증가율이 낮아지다가 마이너스로 바뀌었다.그림 7.6 아래 무엇이 이러한 현상을 일으켰는지 알아보기 위해 그들은 40년간의 검은꼬리누 개체 수 조사 기록과 사망 원인을 살펴보았다. 포식이 사망률의 25~39%를 차지하며 중요한 역할을 하긴 했지만, 대부분 검은꼬리누는 개체군이 지나치게 커졌을 때 영양부족으로 죽었다. 세렝게티에서 강수량과 풀의 생물량 기록을 면밀히 조사한 그들은 이러한 영양부족이 건기에 한 마리당 공급되는 먹이의 양과 연관이 있다는 것을 밝혀냈다.

세렝게티는 거대하고 풍요로운 땅이지만, 건기에는 양질의 먹이가 부족해지고 따라서 동물들이 취약해진다. 이러한 취약성은 1993년에 들어 35년 만에 찾아온 최악의 가뭄이 세렝게티를 타격했을 때 자연스럽게 시작된 '실험' 덕분에 크게 두드러졌다. 가뭄으로 건기가 길어지면서 먹이 공급이 평년보다 극히 일부로 제한되었다. 싱클레어, 무두마, 힐본은 11월에 매일 최대 3,000마리의 검은꼬리누가 죽어가는 것을 보았고, 결과적으로 30%의 검은꼬리누가 폐사해 전체 개체군이 100만 마리 이하로 떨어진 대규모 기아 사태의 산증인이 되었다.

하지만 이 비극적 일화는 우리가 알아야 할 밀도 의존성 조절의 중요한 이면을 보여주었다. 일단 개체군의 수가 줄어들자 그다음 해에는 한 마리당 분배되는 먹이의 양이 더 많아졌고 개체군이 안정되었다. 밀도 의존성 조절은 양방향 모두에서 변화에 대해 완충작용을 하는 장점을 지녔다. 개체군이 커지면 확장을 늦추고 개체군이 줄어들면 감소를 늦추는 방향으로 작용하는 메커니즘은, 마치 온도가 지정 온도보다 올라가면 냉방을 하고 온도가 떨어지면 난방이 작동되는 온도 조절 장치에 비유할 수 있다.

물론 먹이가 밀도 의존 방식을 조절하는 유일한 요인은 아니다. 포식자 또한 개체군이 증가하는 것을 막을 수 있다. 하지만 피식자의 개체 수가 감소하여 사냥감이 귀해지면 포식자들은 좀 더 풍부한 다른 먹이로 눈을 돌림으로써 일차적으로 피식자 집단의 멸종을 막고 개체 수가 회복되는 것을 돕는다. 공간을 위한 경쟁, 이를테면 포식자 사이에서 보금자리를 두고 일어나는 경쟁이나 영역 싸움 또한 개체군을 조절하는 밀도 의존적 방식의 예이다. 이와 같은 밀도 의존 요인을 통한 피드백 조절은 동물의 수를 조절하는 광범한 메커니즘이라고 볼 수 있다.

---

**세렝게티 법칙 5**

**밀도 : 어떤 종은 밀도에 따라 조절된다.**

어떤 동물 개체군은 개체군 크기를 안정하게 유지하려는 밀도 의존적 요인에 의해 조절된다.

---

우리는 동물의 수를 조절하는 '포식'과 '먹이 공급'이라는 두 가지 방식을 살펴보았다. 그리고 포식의 경우, 초식동물이 포식자로부터의 위협을 피하기 위한 한 가지 방법으로 몸집을 크게 진화시킨 경우에 대해 알아보았다. 그렇다면 먹이 공급의 제한을 어느 정도나마 극복할 방법은 없을까?

사실 포식자의 눈을 피하면서 동시에 더 많은 먹이에 접근할 수 있는 한 가지 방법이 있다. 이는 세렝게티에서 일어나는 가장 장대한 장면을 연출한다.


## 이주 : 먹히지 않으면서 더 먹을 수 있는 방법

지금까지 우리가 익숙해진 몇 가지 숫자를 떠올려보자. 세렝게티에는 6만 마리의 아프리카물소와 100만 마리 이상의 검은꼬리누가 살고 있다. 450kg의 아프리카물소는 170kg의 검은꼬리누에 비해 천적에게 잡아먹힐 위험성이 훨씬 떨어진다. 그러나 세렝게티에는 아프리카물소보다 훨씬 더 많은 검은꼬리누가 산다. 몸집의 크기 외에도 두 종을 구분 짓는 다른 차이가 있는가?

하나는 그 자리에 머물러 살고(정주성), 하나는 그렇지 않다(이주성). 그렇다면 이주migration가 세렝게티에서 가장 풍부한 정주성 동물(아프리카물소)과 이주성 동물(검은꼬리누) 사이의 엄청난 개체 수 차이를 설명할 수 있을까?

개체군의 크기를 조절하는 두 가지 주된 방식이 포식과 먹이 공급이기 때문에 우리는 각각의 경우에서 이주의 효과를 따져볼 필요가 있다. 바로 이것이 토니 싱클레어와 동료들이 밝혀낸 것이다.

먹이 공급에서 이주의 이점은 아주 명확하다. 검은꼬리누는 우기에 비를 쫓아 960km 길이의 세렝게티 둘레를 돌며 초록빛이 돌고 영양이 풍부한 키 작은 초원으로 옮겨 다닌다. 이 과정은 자라나는 새끼들에게 단기적으로 줄 수 있는 자원을 제공하는데, 정주성 동물들은 사용할 수 없는 자원이다. 그러고서 대지가 말라버리면 키가 큰 풀이 자라는 사바나와 임야 지대로 옮겨 간다. 이 지역은 개방된 초원보다 강수량이 더 높기 때문이다.

개체군 조절 등식의 포식 부분은 좀 더 들여다볼 필요가 있다. 검은꼬리누는 사자와 하이에나의 먹잇감이 된다. 그러나 아까 앞에서 피식자의 몸 크기를 논할 때 의도적으로 검은꼬리누의 통계치는 생략했다. 검은꼬리누는 개체군의 특성에 따라 수치가 다르게 나타나기 때문이다. 세렝게티에는 두 종류의 검은꼬리누가 있다. 거대한 이주 집단, 그리고 안정적으로 물이 공급되는 지역에서 일 년 내내 머무는 소수의 정주성 집단이다. 정주성 개체군에서 포식은 전체 사망 원인의 87%를 차지한다. 반면에 이주성 개체군의 경우는 4분의 1 수준에 그친다. 더욱이 이주 집단의 경우 일 년에 전체의 1%만이 사냥으로 희생되는 데 비해, 거주 집단의 경우 최대 10%까지도 포식의 대상이 된다. 따라서 이주 집단에서 한 마리당 겪는 포식의 경험치는 훨씬 적다. 사자와 하이에나 행동 연구에 따르면, 포식자들이 이동식 메뉴에 손을 대지 못하는 이유는 그들 자신도 키우고 보호해야 할 새끼가 있어서 제한된 영역 밖으로 벗어나지 못하기 때문이다.

포식자를 피하고 풍부한 먹이에 접근할 수 있다는 시너지 효과로 인해 이주성 검은꼬리누 집단(제곱킬로미터당 64마리)은 정주성 집단(제곱킬로미터당 15마리)보다 훨씬 더 큰 밀도를 달성할 수 있게 된다. 엄청난 수를 자랑하는 세렝게티의 또 다른 이주 집단인 얼룩말(20만 마리)과 톰슨가젤(40만 마리)도 모든 정주성 종들에 비해 이주가 주는 커다란 이점을 제대로 활용하고 있다. 아프리카의 다른 지역에서도, 예를 들면 수단의 코리검영양$^{tiang}$(토피영양의 아종)과 흰귀코브$^{white\ eared\ kob}$ 역시 가장 수가 많은 정주성 종보다도 개체 수가 열 배 정도 많다.

그렇다면 이주는 밀도 의존성 조절에 의해 주어지는 제한을 뛰어넘는 또 다른 생태적 법칙, 또는 더 적절하게 표현하자면 규칙 위반자인 셈이다.

---

**세렝게티 법칙 6**

**이주는 동물의 수를 늘린다.**

이주는 먹이에 대한 접근성을 늘리고(상향성 제어의 감소), 포식 가능성을 줄임으로써(하향성 제어의 감소) 동물의 개체 수를 늘린다.

---

### 다른 법칙, 같은 논리

토니 싱클레어가 세렝게티에 처음 발을 디딘 지 50년이 지났지만, 그는 여전히 그곳에 있다.$^{그림\ 7.7}$ 오랫동안 이주성 거주자들에 관해 연구한 싱클레어는 자신도 그중 하나가 되었다. 그와 아내 앤은 세렝게티의 서쪽 가장자리에 있는 빅토리아 호Lake Victoria에 집을 짓고 매년 돌아온다.

미스터 세렝게티(동료들이 존경과 사랑을 담아 지어준 별명) 덕분에 우리는 이제 이 놀라운 장소의 법칙에 대해 많은 것을 이해하게 되었다. 우리는 세렝게티를 현재의 세렝게티로 만든 먹이그물, 핵심종, 영양 종속, 경쟁, 밀도 의존성 조절 그리고 이주에 대해 알게 되었다. 왜 코끼리가 아니라 얼룩말이 그렇게 많이 사는지, 왜 포식자들이 임팔라와 토피영양의 수는 제어하면서 기린이나 하마는 건드리지 못하는지, 왜 50년 전보다 나무와 나비는 많아졌지만 메뚜기는 줄어들었는지, 그리고 왜 카리스마 하나 없는 긴 얼굴의 검은꼬리누와 그들의 움직임이 – 싱클레어

**그림 7.7** 세렝게티의 토니 싱클레어.

사진_앤 싱클레어, 토니 싱클레어 제공

의 말을 빌리면 – 세렝게티의 활력소인지 알게 되었다.

그러나 이러한 세렝게티 법칙은 단순히 세렝게티의 사냥감만을 위한 것은 아니다. 세렝게티 법칙은 세계 곳곳의 생태계에 적용할 수 있는 보편적 법칙이다. 더욱이 이 법칙을 분자 수준의 생명의 논리 및 조절의 보편적 법칙과 비교하면 놀랄 만큼 비슷하다. 생태계에서 일어나는 포식, 영양 종속 등 조절의 구체적 방식은 분자 수준과는 당연히 다르다. 그러나 양성·음성 조절, 이중부정의 논리 그리고 피드백 조절은 미시적, 거시적 규모에서 동일하게 구성원의 수를 제어한다.

| 조절의 일반적 법칙과 세렝게티 법칙 | |
| --- | --- |
| 양성 조절 | |
| A → B | 하위 영양 단계가 상위 영양 단계를 조절하는 과정 |
| 음성 조절 | |
| A ⊣ B | 포식자에 의해 위로부터 일어나는 조절과 경쟁 |
| 이중부정의 논리 | |
| A ⊣ B ⊣ C | 영양 종속. A는 B를 조절함으로써 C에 간접적 영향을 강하게 미친다. |
| 피드백 조절 | |
| A → → → A | 밀도 의존성 조절. 개체군의 생장률은 개체군이 커짐에 따라 감소한다. |

우리의 건강을 지배하는 특정한 분자들의 법칙처럼, 이러한 생태계의 법칙 또한 우리가 짊어지고 살아가야 하는 법칙이다. 다음 장에서 다루겠지만, 이 법칙이 깨지면 우리 세상에 나쁜 일이 일어난다. 분자 수준

의 법칙처럼 생태계의 조절 법칙을 이해함으로써 생태계를 병들게 하는 것이 무엇인지 진단하고, 나아가 치료에까지 이를 수도 있을 것이다.

# 제8장

# 생태계의 암

지금까지도 현장에서 일어나는 가장 큰 경제적 문제는
동물의 수를 조절하는 데 실패하는 것이다.

_찰스 엘턴

2014년 8월 1일 토요일 오전 1시 20분. 오하이오 털리도Toledo 시의 시장은 시 전체에 비상사태를 선포했다.

물을 마시지 말 것

물을 끓이지 말 것

털리도 시 정수처리장 직원이 상수도에서 위험 수준의 독성 물질을 감지했는데, 이 독소는 끓여도 파괴되지 않고 오히려 농도가 높아졌다.

50만 명이 거주하는 도심 지역은 기능이 마비되었다. 식당, 공공건물, 심지어 동물원까지 모두 문을 닫았다. 사람들은 마트에 가서 생수를 사들였다. 오하이오 주지사는 비상사태를 선포했다. 주 방위군의 협조로 외부에서 마실 물과 이동 정수 시설을 운송해왔다. 국내 언론과 외신은 하루에 필요한 3억 리터의 물이 없어 마비된 현대 미국 도시의 이야기를 커버스토리로 다루었다. 오랫동안 힘들게 버텨온 '러스트 벨트rust belt' 도시(미국 중서부와 북동부 지역의 사양화된 공업 지대_옮긴이)는 이런 일로 주목 받고 싶지는 않았을 것이다.

나는 이 뉴스에 특히 더 귀를 기울일 수밖에 없었다. 내가 아주 잘 아는 도시와 익숙한 물에 대한 소식이었기 때문이다. 나는 털리도에서 나고 자랐다. 털리도는 거대한 이리 호의 남서쪽 호숫가에 자리한 도시이다. 내 친구 톰 샌디Tom Sandy와 나는 호숫가에서 뱀을 잡으며 놀았고, 나는 그때의 전율 덕분에 생물학자가 되고 싶다는 꿈을 꾸게 되었다. 하지만 내 어린 시절을 통틀어 호수의 물에는 발끝 한 번 담가본 적이 없다. 그리고 호수에서 잡은 거라면 입에도 대지 않았다.

내가 자라던 1960년대와 1970년대 초반에 이리 호는 오염이 심하기로 악명 높았다. 어찌나 더럽기로 소문이 났는지 닥터 수스Dr. Seuss(미국의 동화작가_옮긴이)가 환경 우화 《로렉스Lorax》(1971)에서 이리 호를 일부러 지목할 정도였다.

> 너는 연못을 더럽히고 있어. 노래하는 물고기가 노래하던 곳이지.
>
> 하지만 노래하는 물고기는 더 이상 노래할 수 없게 됐어.
>
> 왜냐면 아가미가 붙어버렸거든.
>
> 그래서 나는 노래하는 물고기를 연못 밖으로 내보내고 있어.
>
> 아, 노래하는 물고기의 미래는 암울해.

노래하는 물고기는 지느러미로 걷게 될 거야. 몹시 지치고 힘들겠지.

끈적거리지 않는 물을 찾아서 떠나고 있어.

연못은 이리 호만큼이나 나빠졌다고 들었어.


이리 호를 비롯한 국내 호수의 심각한 오염 상태에 자극을 받아 미국 의회는 1972년에 수질관리법을 통과시켰다. 이 법안으로 미국 환경보호국은 수질오염물질의 방출을 규제하고 사람과 수생생물을 위한 배출 허용기준을 정하게 되었다. 1972년 미국과 캐나다는 오대호 수질관리 협약에 서명하고 오대호로 흘러 들어가는 인체 유해 화학물질을 줄이는 데 적극적으로 나섰다.

덕분에 녹조가 줄어들고 어류 개체군이 늘어났다. 이리 호의 회복은 놀랄 만큼 빨라서 1986년 닥터 수스는 《로렉스》의 개정판에서 이리 호에 대한 언급을 삭제하는 데 동의했을 정도였다.

그러나 이리 호는 또다시 걸쭉해졌다. 직접적 원인은 마이크로시스티스*Microcystis*라는 미세한 단세포 남조류였다. 마이크로시스티스는 두터운 깔개처럼 수 킬로미터씩 호수 표면을 뒤덮었다. 2011년에 이리 호는 역사상 가장 심한 녹조를 겪었다. 털리도 시에서 클리블랜드 남쪽까지 8cm의 두께로 200km 길이의 짙은 초록색 융단이 깔렸다. 그리고 2014년 이 두꺼운 완두콩 수프가 털리도의 정수 처리장 취수관 바로 위까지 퍼진 것이었다. 그림 8.1

녹조 현상은 천문학적 수의 담수 조류藻類가 번식하면서 나타난다. 전형적인 환경에서는 리터당 겨우 몇 백 개의 조류 세포가 검출된다. 하지만 녹조 현상이 일어나면 수치는 리터당 1억 개 이상으로 치솟는다.

2011년에 발생한 녹조에서는 독성을 만들어내는 세포가 1,000조($10^{15}$)에서 100경($10^{18}$)까지 불어났다.

인간의 몸에서 전이되는 종양처럼 대량의 녹조가 호수 전체로 퍼지면서 파괴의 씨앗을 뿌렸다. 이 조류의 방대한 이상 생장은 한마디로 '생태계의 암'이라고 부를 수 있다.

사람의 몸에 퍼지는 암세포는 신체의 항상성을 유지하는 기관으로

230

파고들어 기능을 망가뜨릴 수 있다. 암이 골수나 폐로 들어가면 신체는 산소에 굶주리게 된다. 소화기관으로 침투하면 영양부족에 시달린다. 간이나 뼛속으로 파고들면 혈액의 중요한 화학물질들이 미세한 균형을 잃어버리게 된다. 이와 마찬가지로 녹조의 발생은 호수 안에서 일어나는 중요한 생태적 기능을 방해하여 호수를 죽음으로 몰고 간다. 조류가 생산해내는 독성 물질은 물고기를 비롯한 야생동물에게 매우 유독해서 먹이사슬을 사정없이 파괴하고 혼란을 일으킨다. 그리고 녹조가 소멸하면서 호수 바닥으로 가라앉아버리면 이를 분해하는 박테리아가 호수에 공급되는 산소를 남김없이 써버리는 바람에 다른 생물들은 산소 부족으로 질식하게 된다. 호수의 물은 화학적 특성이 바뀌어 결국 아무것도 살 수 없는 죽음의 물로 탈바꿈하게 되는 것이다.

위험에 빠진 호수는 이리 호뿐만이 아니다. 캐나다의 위니펙<sup>Winnipeg</sup> 호, 중국의 타이후太湖 호, 네덜란드의 니우어메르<sup>Nieuwe Meer</sup> 호 등도 비슷한 처지이다. 또한 특정 생물체의 이상 증식으로 고통 받는 생태계는 호수만이 아니다. 생태계의 암은 다양한 형태로 호수와 평원, 만, 사바나 등 지구의 여러 자연환경에서 발생한다. 이런 결과를 초래한 자연법칙의 파괴에 대한 본격적인 이야기에 들어가기에 앞서 몇 개의 사례를 좀 더 살펴보자. 그리고 제9장과 제10장에서 이러한 법칙에 관한 지식이 아픈 지구를 치유하는 데 어떻게 사용될 수 있는지 알아보자.

## 집단 고사枯死

열대 지역에 위치한 동남아시아 16개국 중에서 아무 곳이나 골라 상공을 비행한다면, 이 지역 사람들이 무엇을 먹고 사는지 바로 알게 될 것이다. 인도에서 인도네시아까지 매 킬로미터마다 골짜기를 가로지르고 산허리에 계단식으로 펼쳐진 논을 볼 수 있기 때문이다. 예를 들어 캄보디아에서 논은 전체 농경지의 90% 이상을 차지한다. 곡식은 이제 인류 절반을 위해 반드시 필요한 주요 식량이다. 아시아에서 소비되는 전체 열량의 30% 이상이 쌀에서 나오고 방글라데시, 베트남, 캄보디아 같은 나라에서 곡물은 하루 식품 섭취량의 60% 이상을 차지한다.

쌀은 아시아에서 6,000년 전부터 재배되기 시작했다. 하지만 오늘날의 논은 1960년대에 일어난 녹색혁명의 산물이다. 가뭄으로 인한 대규모 기아 사태, 흉작, 인구 증가의 가능성이 현실화되면서 유전적으로 개량된 벼 품종들이 새롭게 개발되었고, 효율적이고 생산적인 재배 방식이 도입되었다. 이 중에는 비료나 농약의 일상적인 사용도 포함된다. 10년 만에 모든 농가의 4분의 1 이상이 새로운 벼 품종을 재배하였고, 아시아 전역의 많은 농가에서 쌀 생산량이 에이커당 거의 두 배까지 늘어났다.

그러나 1970년대 중반에 필리핀, 인도, 스리랑카 그리고 이 밖의 동남아시아 전역에서 수많은 논이 수확철도 아닌데 주황색, 노란색으로 바뀌더니 갈색으로 변하며 말라갔다. 재앙은 1976년에 인도네시아를 강타했다. 100만 에이커 이상의 논이 피해를 입었다. 가족을 먹여 살릴 일 년치 식량이, 그리고 한 해 수입의 전부가 이 논에 달린 농가의 상황은 말할 수 없이 끔찍했다.

범인은 벼멸구였다. 벼멸구는 길이가 겨우 몇 밀리미터밖에 안 되는 작은 곤충이지만 암컷이 벼 포기의 아래쪽에 자리를 잡고 수백 개의 알을 낳으면, 부화한 벼멸구는 굶주린 유충이 되어 한참 자라는 볏대의 즙액을 빨아 먹고 산다.그림 8.2 벼멸구가 침투한 벼는 노란색으로 변하면서 쉽게 쓰러지거나 말라버려 논 전체에 '집단 고사'를 일으킨다. 특히 따뜻하고 습기가 많은 열대 지역에서는 벼멸구 번식 주기가 짧기 때문에 한 포기의 벼가 자라서 수확하는 시기까지 무려 3세대를 거칠 수 있다. 벼멸구의 수는 폭발적으로 증가했고, 논을 온통 뒤덮어 벼 한 포기당 많게는 500~1,000마리까지 들러붙었다.

피 같은 논에서 벼들이 말라죽는 것을 지켜본 농부들이 본능적으로 농약을 살포하기 시작한 것은 당연했다. 인도네시아 농부들은 공중에서 땅에서 마구잡이로 농약을 뿌려댔다. 하지만 벼멸구는 사라지지 않았다. 35만 톤 이상의 벼가 고사했는데, 이는 한 해에 300만 명을 먹여 살리기에 충분한 양이었다. 농민들은 자신이 가진 전부를 잃어버렸다. 인도네시아는 졸지에 세계에서 가장 큰 쌀 수입국이 되었다.

1970년대 이전에 벼멸구는 크게 문제를 일으키지 않는 쌀벌레 정도로 여겨졌다. 그렇다면 어떤 사건이 일어났기에 벼멸구가 이토록 무서운 존재가 되었을까? 또 어떻게 수 톤의 살충제 폭격에도 죽지 않고 살아남았을까?

벼멸구 생장에 대한 면밀한 조사가 이루어졌다. 그리고 아주 깜짝 놀랄 만한 결과가 나왔다. 살충제를 처리한 벼에서 살충제를 뿌리지 않은 벼만큼이나 많은 알과 유충, 성충이 자라고 있었던 것이다. 실제로는 살

그림 8.2 벼에 붙어 있는 벼멸구.

사진_IRRI/실비아 빌러리얼Sylvia Villareal 제공

충제를 처리한 벼에서 벼멸구가 더 왕성히 번식했다. 살충제를 뿌리자 벼멸구의 밀도가 800배까지 높아졌다. 결론적으로 살충제는 벼의 집단 고사를 예방하고 방지한 것이 아니라 오히려 자극하고 야기한 것이다.

도대체 어떻게 이런 일이 일어날 수 있을까?

벼멸구의 창궐 뒤에는 많은 요인이 작용하고 있다는 것이 밝혀졌다. 첫째, 벼멸구는 다이아지논$^{diazinon}$처럼 흔하게 살포되는 살충제에 내성을 진화시켰다. 하지만 내성이 생겼다는 것은 살충제의 효과를 무력화할 뿐이었다. 벼멸구가 대량 증식하는 데에는 뭔가 다른 자극 요인이 필요했고, 실제로 그랬다. 둘째, 놀랍게도 살충제가 벼멸구의 산란율을 최대 2.5배까지 증가시켰다는 결과가 나왔다. 그리고 셋째, 벼멸구 개체군이 폭발적으로 증가하게 된 마지막 요인에 대해서는 일단 넘어가겠다. 나는 이 수수께끼의 답을 생태계에서 발생한 암의 또 다른 예, 그러니까 벼멸구가 창궐한 논에서처럼 조절의 보편적 법칙이 망가진 경우를 좀 더 살펴본 뒤에 밝히겠다. 아프리카의 서부 지역에서는 훨씬 덩치가 큰 해충이 모여들고 있었다.


## 골칫거리 개코원숭이


가나 북서부의 사바나에 있는 라라방가$^{Larabanga}$ 마을 경계에 땅거미가 내려앉았다. 몰 국립공원$^{Mole\ National\ Park}$에서 겨우 몇 킬로미터 떨어진 라라방가 마을은 약 3,800명의 거주민이 사는 농촌 마을이다. 몰 국립공원에는 서발$^{serval}$, 표범, 사자 같은 고양잇과 동물을 비롯하여 하마, 코끼리, 아프리카물소, 영양, 영장류 같은 다양한 포유류가 서식한다. 마을 사람들은 아주 흔하게 야생동물과 마주치지만, 실제로 이들을 잠 못 이루게 하는 것은 사자가 아니었다.

마을 주민들은 공동 토지에서 옥수수나 얌, 카사바를 재배하고 가축을 길러 생계를 유지했다. 그러나 최근 몇 년 동안 네발 달린 대담한 도둑 무리가 어둠을 틈타 밭으로 몰래 숨어 들어와 작물을 훔쳐 먹었다. 바로 올리브개코원숭이다. 십여 마리의 올리브개코원숭이가 몰려와 고작 몇 분 만에 경작지를 쑥대밭으로 만들고는 슬그머니 도망치거나 성난 농부들에게 쫓겨났다.

과감해진 올리브개코원숭이들은 심지어 낮에도 밭에 와서 정찰하거나 습격을 감행하는 지경에 이르렀다. 부락민들은 밤낮으로 경계를 설수밖에 없었다. 귀중한 작물을 지키기 위해 아이들에게 밭을 지키라고 시켰다. 평소대로라면 학교에서 공부하고 있어야 할 아이들이었다. 약탈하는 영장류가 경제·사회적으로 미치는 영향은 마을을 심각한 위기 상황으로 몰고 갔다.

아프리카 전역에서 인간과 개코원숭이들은 오랫동안 서로 인접하여 살아왔다. 그런데 언제부터 그리고 왜 개코원숭이들이 가나에서 이런 골칫거리가 된 것일까?

해답의 일부는 가나에 남겨진 소수의 보호구역과 공원에서 드러났다. 야생동물 개체군의 추이를 살피기 위해 가나의 야생동물 관리 부서는 1968년부터 41종의 포유류에 대해 철저한 개체군 조사를 실시했다. 매달마다 공원 관리 직원들이 여섯 개 보호구역의 총 63개 지점을 중심으로 10~15km를 걸으며 발견한 동물과 동물의 흔적을 집계하였다.

면적이 가장 작은 구역은 58km²의 샤이힐 보호지역<sup>Shai Hills Resource Reserve</sup>

이고, 가장 큰 지역은 4,840km²의 몰 국립공원이었다. 수십 년에 걸친 개체군 조사로 모든 보호구역에서 일어난 포유류 개체군의 놀라운 변화가 상세히 파악되었다.

조사 대상이 된 41개 종 중에서 하나를 제외한 나머지는 1968년에서 2004년까지 총 36년의 기간 동안 여섯 개의 보호구역에서 모두 감소했다. 특히 면적이 작은 보호구역일수록 절멸하는 종이 많았다. 그렇다면 감소하지 않은 하나의 예외는? 눈치챘겠지만 바로 올리브개코원숭이였다. 이들의 수는 되려 365% 증가했고, 게다가 공원 내에서 서식 영역을 500%나 확장했다. 일단 올리브개코원숭이들이 왕성하게 번식할 수 있었던 수수께끼에 대한 답도 잠깐 미뤄두자. 다음 사례는 미국에서 대서양 연안의 중요한 수산업이 문을 닫게 된 이야기다.


## 사라진 가리비


해만가리비<sup>Bay scallop</sup>는 오랫동안 북아메리카 문화의 일부로 자리를 잡아왔다. 유럽인들이 정착하기 전에 대서양 연안을 따라 거주하던 아메리카 원주민들은 길이 약 2.5cm의 하얀 폐각근(관자)을 먹기 위해 가리비를 채취했다. 1870년대 중반에서 1980년대 중반까지 매사추세츠, 뉴욕, 노스캐롤라이나 등지에서 상업적인 대규모 가리비 어장이 운영되었는데, 1928년 노스캐롤라이나 주에서만 63만 kg의 가리비가 수확되었다. 초겨울 가리비의 수확은 많은 어부들에게 낚시 비수기의 중요한 수

입원이 되었다.

그러나 2004년에 들어서 총 가리비 수확량은 70kg 미만으로 줄어들었다. 100년 동안 지속된 어장들이 '고갈'을 선언했고, 그 이후 2014년까지 줄줄이 폐업했다. 어민들과 주 당국과 과학자들은 물었다. 도대체 무슨 일이 일어난 걸까?

처음으로 실마리를 찾은 것은 어부들이었다. 저인망과 자리그물에서 다수의 소코가오리cownose ray들이 잡힌 것이다. 너비 90cm에 달하는 가오리들이 가을에 대서양 연안으로 이주해 내려오다 어망에 걸려 그물을 망가뜨렸다. 독이 있는 미늘과 시장 수요가 부재한 탓에 가오리는 어민들에게 골칫거리가 되었다.

어민들은 노스캐롤라이나대학교의 해양생물학자인 찰스 피트 피터슨Charles Pete Peterson에게 호소했다. 피터슨은 캐롤라이나 연안을 따라 소코가오리의 해만가리비 포식에 대한 영향을 연구 중이었다. 피터슨은 이 문제를 연구하기 위해 노스캐롤라이나대학교와 댈하우지대학교의 공동 연구 팀을 구성했다. 그리고 소코가오리 개체군이 지난 16~35년간 대서양 연안을 따라 적어도 열 배 이상 증가하여 4,000만 마리의 커다란 개체군으로 불어났다는 것을 확인했다. 피터슨은 예전에 소코가오리가 연안을 따라 번식하며 해당 지역의 해만가리비를 몰살시킨 것을 목격한 적이 있었다. 소코가오리의 폭발적 증가는 노스캐롤라이나 주 대부분의 해안가에서 가리비가 사라진 원인으로 보였다. 그렇다면 소코가오리가 증가한 이유는 무엇일까?

자, 이제 본격적으로 생태계의 암이라는 수수께끼를 해결할 시간이 찾아왔다.

## 잃어버린 고리

남조류, 벼멸구, 올리브개코원숭이, 소코가오리. 도대체 어떤 조절의 법칙이 파괴되었기에 이 생명체들이 암적으로 증식하게 되었을까?

대답을 찾기에 앞서 생각해보자. 이들을 조절하는 것은 누구일까? 찰스 엘턴은 만약에 누군가 군집 내에서 생물체의 작용을 이해하고 싶다면 그들의 먹이사슬을 추적해야 한다고 강조했다. 그렇다면 개체군이 증가한 이유는 먹잇감이 늘었기 때문일까?

적어도 남조류의 경우에는 이런 설명이 가능하다. 원소 중에 인은 조류의 생장에 제한 요소로 작용하는 영양소이다. 그런데 봄과 여름에 농장 등에서 호수로 흘러 들어온 대량의 (무기 인산 형태의) 인이 즉각적인 녹조 현상을 일으키는 촉매 역할을 하였다. 호수의 먹이사슬에서 인은 조류 개체군을 상향적으로 조절하는 힘을 행사했다.

하지만 먹이의 증가라는 요인이 다른 생태계의 암을 설명할 수는 없는 것처럼 보인다. 논에는 보통 벼멸구가 존재하지만 대개는 큰 영향을 미치지 않았다. 벼멸구의 먹이가 많아졌다는 것은 왜 유독 농약 처리가 된 논에서 벼멸구가 성행하는지는 설명하지 못한다. 또 개코원숭이가 다른 포유류들이 감소하는 상황에서 유일하게 증가한 이유를 설명할 수도 없다. 마찬가지로 소코가오리도 해당 지역에 가리비가 더 풍부했기 때문에 증가한 것은 아니었다. 이렇듯 먹이가 아니라면 과연 무엇이 이 동물들의 수를 조절한 것일까?

어쩌면 우리는 먹이사슬의 아래가 아닌 위를 올려다봐야 하는지도 모르겠다.

피터슨과 연구 팀은 소코가오리의 먹이사슬 상위 단계에 관심을 집중했다. 가오리를 잡아먹는 것은 상어다. 과학자들이 미국 동부 해안에서 상어 개체군의 기록을 조사해보니, 1972년 이후 다섯 종의 상어가 놀랄 만큼 감소했음을 알 수 있었다. 흉상어의 87%가 감소하였고, 흑기흉상어 93%, 귀상어와 황소상어bull shark, 흑상어dusky shark의 97~99%가 사라졌다. 상어는 다른 동물들도 먹이로 삼는다. 상어의 감소가 소코가오리 개체군의 증가에 책임이 있다면, 상어의 다른 먹잇감도 수가 늘었을 것이라고 예상할 수 있다. 연구진들은 소코가오리 외에 다양한 소형 가오리, 홍어, 작은 상어 등 13종이 급격히 증가했음을 확인하였다.

비슷한 설명이 개코원숭이 역병에 적용된다. 개코원숭이를 사냥하는 것은 사자나 표범인데 가나의 보호지역에서 그 수가 크게 줄어들었다. 1986년에는 여섯 개의 보호지역 중 세 군데에서 사자나 표범이 아예 사라졌다. 이들이 자취를 감추자 개코원숭이가 판을 쳤다.그림 8.3

그럼 벼멸구로 돌아가보자. 왜 그들은 농약을 친 논에서 더욱 기승을 부렸는가? 자연에서 벼멸구의 천적은 거미를 비롯한 몇몇 다른 곤충이다. 예를 들어 늑대거미와 그 새끼 거미는 각각 벼멸구 성충과 유충을 엄청나게 먹어치운다. 그런데 농약으로 인해 곤충 군집을 제어할 수 있는 거미와 다른 천적들이 몰살당했다. 그래서 살충제가 배포된 논에서 천적은 사라지고 농약에 내성이 생긴 피식자들이 번성하게 된 것이다.

이러한 세 가지 매우 다른 생태계 암의 발견 뒤에는 하나의 단순한 보편적 현상이 있었다. "호랑이가 사라진 산에서 여우가 왕 노릇 한다." 이러한 생태적 암의 논리는 이제 꽤 익숙하다. 포식자는 개체군 성장의 음성 조절자로서 종양 억제자처럼 번식의 제동 장치 역할을 한다. 먹이

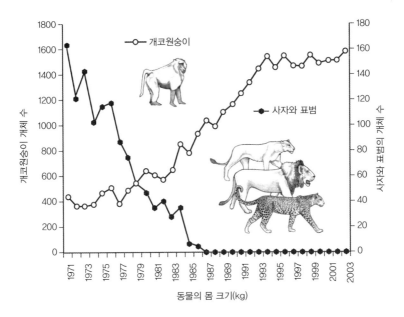

**그림 8.3** 가나에서 사자와 표범이 사라짐에 따라 증가한 올리브개코원숭이.

그림_브래스헤어스 등(2010)의 자료를 바탕으로 리앤 올즈가 재구성

사슬에서 이러한 결정적 고리가 제거된 결과 피식자가 증가하는 것은 제어할 수 없는 하향적 연쇄 효과이다. 세 가지 사례는 모두 포식자라는 최상위 영양 단계가 먹이사슬에서 축출되면서 3단계로 이루어진 영양 종속 단계가 2단계로 줄어든 결과 발생한 것이다. **그림 8.4**

가리비를 양식하는 어부, 벼농사를 짓는 농부, 가나의 주민 입장에서 (그리고 온전한 영양 종속 단계의 이중부정 논리 견지에서 보면) 상어와 거미와 사자는 아군으로 대접 받아야 할 존재이지 천대하고 내쳐져야 하는 존재가 아니다. 각각의 사례에서 보면 오래된 격언인 "내 적의 적은 나의 친구"라는 말이 마음에 와 닿지 않을 수 없다.

**그림 8.4** 상어, 거미, 대형 고양잇과 동물들이 사라짐에 따라 나타난 연쇄 효과. 소코가오리, 벼멸구, 개코원숭이가 제어되지 못하고 번식한 결과 가리비, 벼, 작물이 감소했다. 　　그림_리앤 올즈

아마 이리 호에서도 이러한 영양 단계의 소실이 일어났을 것이다. 건강한 담수호에서 조류의 생장은 그들을 먹는 플랑크톤이나 작은 갑각류에 의해 하향적으로 조절된다. 하지만 녹조 현상이 일어난 하천에서는 이러한 정상적 조절 과정이 남조류의 독성 물질에 의해 저지되거나 망가진다. 그렇다면 남조류라는 암은 지나치게 많은 아래로부터의 유입(고정된 액셀)과 절대적으로 부족한 위로부터의 제어(망가진 브레이크)가 조합된 결과일 것이다.

## 너무 많거나, 너무 적거나, 너무 지나치거나

토니 싱클레어와 함께 야생동물 생태와 관리학에서 가장 널리 쓰이는 교재를 집필한 그레임 커플리Graeme Caughley는 야생동물 개체군에서 일어나는 모든 문제를 세 가지 범주로 압축시켰다. '너무 많거나, 너무 적거나 또는 너무 지나치거나.' 너무 '많은' 벼멸구, 개코원숭이, 가오리의 예는 바로 너무 '적은' 거미, 사자, 상어로 인해 나타난 결과이다.

그러나 생태계에서 일어나는 암의 근본적 원인은 단순히 포식자가 제거된 상황에 있지 않다. 너무 '지나친' 인간의 행동이 가장 큰 문제다. 농장에 흘러넘치는 인, 논에 쏟아부은 농약, 포식자(사자, 표범, 상어)의 무분별한 포획 말이다. 지금까지 기술한 간접적이고, 의도하지도 예상하지도 못한 부작용들을 보면 인간은 장기적으로 자신의 이익에 반하는 일을 하고 있다는 사실이 더할 나위 없이 명백해진다. 수십 년 동안 우리는 전혀 몰랐다고, 대자연의 법칙에 무지했기 때문이라고 말할 수 있을는지도 모른다. 하지만 더 이상은 아니다.

이제 우리는 더 이상 어리석지 않다. 이러한 대자연의 조절 법칙에 대한 이해를 기반으로 우리가 당면한 문제점 중 어느 것이라도 개선할 수 있을까? 지구 어디에선가는 이를 바탕으로 한 과감한 시도가 대규모로 행해졌고, 지금도 행해지고 있다. 월터 캐넌이 보스턴 의사들을 대상으로 한 생리적 조절 법칙에 대한 강연을 인용한다면, "아픈 이들의 치유에 낙관적일 수밖에 없는 이유"가 분명히 있는 것이다.

**그림 9.1** 위스콘신 주 매디슨 시에 있는 멘도타 호. 전경에 보이는 것은 위스콘신대학교.

사진_제프 밀러Jeff Miller, 위스콘신대학교 제공

# 제9장

# 물고기 6,000만 마리의 방생 그리고 10년 후

과학자가 훌륭한 과학을 하고,
관리자가 제대로 관리한다는 것은 참으로 어려운 일이다.

_제임스 키첼

1987년 이른 봄 어느 날 밤에 나는 위스콘신대학교 교수 면접을 보러 매디슨 시에 도착했다. 풍문으로는 내가 교수직 제의를 받을 가능성은 매우 작았고 실제 기회가 주어진다 하더라도 나는 이미 다른 대학을 염두에 두고 있었다. 사실 위스콘신 주에는 와본 적도 없었고 이 지역을 잘 알지도 못했다. 어차피 이쪽으로 다시 발 디딜 일은 없으니 이왕 온 김에 구경이나 실컷 하고 가자고 마음먹었더랬다.

이튿날 아침, 나는 잠시 멘도타 호에 들렀다. 그런데 이 커다란 호수를 보자마자 놀라고 감동했다. 사방으로 수 킬로미터를 뻗은 넓은 호수가 남쪽으로 대학 캠퍼스를 약 3km 정도 둘러싸고 있었다. 호수의 가장자리에는 커다란 나무가 줄을 지어 자랐고 심지어 백사장도 있었다.

나는 이 도시와 대학이 이토록 넓은 수역 위에 자리 잡은 줄은 몰랐다. 또 이곳이 다름 아닌 헨리 워즈워스 롱펠로Henry Wadsworth Longfellow(1807~1882)가 1870년에 자신의 시를 통해 경의를 표했던 바로 그 유명한 매디슨의 호수(멘도타는 이 중에 가장 큰 호수임)인 줄도 몰랐다.

어여쁜 호수, 고요하고 빛이 충만하네.
어여쁜 마을, 순백의 예복을 입고 있네.
이 얼마나 꿈속의 그림 같은가.
물 위에 떠 있는 풍경은 모두
구름 위를, 아니 꿈속의 대지를 밟고 있는 듯,
황금빛 기운 속에 잠겨 있네.

또한 나는 내가 세계에서 연구가 가장 많이 이루어진 호수를 마주하고 있다는 사실도 미처 몰랐다. 멘도타 호와 위스콘신대학교는 북아메리카에서 호소학limnology, 湖沼學(호수를 연구하는 학문)이 탄생한 곳이다. 1875년, 그러니까 대학이 설립된 지 겨우 25년, 학생 수도 겨우 500명 남짓―4만 3,000명이 아닌―했을 시절부터 호수에 관한 초기 연구가 시작되었다. 나는 즐거운 마음으로 아름다운 호숫가를 걸으면서도 이 고요한 파란 물이 사실은 몸살을 앓고 있다는 사실도 마찬가지로 전혀 의심하지 못했다. 내 고향 털리도의 이리 호처럼, 멘도타 호도 해마다 녹조와 어류 개체군의 감소로 시달리고 있었던 것이다.

그날의 나는 정말로 아는 게 하나도 없었다. 그날 이후 매디슨이 28년 동안 내 인생에서 제2의 고향이 되리라는 것을 포함해서 말이다. 그리고 바로 그해 멘도타 호는 전례 없는 대규모 생태학 실험의 대상이 되었다. 병을 고치려는 목적으로 세렝게티의 법칙을 적용한 실험이었다.


## 먹이그물을 조작하다

내가 우리 위스콘신 사람들에 대해 처음으로 알게 된 사실은 이들이 유독 두 가지 일에 시간과 열정을 쏟아붓는다는 것이었다. 바로 그린베이 패커스(NFL 풋볼팀_옮긴이)와 낚시이다. 인구가 600만도 채 되지 않는 주에서 매해 9,000만 마리의 물고기들이 잡힌다. 추위에 강한 이 지역 토박이들은 낚시에 빠진 나머지 살을 에는 엄동설한에도 위험을 무릅쓰고 꽁꽁 언 호수로 향한다. 그리고 호수 한복판에 임시 건물을 세우고 드릴로 두꺼운 얼음을 뚫은 뒤 자신들이 좋아하는 낚싯감을 한없이 기다린다. 월아이walleye(미국과 캐나다에 자생하는 농어와 비슷한 민물고기_옮긴이)나 강꼬치고기northern pike, 블루길, 크래피crappie, 옐로퍼치yellow perch 같은 작은 민물고기들을 말이다.

그러나 1980년대 초반에 멘도타 호에서 월아이 개체군이 줄어들면서 연중 어느 시기에 가도 낚아 올릴 물고기가 몇 마리 없게 되었다. 게다가 녹조와 수초 때문에 여름철 호숫가는 고약한 악취로 숨이 막힐 지경이었다. 낚시꾼들과 시민들은 주 당국에 관련 조치를 취할 것을 강력히 요구했다.

위스콘신 주 정부의 자연자원과Department of Natural Resources(DNR)는 호수의 수질을 개선하고 물고기 보유량을 늘리기 위해 다양한 방법을 시도했다. 호수 주변의 지방자치단체들은 녹조에 연료를 대주는 인의 용출을 줄이기 위해 농가를 대상으로 프로그램을 지원하는 동시에 수초를 물리적으로 제거하기 위한 노력을 기울였다. DNR는 지역 낚시회를 지원하여 월아이를 양식하여 확보하도록 했다. 하지만 멘도타는 아주 큰 호수다. 낚시회가 양식하는 물고기의 양은 양동이에 떨어진 물 한 방울 격이라 자연적으로 번식하는 개체군을 늘리기에는 역부족이었다. 그러던 중 DNR의 수산정책국장인 제임스 애디스James Addis가 한 편의 과학 논문을 읽고 대담한 발상을 떠올리게 되었다.

이 논문은 위스콘신 주의 동북쪽, 미시간 주 경계선 가까이에 위치한 작은 호수 세 곳을 대상으로 한 새로운 실험에 관한 것이었다. 이 연구는 노트르담대학교의 스티븐 카펜터Stephen Carpenter와 위스콘신대학교의 제임스 키첼James Kitchell이 주도했다. 로버트 페인이 주창한 영양 종속 개념의 초기 신봉자였던 카펜터와 키첼은 일반적으로 호수의 생산성은 최대 네 가지 영양 단계를 포함하는 연쇄 효과에 의해 통제된다는 가설을 제안했다. 호수의 영양 단계는 제일 위에 배스나 강꼬치고기, 연어와 같은 최상위 포식자, 동물성 플랑크톤을 먹는 작은 물고기, 식물성 플랑크톤을 먹는 동물성 플랑크톤 그리고 맨 아래에 조류藻類를 포함한 식물성 플랑크톤으로 구성된다.

이 가설을 시험하기 위해 그들은 내부의 먹이그물 관계가 잘 알려진 세 호수를 선정했다. 피터 호, 폴 호, 튜스데이 호는 각각 크기가 2~5에이커 정도 되는 작은 호수다. 피터 호와 폴 호에서는 큰입배스(포식자1)가 크기가 작은 송사리(포식자2)를 먹고, 송사리는 작은 갑각류(동물성 플랑크톤)를 먹고, 다시 이들은 담수 조류(식물성 플랑크톤)를 먹었다. 반면에 이들 가까이에 있는 튜스데이 호의 먹이사슬은 흥미로운 차이점이 있었다. 이곳에는 배스가 없는 대신 송사리가 우월한 위치를 차지했고, 동물성 플랑크톤은 귀했으며 조류가 두텁게 자랐다.(저자는 실험 대상이 된 연준모치속*Phoxinus*, 펄고기속*Umbra* 작은 민물고기들을 '송사리'라는 일반 명사로 통칭함_옮긴이)

이러한 관찰을 토대로 과학자들은 만약에 튜스데이 호에 배스를 도입한다면, 호수의 영양 단계가 피터 호와 폴 호처럼 바뀌리라고 예측했다. 하위 단계에 있는 개체군의 풍부도도 마찬가지로 뒤바뀔 것으로 생각했다. 이 가설을 시험하기 위해 카펜터와 키첼은 피터 호에서 400마리나 되는 엄청난 양의 배스를 잡아 튜스데이 호로 옮겼다. 하지만 400마리는 고사하고 배스 한 마리 잡기도 쉬운 일이 아니다. 결국 전기 충격기를 이용해 물고기를 수면으로 뜨게 한 뒤 퍼 날랐다. 이로써 피터 호에 사는 배스 성어 90%가 제거되어 튜스데이 호로 옮겨졌다. 그리고 반대로 튜스데이 호에 사는 송사리 집단 90%(약 4만 5,000마리)가 제거되어 피터 호에 옮겨졌다. 폴 호는 날씨나 그 밖의 변수에 대한 대조군으로서 그대로 남겨졌다.

튜스데이 호에 배스를 도입하고 송사리를 제거한 결과는 예측한 대로 빠르게 나타났다. 남아 있던 송사리마저 새로 유입된 배스에 잡아먹혀 거의 다 사라졌다. 동시에 동물성 플랑크톤의 총 생물량이 70%까지 증가했다. 반면에 담수 조류는 70%나 감소했다. 배스의 유입과 송사리의 제거가 튜스데이 호에서 영양 단계를 바꾸어놓은 것이다. 그림 9.2

제임스 애디스는 이러한 연구 결과를 보고 멘도타 호에 서식하는 포식성 어류의 개체군을 증가시킨다면 녹조를 줄이고 수질을 개선할 수 있으리라 생각했다. 애디스는 키첼에게 전화를 걸어 그와 카펜터가 북쪽에서 수행했던 실험을 멘도타에 적용할 수 있을지 의논했다. 키첼은 대찬성이었다. "어디 해봅시다!"

그러나 멘도타 호는 피터 호보다 2,000배는 더 크고 깊었다. 실험을 시도하기 위해서는 엄청난 규모의 실행 계획을 세워야 했다. 또 멘도타 호는 인구가 밀집된 도시의 주 정부청사에서 겨우 몇 블록 밖에 떨어져 있지 않았다. 다시 말해 정치적 상황도 고려해야 했다. 물론 비용 문제가 걸리기도 했다.


## 치어, 유어와 낚시꾼


애디스는 적어도 예산 문제는 해결할 수 있었다. 당시 의회에서 새로운 수산자원 발전 기금을 지원하는 연방정부 낚시 어종 복원 지원법의 수정안이 통과되었다. 낚시 보트, 보트 연료, 낚시 장비 판매로 거둬들인 세금 덕분에 낚시 어종 프로그램에 대한 지원금이 1985년 3,800만 달러에서 1986년 1억 2,200만 달러로 세 배가 늘어난 것이다. 새로 통과된 법안으로 위스콘신 주는 매해 수백만 달러를 지원받을 수 있었다. 멘도타 호가 당면한 큰 문제 중 하나가 월아이나 강꼬치고기 같은 포식성 낚시 어종의 감소였기 때문에, 개체군을 복원한다는 목적 아래 기금을 신청할 수 있었다.

그러나 일은 쉽게 풀리지 않았다. 위스콘신 주의 물고기와 연관된 정치적 문제가 있었다. 월아이는—키첼이 말한 바로는 맛이 기가 막히다

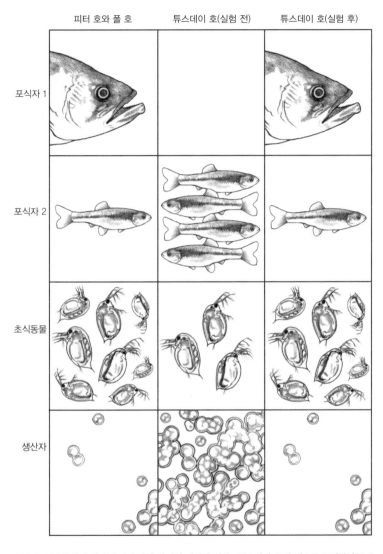

|  | 피터 호와 폴 호 | 튜스데이 호(실험 전) | 튜스데이 호(실험 후) |

**그림 9.2** 위스콘신 주의 호수에서 영양 단계에 개입한 결과. 튜스데이 호에 배스를 도입하자(오른쪽) 피터 호와 폴 호에서(왼쪽) 일어나는 영양 단계와 비슷하게 바뀌었다. 송사리가 줄어들고 식물을 먹는 동물성 플랑크톤이 늘어났으며 담수 조류가 줄어들었다. 　　　　　　　　그림_리앤 올즈

는 단순한 이유로—낚시광들에게는 상징적인 물고기로 숭배 받고 있었다. 위스콘신 주 북부 지방의 호수들은 잘 알려진 낚시 관광 명소로서 월아이 보유량을 어느 정도 갖추고 있어야 했다. DNR의 월아이 총 생산 능력은 360만 마리였는데, 이는 이미 주 전체가 필요로 하는 수요를 맞추기에도 턱없이 부족했다. 따라서 멘도타에 공급할 월아이를 확보하기 위해 DNR는 모든 호수에 월아이 보유량을 유어幼魚 10만 마리 이하로 제한하는 정책을 시행했다. 그러나 그 정도의 수로는 멘도타의 월아이 개체군에 별다른 영향을 미칠 수 없었다. 키첼과 애디스는 향후 몇 년간 위스콘신 주 전체 월아이 생산량의 약 25%가 멘도타 호에 공급되어야 한다고 추정했다. 이로 인해 위스콘신 주의 지역 양식장 업주들과 마찰이 일어났다.

또 하나의 정치적 난관이 이 프로젝트를 위협했다. 수만 명이 사용하는 도시 속 대형 호수를 대상으로 대규모 실험을 실시하기 위해서는 충분한 공공 토론을 거쳐 여론을 수렴해야 했다. 더구나 이 실험은 위스콘신의 주도州都에서 행해지는 것이었고, 120만 달러의 막대한 공적 자금이 투여되기 때문에 프로젝트를 시작하기에 앞서 상세한 검토가 필요했다. 만약 실험이 실패한다면 이 프로젝트는 세금의 낭비 그리고 더 나아가 물고기의 낭비라는 비판을 감수해야 하는 상황이었다.

또한 과학적 회의론도 있었다. 영양 종속은 당시에도 아직 널리 받아들여지지 않은 새로운 개념이었기 때문이다. 수십 년 동안 생태계는 먹이 또는 영양분에 의해 아래로부터 위로 조절된다는 것이 지배적 관점이었다. 그리고 카펜터와 키첼이 다루었던 북쪽의 작은 호수들과 달리 멘도타는 이른바 농업과 도시가 방출하는 다량의 외부 영양분을 유입 받아 미생물 생장에 연료를 대주는 부영양호였다. 그래서 어떤 이들은 미생물 상위 단계의 먹이사슬을 조작한다고 해서 과연 이러한 외부에서의 영양 유입 효과를 극복할 수 있겠느냐는 의구심을 가졌다. 또 스스로 번식할 수 있는 수준에 도달하기 위해서는 얼마나 많은 물고기가 필요하며, 멘도타 호의 경우에 그 수준이 어느 정도인지 가늠하기도 어려웠다. 과학자들은 월아이나 강꼬치고기의 증가가 다른 종들에 미치는 영향에 대해 확신하지 못했다.

그러나 지역 어민들과 낚시연합회들은 이 프로젝트에 열광적 반응을 보였다. 실제로 그들은 프로젝트에 지원을 아끼지 않아 사비를 들여 필요한 물고기를 양식하겠다고 제안할 정도였다. 과학자들은 멘도타 호에서 월아이가 늘어나자마자 낚시꾼이 몰려들게 되면 전체 실험을 망칠 수도 있다는 가능성을 간과할 수 없었다. 결국 낚시 단체들은 위스콘신 주 내에서 어떤 호수에도 적용된 적 없는 가장 강력한 규제법에 동의하게 되었다.

엄청난 대중의 지지 그리고 제임스 애디스가 DNR와 주 정부를 강력하게 설득한 덕분에 마침내 프로젝트에 청신호가 켜졌다.

실험의 성공 여부를 판단하기 위해서는 호수에 물고기를 채우기 전에 현재 호수에 서식하는 물고기의 개체 수를 반드시 파악해야 했다. 전체 1만 에이커에 달하는 호수에 4,000마리 이하의 성체 월아이와 1,400마리의 강꼬치고기가 서식한다고 추정되었다. 그에 비해 동물성 플랑크톤을 먹는 시스코cisco(북아메리카에 자생하는 연어과 흰송어속의 민물고기_옮긴이)는 양쪽 포식자보다도 200배 이상 풍부했다. 1987년 봄, 마침내 멘도타 호에 물고기 방생이 시작되었다.

사람들은 아마도 다 큰 물고기 수천 마리 정도 집어넣으면 되지 않겠느냐고 생각할 것이다. 하지만 다시 생각해보자. 물고기는 다윈의 생존 법칙에 따라 살고 있다. 암컷 월아이는 하룻밤에 5만 개의 알을 낳을 수 있다. 그러나 안정적인 개체군에서조차 두 마리를 제외한 나머지는 포식이나 굶주림, 그 밖의 다른 위협 때문에 성체가 되기도 전에 세상에서 사라져버린다. 그래서 DNR는 치어稚魚나 유어의 형태로 아주 많은 수의 물고기를 넣어주어야 했다. 치어는 알에서 갓 부화한, 겨우 모기만 한 크기의 아주 작은 물고기로 헤엄도 잘 치지 못하는 상태이다. 유어는 월아이의 경우 약 5cm, 강꼬치고기의 경우 길이가 약 25cm 정도 되는 어린 물고기를 말한다. DNR는 1987년에서 1989년까지 매해 2,000만 마리의 월아이 치어와 50만 마리의 유어, 이렇게 총 6,000만 마리 이상의 물고기를 투입했다. 또 강꼬치고기의 경우는 매해 1,000만 마리의 치어와 최대 2만 3,000마리의 유어를 멘도타에 들이부었다.

멘도타 호 프로젝트 연구진은 이후에 수질뿐 아니라 투입한 물고기와 다른 멘도타 호 거주자들의 운명을 추적해갔다. 물고기를 방생한 첫해에는 거의 모든 월아이 치어가 살아남지 못했고, 유어의 생존율은 약 3% 그리고 이후에 더 감소했다. 하지만 대다수가 살아남지 못했음에도 불구하고 3년 만에 호수 안에서 월아이 개체군은 두 배가 되었다. 몸집이 더 큰 강꼬치고기의 경우 더 잘 견뎌주어 30cm가 넘는 창꼬치의 수는 1987~1989년 사이에 무려 10배로 증가했다.

그런데 놀라운 일이 벌어졌다. 1987년 여름은 비정상적으로 더웠는데, 시스코는 수온이 올라감에 따라 변하는 물의 화학적 특성에 매우 민감한 종이었다. 프로젝트가 시작할 무렵 뜨거운 날씨가 이어지는 바람에 시스코 개체군의 95%가 떼죽음당하는 사건이 일어났다. 이렇게 자연적으로 발생한 사건이 멘도타 호에서 영양 단계의 연쇄 반응을 촉발했다. 시스코는 호수의 동물성 플랑크톤, 이를테면 물벼룩의 일종인 다프니아 갈레아타*Daphnia galeata* 같은 작은 갑각류를 먹고 산다. 그리고 물벼룩은 담수 조류를 먹는다. 그런데 시스코가 급격히 소멸하고 난 뒤 멘도타 호에서 다프니아 풀리카리아*Daphnia pulicaria*라는 아주 귀한 물벼룩 종이 다프니아 갈레아타의 자리를 대체했다. 다프니아 풀리카리아는 크기가 더 큰 종으로 먹성이 좋아 담수 조류를 비롯한 식물성 플랑크톤을 마구 먹어치웠다. 시스코가 대량 폐사하고 몸집이 큰 물벼룩이 번성하고 담수 조류와 식물성 플랑크톤이 억제된 결과 호수의 물이 맑아지기 시작했다.

대자연은 멘도타 호 프로젝트 첫해에 도움의 손길을 주었지만, 실험을 망칠 정도로 개입한 것은 아니었다. 첫 3년이 지난 뒤 물고기 보유량은 낮은 비율로 감소했고 그 후 10년 동안 월아이와 강꼬치고기의 보유량은 실험 전과 비교했을 때 약 4~6배 수준에서 안정화되었다. 이는 프로젝트에 대한 언론의 '관심' 어린 보도 덕분에 실험이 시작하자마자 호수 내에서 월아이와 강꼬치고기 낚시가 여섯 배나 늘었음에도 불구하고 달성한 것이다. 게다가 시스코 개체 수는 낮은 수준에 머물렀다. 예전에는 훨씬 귀하던 커다란 물벼룩 종이 이제 멘도타에서 우월한 초식동물의 지위를 차지했다. 외부로부터 호수로 유입되는 인의 수준은 여전히 높았지만 호수의 수질은 실험 전보다 꾸준히 나아졌다.

포식자를 투입한 이후 호수의 군집 구조가 바뀐 과정은 자연적으로 발생한 시스코의 소멸이라는 사건에서 벗어나기 어렵다. 하지만 새롭게 자리 잡은 월아이와 강꼬치고기가 잠재적인 시스코의 재성장을 억누르고 호수의 새로운 환경(더 많은 포식자, 더 적은 중간 포식자, 더 많은 동물성 플랑크톤, 더 적은 식물성 플랑크톤 그리고 깨끗한 물)을 그대로 유지하는 데 크게 이바지했다는 것은 틀림없다. 따라서 멘도타 호의 실험은 성공적이었고, 여전히 성공 사례로 인정받고 있다. 세계 여러 나라에서 수질 관련 관리자들이 이 사례에 주목했고, 이후 많은 호수가 플랑크톤을 섭취하는 물고기를 제거하고 최상위 포식자를 넣어줌으로써 성공적으로 호수의 질을 개선했다.

그러나 포식자의 투입으로 변화를 끌어낸 것은 호수뿐만이 아니다.


## 늑대와 버드나무

1995년 1월 12일 정오 무렵 미국 내무부장관 브루스 배빗Bruce Babbitt, 미국 어류 및 야생동물관리청장 몰리 비티Mollie Beattie 그리고 그 밖의 세 사람이 노새가 이끄는 썰매에서 쇠로 만들어진 커다란 회색 상자를 끌어 내렸다. 그런 다음 상자를 눈 위로 끌어 옐로스톤 국립공원 라마 밸리Lamar Valley의 크리스털 크리크Crystal Creek에 있는 임시 우리로 옮겼다. 그림 9.3 상자의 구멍 안을 들여다볼 배빗은 깜빡이며 그를 쳐다보는 45kg짜리 암컷 회색늑대의 황금빛 눈동자와 눈이 마주쳤다. 그날 이른 저녁, 상자가 열리고 늑대 암컷은 다섯 마리의 다른 늑대들이 있는 우리에 합류했다. 두 달이 지나 늑대들이 새로운 환경에 익숙해졌을 무렵 옐로스톤을 향해 울타리의 문이 열렸다.

늘대들은 고향인 캐나다 앨버타$^{Alberta}$를 떠나 헬리콥터, 비행기 그리고 말 운반용 트레일러를 타고 1,500km의 긴 여정을 보낸 끝에 옐로스톤에 도착했다. 1926년에 마지막 늘대가 죽임을 당한 후 70년의 긴 오디세이를 거쳐 마침내 옐로스톤으로 되돌아온 것이다. 이로 인해 미국 최초의, 그리고 가장 사랑받는 국립공원에서 새로운 생태계 질서가 시작되었다.

늑대의 귀환은 이 사건과 관련된 사람들에게는 지루하고 때로는 넌더리 나는 과정이기도 했다. 멘도타 프로젝트는 구상된 지 2년 만에 구체적 실행 계획이 세워지고 돈을 끌어모아 빠르게 착수되었고, 대중의 큰 반발이나 호들갑스러운 축하 파티 없이도 거의 1억 마리가 넘는 물고기를 방생했다. 그러나 옐로스톤 늑대 복원 프로젝트는 결과적으로 겨우 31마리의 늑대를 풀어주는 데 20년이 넘는 시간이 걸렸다. 의회의 결의가 필요했고 소송과 법원 명령이라는 장애물을 뛰어넘어야 했다. 사전 환경영향평가 보고서에는 18만 건에 달하는 대중의 의견이 개진되었다.

늑대 귀환의 과학적 근거는 간단명료했다. 옐로스톤은 북아메리카의 세렝게티 같은 장소였다. 미국 본토 48개 주 중에서 포유류의 밀도가 가장 높은 곳이고 한때는 미국 서부에서 흔하게 나타났던 아메리카물소(버펄로 또는 바이슨)와 회색곰을 멸종으로부터 구한 피난처였다. 그런데 초기 정착 시대 이후로 이곳 생태계에서 번성했던 60종 이상의 동물 중에서 유일하게 자취를 감춘 종이 바로 늑대였다. 와피티사슴(엘크) 개체군은 늑대가 사라진 이후로 불쑥 존재감을 드러냈다. 그리고 와피티사슴 무리가 불어나면서 옐로스톤의 식생에 막대한 타격을 주었다. 늑

그림 9.3 1995년 1월 12일 옐로스톤 내에서 이루어진 최초의 늑대 방생. 미국 어류 및 야생동물관리장 몰리 비티와 내무부장관 브루스 배빗이 늑대가 들어 있는 상자를 운반하고 있다.
사진_짐 피코Jim Peaco, 옐로스톤 국립공원 제공

대가 없는 옐로스톤의 생태계는 자연스럽지도 완전하지도 않았다.

법적 근거도 명확했다. 1973년 의회에서 가능하다면 멸종위기종을 복원해야 한다는 기조 아래 멸종위기종 법안이 통과되었다. 그리고 1974년에 회색늑대는 멸종위기종으로 지정되었다.

그러나 문화적 이슈는 훨씬 복잡했다. 늑대의 소멸은 백인들의 미대륙 정착과 역사를 함께했다. 늑대가 소나 양 같은 가축에게 위협적인 존재로 여겨졌기 때문이다. 늑대를 죽여야 한다는 운동이 너무 심하게 일어난 나머지 한때 북아메리카 전역에서 흔하게 보이던 종이 1930년대에 들어서면서 대부분의 주에서 절멸했다. 미국 서부의 극히 제한된 한지역에서 이들을 복원하자는 외침조차 많은 사람들의 마음속에는 자신

의 목장과 농장에 살인마를 불러들이겠다는 협박으로 들렸다. 더욱이 대규모 와피티사슴 무리는 사냥과 관광 산업의 주된 자원이었다. 늑대의 등장은 와피티사슴의 퇴장을 예고했고, 이는 곧 그들의 지갑에서 돈이 빠져나간다는 것을 의미했다.

이와 대조적으로 야생동물 보호론자들과 환경론자들은 야생에서 늑대가 맞은 멸종 위기 상황을 자연에 함부로 손대는 인간의 무지하고 경솔함을 상징하는 사건으로 보았다. 따라서 그들에게 늑대의 재도입은 당연히 가야 하는 흥미로운 과정이었다. 하지만 이러한 생각이 과학적 담론인가? 너무 감상적인 것은 아닐까? 옐로스톤 밖으로까지 영역을 넓혀 갈 게 분명한 상황에서 늑대를 다시 불러들인다는 것이 과연 위험을 감수할 만한 가치가 있는 일인지에 대한 회의적 시각도 있었다.

이렇게 대립하는 의견들을 조정하기 위한 법률적 전제 조건은, 늑대 재도입이 옐로스톤 지역뿐 아니라 늑대를 비롯한 다른 야생동물, 사냥꾼, 가축에게 가져올 변화를 예측하고 장기적 이점을 파악하여 프로젝트에 드는 비용을 산출하는 과정이 선행되어야 한다는 것이었다. 그리고 이를 수행한 결과, 어류 및 야생동물관리청은 어디까지나 '실험적인' 늑대 개체군(10개의 무리로 나뉜) 100마리를 대상으로 추정된 다양한 예측 결과를 실은 환경영향평가 보고서를 제출했다.

이 보고서에 따르면, 늑대의 주된 사냥감은 와피티사슴이다. 전체 78~100마리의 늑대가 활동할 경우, 옐로스톤 북부 지역에서 와피티사슴의 개체 수가 5%에서 많게는 30%까지 감소할 것으로 예측되었다. 노새사슴은 3~19%, 와피티사슴은 7~13%, 아메리카물소는 15% 이하로 감소할 것이라는 결과가 나왔다. 반면에 큰뿔야생양이나 가지뿔영양

pronghorn antelope 또는 산양mountain goat 개체군에는 영향을 미치지 않을 것으로 보고되었다. 가축의 경우 첫 5년 동안에는 늑대로 인한 영향이 거의 없을 것으로 예측되었고, 좀 더 장기적 측면에서 보면 늑대들은 일 년에 평균 19마리의 소와 68마리의 양을 잡아먹을 것으로 예상되었다.

늑대 31마리를 방생하고 10년이 지난 후 옐로스톤 지역에서 늑대의 개체 수는 301마리로 불어났다. 그러나 예측과 달리 사슴은 안정적으로 유지되었고, 아메리카물소의 경우 실제로 수가 늘어났다. 그리고 큰뿔야생양, 가지뿔영양, 산양 개체군은 늑대의 출현에 전혀 영향을 받지 않았다. 가축의 경우에도 늑대의 수가 많아진 것에 비해 포식률은 예상치를 벗어나지 않았다. 양의 경우 매해 1%, 소는 0.01%로 미미한 수치에 그쳤다. 그러나 와피티사슴에 미친 영향은 훨씬 컸다. 겨울철 와피티사슴 개체군은 1995~2004년 사이에 절반이 사라져 1만 6,791마리에서 8,335마리로 줄어들었다. 이는 매해 늑대 한 마리당 평균 10~20마리의 와피티사슴에 해당하는 수치다.

생태학자들이 늑대 복원에 앞서 궁금하게 여겼던 한 가지 중요한 문제는 과연 늑대가 피식자의 감소 외에 생태계에 어떤 파급 효과를 가져올 것인가 하는 점이었다. 선구적인 박물학자 알도 레오폴드Aldo Leopold가 오래전에 주목한 것처럼, 늑대의 소멸로 인해 사슴과 와피티사슴이 불어나면 이들은 엄청나게 식생을 파괴할 것이었다. 이제 늑대의 포식이라는 새로운 압력 아래 옐로스톤의 와피티사슴 개체군이 감소하면서 생태학자들은 몇 가지 변화를 눈치채기 시작했다.

사시나무(백양나무)는 북아메리카에서 가장 널리 분포하는 수종으로 미국 서부 지역 전반에 걸쳐 감소해왔다. 1997년에 오리건주립대학교의 생물학자 윌리엄 리플<sup>William Ripple</sup>은 옐로스톤에서 사시나무가 사라지고 있다는 사실에 주목했다. 이는 기후 변화나 산불, 곤충이나 해충의 습격 그리고 초식동물이 지나치게 섭취한 결과로 설명될 수 있었다. 사시나무 군락의 감소 원인을 심도 있게 조사하기 위해 리플과 대학원생인 에릭 라슨<sup>Eric Larsen</sup>은 옐로스톤의 북쪽 구역 전체를 대상으로 다양한 크기의 나무에서 목편(코어) 샘플을 채취하여 나이테를 측정했다.

그들은 조사 결과를 보고 당황했다. 거의 모든 나무가 적어도 70년 이상 된 성목(다 자란 나무)이었던 것이다. 조사 대상의 85%가 1871~1920년에 성숙한 나무들이었고, 겨우 5% 정도만이 1921년 이후에 자라기 시작한 것이었다. 사시나무는 종자로 퍼지기보다 땅속뿌리로부터 움이 튼 어린줄기를 내보내어 증식한다. 따라서 뭔가 묘목이 자라는 것을 방해한 것이다. 리플과 라슨은 나무의 나이 분포에 단서가 있다고 보았다. 1920년까지는 문제없이 성장하던 나무들이 왜 그 이후에는 제대로 자라지 못한 것일까?

리플과 라슨은 와피티사슴이 사시나무 잎을 좋아한다는 것을 알았다. 사시나무는 양질의 식량으로 특히 와피티사슴의 겨울 식단 중 최대 60%를 차지한다. 그들은 또한 늑대가 와피티사슴을 잡아먹는다는 사실도 알았다. 1920년은 늑대가 미국 본토에서 몰살당한 시점이었다. 리플과 라슨은 이 세 개의 점을 연결했다. 늑대가 와피티사슴을 먹고, 와피티사슴이 사시나무를 먹고, 그러므로 늑대가 사시나무에 영향을 미친다는 논리는 태평양에서 해달-성게-켈프의 영양 종속과 정확히 일치하는 것이었다. 늑대의 박멸, 즉 핵심종이 사라지면서 와피티사슴을 틀어쥐던 고삐를 풀어주었고, 이것이 차례로 사시나무의 재생을 억누르는 연쇄 효과로 이어진 것이다.

리플과 라슨은 늑대 복원 프로젝트가 진행되면 "옐로스톤 북부 지역에 늑대 개체군이 자리 잡게 되면서 장기적으로 사시나무의 재생에 큰 도움이 될 것입니다"라고 말했다. 한편 리플과 다른 과학자들은 다른 의문도 가지게 되었다. 늑대가 사시나무에 긍정적 영향을 미친다면 이처럼 영향을 받는 종이 또 있지 않을까?

와피티사슴은 강둑을 따라 자라는 미루나무와 버드나무 이파리도 먹는다. 리플의 동료 학자 로버트 베스차 Robert Beschta는 1996년에 두 종을 모두 관찰하기 시작했다. 그는 옐로스톤의 하천 주변이 종종 황폐해진다는 사실을 알아챘다. 그가 본 버드나무들은 잎이 무참히 뜯어 먹혀 성장을 거의 멈춘 것이나 다름없었다. 그는 미루나무의 나이 구조를 조사했다. 그리고 리플이 와피티사슴의 행동 영역 안에 서식하는 사시나무 연구에서 밝혀낸 것과 동일한 패턴을 발견했다.

그러나 늑대의 도입 이후 10년 동안 윌리엄 리플과 로버트 베스차는 공원 내의 특정 지역에서 사시나무와 미루나무, 버드나무에 생긴 변화를 목격했다. 잎이 더 풍성해졌고 특히 하천 주변에서 어린 사시나무와 버드나무가 더 많이 자라는 것을 알 수 있었다. 그런데 버드나무는 비버의 생존에 매우 중요한 역할을 하는 것으로 드러났다. 이는 비버도 마찬가지였다. 버드나무의 나뭇가지들은 비버에게 먹이와 댐을 지을 수 있는 재료를 제공했고, 비버의 댐은 버드나무가 자랄 수 있는 서식처를 마련해주었다. 늑대가 돌아온 뒤 라마 밸리에서 한 개밖에 없던 비버 집단의 수가 2009년에는 열두 개로 늘어났다. 그림 9.4

늑대의 재도입은 또 다른 파급 효과를 불러일으켰다. 늑대는 영양 단

**그림 9.4** 옐로스톤 국립공원에서 늑대의 재도입 이후 복원된 버드나무. 늑대가 재도입되기 전(왼쪽)과 후(오른쪽) 사진을 비교하면 와피티사슴 개체군이 줄어들면서 버드나무의 재생이 이루어지고 있음을 알 수 있다. 　　　　　　　　사진_옐로스톤 국립공원(왼쪽), 윌리엄 리플(오른쪽) 제공

계의 중간 포식자인 코요테의 천적이다. 일부 늑대들이 옐로스톤 국립공원을 벗어나 이웃하는 그랜드티턴<sup>Grand Teton</sup> 국립공원에까지 자리를 잡자, 코요테 개체군이 옐로스톤과 그랜드티턴에서 최대 39% 감소했다. 그런데 코요테는 어린 가지뿔영양을 잡아먹는다. 장기적 연구 결과에 따르면, 늑대의 활동 반경 안에서 가지뿔영양 새끼의 생존율이 네 배 더 증가한 것으로 드러났다.

## 필요조건과 충분조건

늘대의 재도입은 옐로스톤 주변의 지역 사회에서도 연쇄 효과를 발휘했다. 그러나 우리는 포식자의 복원이라는 수를 아픈 생태계를 위한 만병통치약으로 여겨서는 안 된다. 분자생물학자들은 '필요조건'과 '충분조건'이라는 유용한 용어를 사용해 시스템이 작동하는 데 꼭 필요한 구성 요소(필요조건)와 그 자체로 어떤 결과물을 창출할 수 있는 구성 요소(충분조건)를 기술하곤 한다. 우리는 포식자라는 존재가 먹잇감의 수를 제어하는 데 없어서는 안 될 필요조건이라는 충분한 증거를 가지고 있다. 그러나 이들이 먹이그물과 생태계의 기능을 복원하는 충분조건이 될 수 있을까?

멘도타와 옐로스톤의 사례를 보면 대답은 '아니요'이다. 멘도타 호의 실험에서 동물성 플랑크톤을 먹는 시스코가 우연히 대량 폐사한 것은 아마도 녹조와 수질 변화를 촉발하는 데 필요한 추가적 조건이었을 것이다. 이는 다른 호수의 실험에서도 확인할 수 있다. 영양 단계의 변화를 유도하기 위해서는 포식자를 추가하는 동시에 중간 포식자를 제거할 필요가 있었다. 이와 비슷하게 옐로스톤 연구진은 비버의 복귀가 옐로스톤의 모든 지역에서 일어나지는 않았다는 것을 발견했다. 70년 동안 침식과 다른 요인으로 인해 주변 경관과 하천의 특성이 바뀐 지역에서는 비버의 복귀가 이루어지지 않았다. 늘대만으로는 그러한 물리적 변화까지 되돌리기에 '충분'하지 않았던 것이다. 쐐기돌 즉 핵심종을 제자리에 도로 집어넣는 것은 분명히 큰 도움이 되지만 아치 전체를 재건하는 데 충분한 것은 아니라는 말이다.

그렇다면 우리는 변화를 많이 겪은 생태계일수록 다시 복원하는 것
이 더 어렵다는 것을 충분히 예상할 수 있다. 그러나 다음 장에서 보겠
지만, 이러한 난관이 비범한 사람들의 끈질긴 노력을 좌절시키는 것은
아니다.

제10장

# 고롱고사 되살리기

정치는 인간의 역사에 언제나 함께할 것이다.
그러나 파괴된 야생은 다시 돌아오지 못한다.
야생이 심각하게 축소된다면 이를 복원하는 데
아주 오랜 시간과 엄청난 비용이 들 것이다.
_줄리언 헉슬리

"아프리카 전 지역에서 탐욕과 정치권력, 서툰 계획과 무지로 인한 약탈로부터 야생보호구역을 지키기 위한 전쟁이 진행 중입니다. 여기 모잠비크에서 우리는 이미 승리했습니다." 1970년 11월 11일 남아프리카공화국 더반<sup>Durban</sup>의 《데일리 뉴스<sup>The Daily News</sup>》는 이렇게 선포했다. 이 기사는 계속해서 모잠비크가 그들이 보유한 고롱고사 국립공원<sup>Gorongosa National Park</sup>이라는 "미지의 보석"을 아프리카에서 가장 큰 보호구역으로 확대하여 "자연이 외부의 도움 없이도 스스로 균형을 유지할 수 있는 곳"으로 만들려는 이 나라의 원대한 포부를 소개했다.

이 웅대한 계획 뒤에는 젊은 남아프리카 생태학자인 켄 틴리<sup>Ken Tinley</sup>가 있었다. 모잠비크 정부는 이 박사과정 학생을 고용하여 고롱고사 국립공원의 자원에 관해 연구하고 프로젝트를 계획하는 임무를 주었다. 턴리는 생태계가 온전히 반영되고 유지될 수 있는 방향으로 공원의 경계선을 결정하자고 주장했다. 세렝게티로부터 정남쪽으로 약 1,500km 떨어진, 동아프리카 지구대의 남쪽 끝에 자리한 이 국립공원은 공원 가까이에 우뚝 솟은 1,800m 높이의 고롱고사<sup>Gorongosa</sup> 산의 이름을 따서 고롱고사 국립공원이라고 불린다. 그림 10.2 고롱고사 산의 우림 지역에 내리는 비는 연간 약 2,000mm 정도로 계곡을 타고 내려와 공원 안을 굽이도는 강으로 흘러 들어간다. 따라서 확장된 고롱고사 국립공원의 경계는 동물들이 배회하는 다른 서식처뿐 아니라 고롱고사 산까지도 포함한다.

고롱고사 국립공원은 이미 소수의 세계 제트족(여행을 많이 다니는 부

그림 10.1 1960년대의 고롱고사 국립공원.　　　　　사진_호르헤 리베이로 루메Jorge Ribeiro Lume 제공

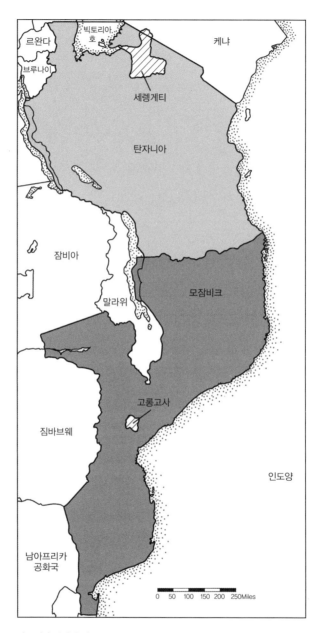

**그림 10.2** 아프리카 동남부 지도.

그림_리앤 올즈

자들_옮긴이)이 즐겨 찾는 장소로, 이들은 사자, 코끼리, 물소를 보고 자연의 경이로움을 찬미하기 위해 고롱고사를 찾았다. 1972년에 틴리는 약 4,000km² 넓이의 고롱고사 지역을 비행하면서 최초로 항공 측량을 수행했다. 그는 고롱고사 지역에 아프리카물소 1만 4,000마리, 검은꼬리누 5,500마리, 물영양 3,500마리, 얼룩말 3,000마리, 하마 3,000마리, 코끼리 2,200마리가 서식한다고 추산했다. 사자는 약 500마리 정도였다. 고롱고사가 보유한 엄청난 포유류의 수는, "미래를 내다보는 계획을 통해 모잠비크는 아마도 아프리카에서 비견할 데 없는 야생동물 보호 구역을 갖추게 될 것이다"라는 언론의 믿음이 타당함을 보여주었다.

1977년에 틴리는 6년 동안 고롱고사의 전체 생태계를 연구하고 공원의 새로운 경계선을 제안하여 논문을 마친 뒤 박사 학위를 받았다.

17년 후 틴리는 다른 연구진과 함께 고롱고사로 돌아왔다. 그리고 다시 찾은 고롱고사를 조사했다. 하지만 무려 40일 동안이나 돌아보았음에도 물소와 검은꼬리누, 하마는 한 마리도 보지 못했다. 겨우 물영양 129마리와 얼룩말 65마리 그리고 코끼리 108마리를 찾았을 뿐이었다. 공원의 상징인 갈기 달린 사자는 온데간데없었다. 연구진 중 한 명은 보고서의 제목을 "악몽이 되어버린 꿈"이라고 붙일 정도였다.

도대체 무슨 일이 일어난 것일까?


## 잃어버린 낙원

모잠비크 내전이 나라 전체를 지옥으로 몰아넣었다. 1975년에 마르

크스주의자들이 결성한 모잠비크해방전선은 모잠비크에서 포르투갈을 몰아낸 뒤 일당제의 사회주의 정권을 세웠다. 새로운 정권이 모잠비크 사회 전체를 통제하는 과정에서 전통적인 사회구조가 해체되었다. 마을 주민들은 강제로 도시나 공동 거주지로 이주하였고, 반체제 인사들은 재교육 수용소에 수감되거나 공개 재판에 회부되어 처형당했다. 이러한 억압적 조치로 인해 모잠비크해방전선이 정권을 잡은 지 2년 만에 모잠비크 민족저항운동(RENAMO, 레나모)이 조직되었다.

레나모가 무장 투쟁을 시도하면서 정부와의 갈등이 분출되었고, 결국 20세기 후반에 들어 가장 길고 잔혹하며 파괴적인 전쟁이 시작되었다. 1977년부터 1992년까지 15년이라는 시간 동안 100만 명 이상이 전쟁 중에 사망했고 수천 명이 고문을 당했으며 500만 명 이상이 고향을 떠나야 했다. 레나모는 고롱고사 근처에 반군 본거지를 세웠다. 이 지역은 -운이 나쁘게도- 모잠비크의 중심에 위치해 전략적으로 유리할 뿐 아니라 반군을 위한 식량과 은신처를 제공해주었기 때문이다.

고롱고사는 야생보호구역으로서 인간이 벌이는 전쟁의 총알이 비껴가는 중립 지대가 되기는커녕 오히려 정부를 상징하는 존재로서 반군의 주요 공격 목표가 되었다. 1981년에 공원의 본부가 공격당했고 1983년 공원은 완전히 폐쇄된 뒤 버려졌다. 레나모는 의도적으로 공원 주변의 학교, 우체국, 병원 등을 폭격했다. 특히 1983~1992년 사이에 고롱고사를 중심으로 격전이 벌어졌다. 양쪽 진영 모두 식량을 얻기 위해 야생동물에게 총을 겨누었다. 1992년 평화 협정이 체결된 후에도 공원에서는 야생동물 포획이 멈추지 않았다. 이를 저지할 공원 경비대가 없었기 때문이다.

그림 10.3 1995년 고룡고사의 관광객 시설.

1995년 유럽연합이 고룡고사 국립공원 건물의 일부를 복원하는 프로젝트를 후원했다. 소수의 베테랑 전문가들이 공원의 상태를 파악하기 위해 파견되었다. 공원 본부를 찾은 전문가들은 폐허가 돼버린 고룡고사를 보고 경악을 금치 못했다. 허물어진 건물과 버려진 차량은 총구멍과 낙서로 도배되어 있었다그림10.3 공원은 아주 위험한 곳이 되어버렸다. 이미 절멸한 것이나 다름없는 야생동물 때문이 아니라 땅속에 매립된 수많은 지뢰 때문이었다.

동물도 없고 관리 시설도 없는 공원에 관광객이 없는 것은 당연하다. 고룡고사의 미래는 암울했다. 그리고 이 상태가 수년간 지속되었다. 그러던 어느 날 고룡고사에서 1만 1,000km 떨어진 매사추세츠 주 케임브리지에 사는 한 미국인 기업가가 고룡고사의 이야기를 듣고 감히 이런

생각을 했다. '고롱고사의 운명을 바꾸어 예전의 영광을 되찾는 것이 과연 가능할까?'

## 몸 바쳐 일할 프로젝트가 필요했던 남자

2002년 어느 날 마흔세 살의 기업가인 그레그 카<sup>Greg Carr</sup>는 자신의 미래에 대해 깊이 생각하였다. 아이다호 출신의 하버드 대학원생이었던 카는 잘나가던 통신 회사를 팔아버리고 자선 사업에 뛰어들었다. 그는 1999년에 카 재단을 설립하고 인권과 예술, 환경에 초점을 맞추었다. 하버드대학교에 인권정책센터를 세우고 케임브리지에는 새로운 극단을 창립했다. 그러나 자신이 직접 참여하여 두 발로 뛰며 에너지를 쏟아부을 수 있는 새로운 프로젝트가 필요했다. 카는 자신이 가진 사업 능력과 재력을 이용해 사람들을 도울 수 있는 프로젝트를 찾아 헤맸다.

카는 급증하는 에이즈 재앙처럼 아프리카가 당면한 심각한 문제들을 염두에 두기 시작했다. 케임브리지에 사는 카의 이웃은 카가 아프리카에 관심이 많은 것을 알고 모잠비크 유엔 대사 카를로스 두스산투스<sup>Carlos dos Santos</sup>를 소개해주었다. "가서 그분과 얘기를 나누어보게."

카는 모잠비크에 가본 적이 없었기 때문에 뉴욕에 가서 대사를 만나기 전에 모잠비크에 대해 구할 수 있는 모든 자료를 찾아 샅샅이 읽었다. 모잠비크는 세계에서 가장 궁핍한 나라에 속했다. 카는 모잠비크 대사에게 경제 및 인간 개발을 목표로 하는 프로젝트를 찾고 있다고 말했다. "그렇다면 모잠비크로 오십시오." 두스산투스 대사는 그에게 말했다. "당신이 원하는 무엇이든 이룰 수 있습니다." 모잠비크 대통령과 친밀한 사이인 대사는 카를 대통령에게 소개해주겠다고 했다.

2002년 처음으로 모잠비크를 방문한 카는 모잠비크의 방대한 영토와 아름다움에 탄복했다. 캘리포니아의 두 배 크기인 모잠비크는 해안선의 길이만 1,600km가 넘었다. 모잠비크 대통령 조아킹 시사누<sup>Joaquim Chissano</sup>는 아프리카를 위한 자선 프로젝트에 카를 초청했다. 그러나 그의 인생을 바꾼 결정적 순간은 모잠비크가 아닌 이웃 나라 잠비아를 방문하여 처음 사파리를 떠났을 때 찾아왔다.

아프리카의 야생이 보여주는 절대적 아름다움과 아프리카 주민들이 겪는 지독한 가난을 직접 목격한 카는 완전히 다른 사람이 되어 돌아왔다. 그는 처음에 이곳에서 자신이 가진 부가 누구보다 절실한 사람들을 위해 학교, 병원, 우물을 세워야겠다고 생각했다. 그러나 마침내 그가 분명히 깨달은 것은, 아프리카 젊은이들이 학교를 마친다고 하더라도 돈을 벌 수 있는 일거리가 없다는 답답한 현실이었다. 모잠비크에서 진정한 변혁을 일으키기 위해서는 기본적 인프라를 갖추는 것뿐 아니라 일자리를 창출해야 한다고 판단했다. 탁월한 경영자의 안목으로 보았을 때 모잠비크가 개발할 수 있는 가장 확실한 산업은 바로 관광이었다. 아프리카의 동부와 남부에 있는 국가들은 하나 걸러 하나씩 활성화된 사파리 산업을 운영하고 있었다. 그러나 모잠비크는 아니었다. 왜일까? 카는 모잠비크 내전의 역사를 공부했다. 그래서 현재로서는 모잠비크에서 어떤 관광 산업도 불가능한 상태라는 사실을 알았다. 한편으로 1960년대에, 특히 고롱고사라고 불리는 지역이 관광 산업의 중심지로서 모잠비크 경제의 기관차 역할을 해왔다는 것도 알게 되었다.

카는 관광 산업을 재건하는 것이 최고의 전략이라고 결론지었다. 또한 이를 위해서는 건강한 국립공원이 필요하다는 것도 깨달았다. 생태학이나 보전에 대해서는 아는 것이 하나도 없었던 그는 보전의 정수를 섭렵해 나갔다. 헨리 소로Henry Thoreau, 존 뮤어John Muir, 알도 레오폴드Aldo Leopold, 레이철 카슨Rachel Carson, 에드워드 윌슨Edward O. Wilson까지.

2004년 보전과 복원을 향한 새로운 열정으로 가득 찬 카는 답사할 여섯 군데 공원 목록을 들고 모잠비크로 되돌아왔다. 남아프리카공화국에서 유명한 크루거 국립공원Kruger National Park 최고의 야생동물 수의학자인 마르쿠스 호프마이어Markus Hofmeyr가 자문위원 자격으로 카와 함께 동행했다. 그들은 수도인 마푸투Maputo에서 헬리콥터를 빌려 타고 림포포Limpopo에서부터 투어를 시작했다. 남아프리카공화국 국경에 위치한 림포포는 크루거 국립공원과 생태적으로 연결된 곳이었다. 림포포를 둘러본 그들은 고롱고사로 향했다.

카는 방대한 열대우림으로 뒤덮인 산과 대지구대의 우레마 호수와 인근 습지대를 보고 그 외적 아름다움에 바로 매료되었다. 아무것도 남지 않은 공원의 방명록에 그는, "이곳은 정말로 멋진 공원입니다. 누군가의 도움으로 아프리카에서 최고로 손꼽히는 국립공원이 될 것입니다"라고 썼다. 마침내 자신이 몸을 바쳐 일할 프로젝트를 찾은 것이다.

2004년 10월 카는 모잠비크의 관광부에 공원 복원을 위해 50만 달러를 후원할 것을 약속했다. 하지만 이는 소액의 보증금일 뿐이었다. 2005년 11월 그는 향후 30년 동안 공원 복원 사업을 위해 4,000만 달러를 기부하겠다고 선언했다. 단지 미국에서 모잠비크로 거액의 수표를 보내는 것으로 끝나지 않았다. 카와 그의 재단은 현장에서 모잠비크 국민과 모든 노력을 함께했다.

그에게 주어진 과제는 엄청나게 어렵고 힘든 일이었다. 함께 일할 엔지니어, 관광 산업 개발 전문가, 경제 전문가, 과학자들과 함께 고롱고사로 돌아왔을 때 공원 본부는 여전히 폐허 상태였고 흐르는 물이라곤 거의 없었으며 기껏해야 작은 발전기 한 대가 전부였다. 카는 여러 날 밤을 소형 트럭의 짐칸에서 보내야 했다. 고롱고사의 영광은 마치 잃어버린 기억 같았다. 모잠비크 주민들은 심지어 카에게 이렇게 말했다. "아이고, 괜한 일을 벌이네요. 거긴 지금 아무것도 없어요."

정말 아무것도 없는지 확인해야 했다. 카는 2004년 10월의 마지막 주에 항공 측량을 의뢰했다. 결과는 반반이었다. 전쟁이 끝난 무렵인 10년 전에 비해 물영양, 리드벅, 검은영양은 개체 수가 늘었다. 그러나 조사 지역에서 얼룩말이나 검은꼬리누, 코끼리, 아프리카물소의 흔적은 찾을 수 없었다. 구역 바깥에서 한 마리 외로운 아프리카물소를 보았고 공원 안에서 단 한 마리의 사자를 발견했을 뿐이었다.

케임브리지의 집으로 돌아온 카는 심한 말라리아에 걸렸다. 아마도 임시 숙박 시설에 머물면서 모기에 물렸을 것이다. 엄청난 두통과 반복되는 고열로 운신조차 할 수 없게 된 그는 고롱고사의 복원은 둘째 치고 자신의 건강 회복도 불확실한 상황에 부닥쳤다. 하지만 매년 50만 명의 아프리카 사람들의 목숨을 앗아가는 이 병의 치료법을 알고 있는 보스턴 의사들의 도움으로 다행히 건강을 회복할 수 있었다.

건강 상태든 고롱고사의 끔찍한 상황이든 모두 카를 저지하지는 못했다. 하지만 막상 야생동물의 개체 수 조사 결과를 손에 쥐었을 때 카는 어디서부터 어떻게 시작해야 할지 막막했다. 이는 한두 종의 포식자를 복원한다고 될 문제가 아니었다. 세계에서 고롱고사처럼 철저히 파괴된 지역은 없었다. 먹이그물의 모든 사슬이 끊어진 채로 방치되어 있었다.


## 아래로부터의 재건

고롱고사는 사자로 명성을 떨쳤고 사자야말로 관광객들이 기대하는 야생동물이긴 했지만, 공원의 재건을 먹이사슬의 꼭대기에서부터 시작할 수 없다는 것은 분명한 사실이었다. 먹이 피라미드 아래에 있는 그들의 먹잇감들이 모두 사라진 상태였기 때문이다. 따라서 대형 초식동물이 가장 먼저 돌아오는 것이 올바른 순서였다. 그동안 초식동물의 부재로 인해 공원의 식생에는 큰 변화가 생겼다. 나뭇잎을 뜯어 먹는 코끼리가 없으니 숲이 넓어졌고 풀을 뜯어 먹는 초식동물이 없어서 초원은 높아져만 갔다. 건기에는 심각한 화재로 들판이 모조리 불에 타버리는 일이 비일비재했다.

고롱고사는 동물이 필요했다. 그러나 어디서 동물을 구하겠는가? 크루거 국립공원이 질병 없는 건강한 아프리카물소 200마리를 데리고 제일 먼저 손을 내밀었다. 아프리카 동남부의 물소 개체군은 흔히 결핵이나 브루셀라 병원균에 감염되어 있었다. 크루거 국립공원에서는 감염되지 않은 개체군을 격리하여 건강하게 유지하고 있었다.

이렇듯 귀중한 동물들을 밀렵으로부터 보호하려면 우선 물소들이 안전하게 머물며 번식할 여건을 마련해주어야 했다. 카와 호프마이어는 림포포를 방문했을 때 공원 내부에 설치된 특별 보호 구역을 눈여겨보

**그림 10.4** 2006년 8월 고롱고사 국립공원에서 이루어진 최초의 아프리카물소 방생.
사진_도밍고스 무알라Domingos Muala, 고롱고사 복원 프로젝트 제공

왔다. 호프마이어는 카에게 고롱고사에도 보호 구역을 설치하자고 제안했다. 그들은 약 60km²의 구역을 설정하여 철저히 울타리를 치고 경계가 삼엄한 성역을 만들었다. 고롱고사에 새로 도착한 동물들이 사자나 밀렵꾼의 위협으로부터 안전한 보호 구역에서 새 출발을 할 수 있도록 최상의 조건을 확보한 것이다.

2006년 8월 드디어 첫 입주자들이 도착했다. 54마리의 아프리카물소였다. "믿을 수 없을 만큼 멋진 선물이었습니다"라고 카는 회상했다. 그러나 전쟁이 일어나기 전 고롱고사의 아프리카물소는 1만 4,000마리에 달했다. 이들이 충분한 수에 도달하기까지 10년 동안 매주 한 트럭씩 물소를 실어 날라야 한다는 계산이 나왔다. 비용도 문제지만, 남아프

리카에서 무려 1,000킬로미터나 떨어진 곳으로 이동하는 것은 동물에게도 충격과 부담이 매우 컸다.그림 10.4

　그나마도 아프리카물소의 경우는 쉬운 축에 속했다. 적합한 동물을 구한다는 것은 정말 어려운 일이었다. 고롱고사에는 얼룩말 중에서도 독특한 크로쉐이얼룩말Crawshay's zebra이라는 아종이 살았다. 검은 줄무늬가 배 부분 전체로 가늘게 이어지는 특징이 있는 크로쉐이얼룩말은 한때 아프리카 대륙 남동부에 걸쳐 널리 분포했지만, 점차 일부 보호 구역으로 서식 영역이 제한되었다. 카의 과학 전문 팀은 흔한 일반 얼룩말을 들여와 크로쉐이얼룩말이 멸종 위기에 처하는 것을 원치 않았다. 그들은 인내심을 가지고 몇 해를 더 기다렸다. 그리고 마침내 모잠비크의 다른 지역에서 총 14마리의 크로쉐이얼룩말을 데려왔다. 이들도 공원 내의 성역으로 들여보내졌다. 비슷한 방식으로 2007년에 검은꼬리누 18마리가 성역에 발을 디뎠다. 반면에 2008년에는 다른 국립공원으로부터 코끼리 6마리와 하마 5마리 그리고 2013년에는 35마리의 일런드 영양을 양도 받았는데, 이들은 성역을 거치지 않고 바로 공원에 풀어주었다.

　복원 프로젝트가 출범한 지 10년 이상이 지났다. 이곳의 동물들은 어찌 살고 있을까? 나는 고롱고사로 직접 가서 확인해보았다.

## 대형 야채샐러드 볼

　조종사 마이크 핑고Mike Pingo가 고롱고사에서 남동쪽으로 약 140km

정도 떨어진 해안가에 있는 베이라<sup>Beira</sup> 공항에서 자신의 선홍색 5인승 헬리콥터에 우리를 태웠다. 여기서 우리는 나와 내 아내 제이미, 하워드휴스의학연구소<sup>Howard Hughes Medical Institute</sup> 과학교육부 소속 데니스 리우<sup>Dennis Liu</sup>와 마크 닐슨<sup>Mark Nielsen</sup>을 말한다. 상대적으로 도로 시설이 열악하고 그나마도 습지대인 이 지역은 대부분 도로가 비포장 상태였기 때문에, 스물여섯 시간이나 걸린 여행의 마지막 교통수단으로는 헬리콥터가 적격이었다. 물론 발아래로 보이는 아름다운 경관은 덤이었다.

우리는 평평하고 대개는 아무것도 보이지 않는 지형을 수 킬로미터 비행했다. 가끔씩 나무가 군락을 이룬 지역이 나타났다. 초막 몇 채와 옥수수 밭이 전부인 마을도 보았다. 이윽고 고도가 올라가는 듯하더니 마침내 공원으로 들어섰다. 고롱고사에 대한 첫인상은 내 생각보다 훨씬 숲이 우거지고 울창한 산림이라는 것이었다. 크고 작은 야자나무들이 즐비했고 초록빛의 나무껍질이 인상적인 꼭두서닛과 나무들이 아름답게 자라고 있었다. 아카시아가 대부분을 차지하는 세렝게티의 초원과는 완전히 색다른 풍경이었다. 공원 안을 굽이쳐 흐르는 리우우레마<sup>Rio Urema</sup> 강에 도달하자 조종사 핑고는 뱀처럼 흐르는 강 위를 좌우로 비스듬히 기울여 날았다. 커다란 새 몇 마리가 우리 발밑으로 날아다녔다. 그리고 내 눈앞에 바로 그들이 보였다.

악어다! 등껍질이 노랗고 검은 체크무늬가 있는 나일악어가 진흙투성이의 강둑마다 온통 줄지어 모여 있었다. 예전에 오스트레일리아 북부 지역에서 상당히 많은 수의 악어 떼를 본 적이 있었다. 하지만 이렇게 많은 악어가 다닥다닥 붙어 있는 모습은 처음이었다. 약 30m 길이로 진흙이 드러난 땅마다 악어가 스무 마리 남짓 무리를 짓고 있었다. 고롱고사에서 아주 잘 먹고 잘 지내는 종이 적어도 한 종은 있는 셈이었다. 널브러져 있던 거구의 야수들이 우리가 접근하자 재빨리 몸을 움직여 강물 속으로 부드럽게 미끄러져 들어갔다. 나 같은 파충류 애호가에게는 놓치고 싶지 않은 아주 멋진 광경이었다.

마침내 우리는 치텡고Chitengo라고 부르는 본부 건물 외부의 간이 활주로에 착륙했다. 여기서 그레그 카와 고롱고사 복원 프로젝트 실무자들을 만났다. 초대 받지 않은 혹멧돼지와 개코원숭이들 몇 마리도 함께 동석했다.

"동물들을 보러 나서겠습니까, 아니면 오랜 여정에 지쳤을 테니 좀 쉬시겠소?"라고 그레그가 물었다. 이제부터는 형식을 깨고 '카'라는 성 대신 편하게 그의 이름을 부르겠다. 그레그는 내 친구니까 말이다. 그때가 오후 세시, 두어 시간 후면 해가 넘어갈 것이었다. 몸 안에서 마구 분비되는 아드레날린 덕분에 피곤한 줄도 몰랐다. 우리는 곧 지붕이 없는 사파리 트럭을 타고 덜컹거리는 비포장도로를 달렸다. 곧바로 덤불 속을 향해 달리는 임팔라 몇 마리가 나타났고, 수줍은 오리비(작은 영양류)도 보였다. 여러 개의 작은 웅덩이 주변으로 엉덩이에 하얀 고리 무늬가 인상적인 물영양 무리가 보였다. 우리는 차를 세우고 독수리와 물총새를 비롯한 다양한 새들을 감상했다.

나무와 높이 자란 풀은 마침내 드넓은 범람원(강이 범람하면 물에 잠기는 강가의 평지_옮긴이) 앞에서 끝이 났다. 우리는 길가에 트럭을 대고 내렸다. 눈앞에 나타난 아프리카의 파노라마를 보고 심장이 터질 것 같았다. 무성하게 자란 초본이 초록색 융단처럼 펼쳐졌고 군데군데 넓은 하천과 개울이 가로질렀다. 하천 주변으로 노랑부리황새와 유구오리, 박

**그림 10.5** 자선사업가이자 바텐더인 그레그 카. 고롱고사의 '히포하우스Hippo House'에 임시로 만든 바에서 저녁 시간에 음료수를 준비하고 있다. 히포하우스는 버려진 콘크리트 건물로 하마가 모이는 웅덩이가 내려다보인다. 　　　　　　　　　　　　　　　　　　　　사진_션 캐럴

차날개기러기가 모여들었다. 그리고 수십 마리의 물영양과 임팔라가 하천 주변의 풀을 뜯어 먹고 있었다. 몸을 돌리니 동아프리카 지구대地溝帶(단층에 의해 형성되어 긴 띠를 이루는 계곡_옮긴이)의 서쪽 경계를 이루는 지평선 위로 거대한 고롱고사 산이 우뚝 솟아 있었다. 산에 내리는 비는 우레마 호수, 그러니까 북쪽으로 지구대 바닥에 위치한 아주 크고 얕은 이 호수로 충분히 흘러 들어가고 있었다.

　저무는 해가 지구대를 배경으로 하늘을 온통 분홍빛, 주황빛으로 물들일 때 그레그가 무심히 내뱉었다. "곧 어두워지는데, 여긴 인적도 없고 가로등도 없고 길도 없고 말이지." 우리를 놀래주려던 것이라면, 그

는 제대로 성공했다.

•••

다음날부터 우리는 헬리콥터를 타고 우레마 호수와 범람원 위를 비행하며 산, 강과 호수, 범람원, 야생동물이 조화를 이룬 고롱고사 생태계의 아름다움을 온몸으로 느꼈다. 상공에서 보니 녹음의 범람원은 하마와 영양을 비롯하여 공원 내에서 포유류가 가장 밀집된 곳이었다. 어째서 그렇지? 하는 단순한 호기심이 생겼다. 범람원을 만들어낸 것은 무엇일까?

우레마 호수는 놀랄 만큼 광활했고 범람원이 사방으로 수 킬로미터씩 펼쳐져 있었다. 하지만 6월은 고롱고사의 건기였다. 몇 달 전만 해도 평원 대부분이 물에 잠겨 있었고 호수는 현재보다 몇 배 크기로 불어나 있었다고 한다. 건기 동안 물이 마르면서 엄청난 넓이의 땅이 드러났는데, 새롭게 토사가 유입되어 비옥하고 물 빠짐이 잘되는 골짜기에 거대한 '샐러드 볼'이 만들어졌다. 이 '샐러드'는 11월이 되어 비가 다시 내릴 때까지 수많은 야생동물을 먹이고 키울 것이다.

그레그는 고롱고사의 모든 포유류 가운데서도 공원의 복원과 생태계에 가장 결정적인 종이 무엇인지 잘 알고 있었다. 바로 인간이다. 공원 주위에 거주하는 사람들은 약 25만 명으로 대부분이 하루에 1달러가 채 안 되는 돈으로 연명하며 살았다. 복원 프로젝트가 장기적으로 성공하기 위해서는 온전한 야생보호구역으로 거듭난 고롱고사야말로 농경지나 벌목지, 식품 저장고 이상의 가치가 있다는 것을 증명해야만 했다. 그레그는 복원 프로젝트의 지역사회 발전 계획과 취지에 대해 설명하면서 고롱고사의 야생동물을 소개할 때 못지않은 열정을 보였다.


## 인간 개발

지역사회에 일거리를 창출하고 서비스를 제공하기 위해 고롱고사 복원 프로젝트Gorongosa Resurrection Project(GRP)는 실제로 공원 내부의 복원 못지않게 공원 밖에다 비용을 쏟아부었다. 우선 GRP는 복원 프로젝트 과정에서 인근 주민 수백 명을 직접 고용했다. 야생동물 개체군 회복 과정에서 가장 중요한 임무 중 하나는 바로 공원을 순찰하며 불법 사냥이나 낚시, 벌목, 경작, 방화 등을 막는 경비대의 역할이다. 대부분 인근 지역 사람들로 구성된 약 120명의 무장 경비대는 드넓은 야생 지대를 몇 날 며칠씩 돌아다니며 야생동물을 포획할 목적으로 설치된 올무를 찾아 제거한다. 올무는 철사로 엮은 고리 모양의 덫으로 동물을 불구로 만들거나 죽이는 데 사용되는 가장 흔한 수단이다. 공원 경비대는 이런 덫을 설치한 밀렵꾼을 찾아 체포할 책임이 있다. 매우 어렵고 위험한 일이다. 또 동물과 인간의 충돌을 조정하는 일도 도맡아 하고 있는데, 어둠을 틈타 마을을 습격하는 코끼리로부터 농작물을 지키는 일도 여기에 포함된다.

관광 산업 역시 일자리 창출원이자 지역사회의 수입원이 된다. 관광 산업을 재건하기 위해 GRP는 2006년에 60명의 지역 정찰대를 고용하여 고롱고사 산을 방문하는 관광객들을 안내하도록 했다. 2007년에는 본부 가까이에 아름다운 야외 식당과 수영장 시설을 갖춘 새로운 관광객 숙박 시설을 개장했다. 2005년에 고롱고사 방문객이 1,000명 미만이었지만, 2008년에는 무려 8,000명이 고롱고사 국립공원을 찾았다. 2009년에는 고롱고사 관광 수입의 20%가 인근 지역사회로 분배되어야 한다는 정책이 수립되었다. 수익금은 지역위원회의 결정에 따라 학교나 병원, 화재 예방 등 다양한 사업에 배분되었다.

모잠비크는 부유한 나라가 아니다. 그중에서도 고롱고사는 가장 빈곤한 지역이고 대부분 주민이 기본적인 교육과 병원 치료로부터 소외되어 있었다. 2006년에 GRP는 리우 풍구에<sup>Rio Púnguè</sup>의 반대편으로 공원의 남쪽 경계에 인접한 비뉴<sup>Vinho</sup>에 보건소를 설치했다. 2009년에는 이동 보건소를 운영하여 주민들에게 예방 접종, 임산부 산전 관리 및 가족 계획, 질병 예방 서비스를 제공하기 시작했다. 말라리아 예방을 위해 공원 완충 지대에 거주하는 주민 25만 명 모두에게 모기장도 배포했다.

또한 2006년에는 비뉴에 초등학교를 세웠는데, 이 지역에서 개교한 첫 학교였다. GRP는 2010년 빌라 고롱고사<sup>Vila Gorongosa</sup>에 주민 교육 센터를 설립하여 수천 명의 어린이가 지역의 식생이나 동물상을 익히고 기본적인 환경 규범을 배울 기회를 마련했다. 농민들에게는 환경을 파괴하지 않고도 지속해서 경작할 수 있는 농경법을 가르쳤다. 마을 주민들이 생산적이고 효율적인 농경법을 배우고 새로운 작물을 시도하도록 농업 전문 지식과 기술도 제공했다. 이렇게 공원 밖에서 이루어지는 사업의 목적은 하나다. 고롱고사 국립공원 바깥의 토지가 효과적으로 사용되고 식량 확보가 제대로 이루어진다면 공원의 땅이 짊어져야 하는 부담이 가벼워질 것이라는 간단한 전제에서 비롯한 것이다. 우리가 주민 교육 센터를 방문한 날에는 마침 20여 명의 농민이 모여 고롱고사 산의 비탈면에 커피나무를 식재하는 방법을 배우고 있었다.

커피나무 재배는 사실상 공원에서 가장 중요한 자원인 물을 확보하는 제일 시급한 프로젝트이다. 우레마 호수를 비롯하여 공원 내부를 관통하는 대부분의 강은 뜨겁고 기나긴 건기를 겪으면서도 완전히 말라버리지 않는다. 고롱고사 산에서 일 년 내내 물이 흘러나오기 때문이다. 고롱고사 산의 우림은 마치 스펀지 같아서 우기에 한껏 비를 빨아들였다가 건기에 지속해서 물을 방출한다. 이렇게 흘러내리는 고롱고사의 물은 '샐러드 볼'이 전반적인 습기를 유지하는 데 큰 역할을 한다. 결국 산에서 내려오는 물은 고롱고사 생태계의 젖줄인 것이다.

그런데 고롱고사 산의 활엽수림은 개발과 옥수수 등 농작물 경작으로 빠르게 감소해왔다. 나무가 자라지 않는 산은 보유할 수 있는 물의 양이 줄어들고 토양이 씻겨 나간다. 옥수수는 한 자리에서 오래 경작할 수 없기 때문에 땅의 지력이 바닥날 때마다 새로운 땅으로 옮아가야 한다. 그 과정에서 더 많은 숲이 깎여 나간다. GRP는 우림이 파괴되는 것을 막고 가능하면 되돌릴 수도 있는 방법을 기획해야 했다. 농민들이 다르게 행동할 수 있는 기회와 동기를 주기 위해 옥수수보다 경제적 가치가 있으면서 숲의 재성장과도 어긋나지 않는 작물을 찾아야 했다.

그들이 선택한 것이 바로 그늘에서 자라는 커피나무였다. GRP는 고롱고사 산 고지대 산비탈에 대규모 양묘장을 설치했다. 우리는 땅에 심을 준비를 마친 4만 그루의 커피나무 묘목을 보았다. 묘목이 자리 잡는 것을 돕기 위해 옆에 비둘기콩<sup>pigeon pea</sup>을 나란히 심는다. 비둘기콩은 빠르게 자라는 안정적인 작물로서 어린 커피나무에 그늘을 제공하고 동시에 농민들에게는 식량과 수입을 줄 것이다. 또한 2,200그루의 커피나무와 함께 헥타르당 90그루의 활엽수를 심어 농장에 그늘을 마련해주었다. 장기적 관점에서 GRP는 커피 산업이 번창하고 이와 더불어 숲이 복원되기를 희망한다. 보전과 경제 및 인간 개발의 필요가 합의점을 찾은 것이다.

그러나 GRP의 야심 찬 계획에도 차질이 생겼다. 레나모는 계속해서 정치적인 불법 무장 단체를 조직하여 다시 정부와 충돌하였다. 2013~2014년에 공원이 임시 폐장되고 GRP 직원들은 강제로 산에서 철수해야 했다. 두 정당은 새로운 협약에 서명했지만 정치적 분쟁은 계속되었다.

밀렵도 문제였다. 고롱고사 먹이사슬의 최상위 포식자는 악어나 사자가 아닌 바로 인간이다. 우리가 9일을 머무는 동안 나는 공원 구치소로 너덧 명의 밀렵꾼을 태우고 가는 트럭을 석 대나 보았다. 고롱고사에서 일어나는 밀렵은 동아프리카 대부분 지역에서 일어나는 것처럼 상아 채취를 위한 코끼리 살육이 아니다. 대개는 식량으로 사용할 고기를 얻기 위해 덫을 설치한 경우다. 그러나 고롱고사 보전 프로그램 책임자인 페드로 무아구라Pedro Muagura의 말처럼, 그들이 얼마나 많은 밀렵꾼을 잡아들이는지에 상관없이 밀렵은 공원의 야생동물들에게 무자비한 일상의 사상자를 낸다. 이러한 현실적 상황을 보고 들은 나는 고롱고사의 동물 개체 수에 어떤 변화가 있었는지─사파리 투어만으로는 도저히 가늠이 안 되는─몹시 궁금해졌다.

## 고기가 들어간 샐러드

토요일 밤에 우리는 과학자와 공원 관리자들이 간이 활주로 근처의 야외 회의장에 모여 공원 야생동물의 현재 상황에 대해 논의하는 자리에 초대를 받았다. 복원 프로젝트 초창기에 그레그는 열성적으로 전 세계 과학자들을 초빙하여 고롱고사의 동식물을 연구할 기회를 만들어주었다. 쿠두, 부시벅, 사자 그리고 심지어 흰개미를 연구하기 위해 여러 대학의 생물학자들이 고롱고사를 찾아왔다.

아프리카 야생동물 전문가이자 고롱고사의 학술 팀장인 마크 스탈먼스<sup>Marc Stalmans</sup>가 제일 먼저 발표를 시작했다. 스탈먼스는 가장 최근에 공원 전체를 대상으로 항공 조사를 실시했다. 건기가 끝날 무렵 12일 동안 다섯 명의 팀원과 함께 마이크 핑고의 헬리콥터를 타고 – 문을 연채로 – 대지구대를 가로질러 스물아홉 번이나 왕복하면서 공중에서도 눈에 띌 만큼 큰 포유류들을 세었다. 모두 19종의 초식동물이었다.

찾아낸 총 동물의 수는 무려 7만 1,086마리였다!

2000년에 코끼리, 하마, 검은꼬리누, 물영양, 얼룩말, 일런드영양, 아프리카물소, 검은영양, 사슴영양을 다 합쳐서도 1,000마리가 못 되었던 것을 생각하면 매우 놀랄 만한 숫자이다. 오늘날에는 이 종들이 거의 4만 마리에 이른다. 코끼리 535마리와 하마 436마리를 포함해서 말이다. 스탈먼스는 조사 대상 거의 모두가 바로 이전 집계보다도 큰 폭으로 증가했고, 복원 프로젝트가 시작하기 전에 집계된 수치에 비하면 엄청나게 불어났다고 보고했다. 겨우 7년 만에 물영양과 임팔라의 밀도는 각각 4배와 2배가 되었고, 검은영양과 물영양 개체 수는 1960년대와

1970년대에 그들이 달성했던 최고치를 초과했다. 이런 수치는 밀렵으로 인한 소실에도 불구하고 이루어낸 것이다.

그레그 카에게도 이러한 변화는 가슴 벅찬 일이었다. 겨우 10년 전만 해도 관광객들은 온종일 달려야 겨우 동물 한 마리를 볼까 말까 했지만, 이젠 어딜 가도 동물들이 떼로 나타났다. 그는 특히나 이 7만 마리의 동물들을 트럭으로 실어 나르지 않아도 되었다는 사실에 안도하고 기뻐했다. 대자연의 힘이 알아서 일을 처리한 것이다.

그레그는 "자연에 기회를 주어라. 자연에는 회복력이 있기 때문이다"라고 말했다. 그리고 그 기회는 고롱고사의 공원 경비대가 책임지고 제공해주었다. 새롭게 번식하는 동물들을 보호해온 것이다.

공원의 회복력은 세렝게티 법칙의 다섯 번째가 효력을 발휘한 것이다.(제7장 참조) 빠르게 되살아나는 개체군은 세렝게티에서 아프리카물소와 코끼리, 검은꼬리누가 그랬던 것과 정확히 똑같은 현상을 보여주었다. 서식처가 감당할 수 있는 수준에 비해 개체군의 밀도가 훨씬 낮으면 개체군의 성장률이 매우 높은 편이다.그림 7.6 고롱고사의 연구 팀은 많은 종이 일 년에 20%씩 증가하고 있다고 계산했다. 이는 우역 바이러스 박멸 이후 세렝게티에서 검은꼬리누와 아프리카물소가 폭발적으로 증가하던 시기의 수치와 맞먹는 것이다.

실제로 적절히 보호 받을 수 있는 서식처만 제공된다면, 동물은 개체군이 심각한 지경까지 줄어든 상황에서도 놀랍게 재기해왔다. 예를 들어 북방코끼리물범은 1800년대 말에 겨우 스무 마리밖에 남지 않았지만 오늘날에는 20만 마리가 넘는 개체군으로 성장했다. 오스트레일리아 서부의 혹등고래는 50년간 300마리에서 2만 6,000마리로 되살아났고, 북태평양 해달은 지난 세기에 1,000마리에서 10만 마리로 증가했다. 미시시피악어는 거의 절멸 상태에서 50년 동안 500만이 넘는 개체군으로 회복했다.

때로는 특정 종의 재도입이 필요한 상황이 있다. 그러나 그레그는 고롱고사의 경험으로부터 다른 대규모 복원 사업의 지침이 될 만한 교훈을 얻었다. "재도입이 아닌 법의 집행에 집중하라."

그러나 고롱고사가 변신을 완료하기까지는 갈 길이 멀다. 풀이 지나치게 자라는 것을 막기 위해서는 아프리카물소 같은 초식동물들이 더 있어야 한다. 물론 초식동물만이 중요한 포유류는 아니다. 육식동물은 어떤가? 고롱고사에는 아직 하이에나나 표범 같은 포식자가 없이 사자가 유일한 대형 육식동물이다. 사자는 거의 절멸 지경에 이르렀다가 어느 정도 회복된 상태이지만 그래도 역사적 수치와 비교하면 아직도 한참 모자라다. 최근 조사에서는 겨우 63마리가 집계되었다. 사자의 수가 적다는 사실은 고롱고사 생태계에서 아래로 작용하는 영양 단계 조절이 거의 이루어지지 않는다는 것을 의미한다. 물론 이 틈을 타서 어떤 초식동물은 현재 걷잡을 수 없이 빠르게 증가하고 있는지도 모른다. 이는 우리가 사파리 투어를 하는 동안 19종의 대형 초식동물들 외에 고양잇과 동물을 전혀 마주치지 못한 상황을 설명해준다.

과학자들이 너무나 궁금해 하는 한 가지 질문이 있다. 고롱고사에서 동물 개체군 증가율이 언제까지 고공 행진을 지속할 것인가 하는 점이다. 세렝게티에서는 생장 곡선이 아래로 내려가기 시작한 시점이 바로 그 순간이었다. 그림 7.6 개체군 생장을 제어하는 근본 요인의 하나는 서식처가 제공하는 물과 먹이로 감당할 수 있는 총 동물의 생물량이다.

그림 10.6 고롱고사의 사자들.　　　　　　　　　　　　　　　　　사진_ 션 캐럴

이는 생태계의 '환경수용력'을 말한다. 스탤먼스는 고롱고사가 $1km^2$ 당 8,000kg의 동물을 수용할 수 있다고 추산했다. 범람원에서는 아마도 더 큰 밀도가 허용될 것이다. 2014년 조사에서는 초식동물의 밀도가 $1km^2$당 5,500kg이었다. 아직은 어떤 개체군에서도 경쟁이나 밀도 의존 요인에 의해 증가 추세에 제동이 걸렸다는 신호가 오지 않은 것이다.

　관광객들의 관심을 끄는 거대 포유류에 연구가 집중되는 것은 충분히 이해할 수 있고 대체로 좋은 소식이긴 하나, 고롱고사의 건강이나 중요성을 나타내는 다른 지표를 무시해서는 안 된다. 이 지표 중에는 공원의 전체적인 생물다양성이 있다. 고롱고사는 이 점에서 독보적이다. 고롱고사가 겪은 엄청난 트라우마에도 불구하고 이곳이 품고 있는 다양한 서식 환경(우림, 사구림, 수변림, 미옴보 숲, 석회 동굴, 초원, 범람원 등) 덕분에 현재 아프리카의 어떤 보호 구역보다도 다양한 종들이 살고 있다. 생물학자들은 고롱고사에 적어도 3만 5,000종 이상의 동식물이 살고 있다고 추정한다. 이를테면 박쥐만 해도 30종류에 이르고 새는 400종류가 넘는다. 프레이저 기어Fraser Gear가 제대로 안내해준 덕분에 우리는 고롱고사에 살고 있는 다양한 거주민들을 만날 수 있었다. 야행성 동물인 제넷고양이, 갈라고 원숭이, 여러 종류의 몽구스 그리고 내가 제일 좋아하는 시벳civet(줄무늬와 얼룩무늬가 아름다운 고양잇과 동물)까지도 말이다.

　고롱고사에서의 마지막 저녁에 프레이저는 우리에게 마지막으로 해가 넘어가는 모습을 보여주려고 범람원의 파노라마로 우리를 다시 데려갔다. 어둠 속에 돌아오는 길에 나는 마지막으로 한 번 더 시벳을 보고 싶었지만, 프레이저는 평소처럼 숙소로 향했다. 나는 그저 남쪽 하늘에서 목성과 금성을 바라보는 것으로 마음을 달래고 있었다. 그런데 갑자기 프레이저가 차를 세웠다. 도로에 난 흔적을 들여다보더니 수풀 옆에 차를 댔다. 그리고 조명등을 사방으로 비추면서 우리를 높게 자란 수풀 사이로 천천히 이끌었다. 나는 전날 밤 그가 물웅덩이 위에 앉아 있는 아주 귀한 고기잡이올빼미Pel's fishing owl를 추적할 때도 같은 행동을 했던 것이 떠올랐다. 그는 또다시 물웅덩이 가장자리로 풀을 헤치고 나아갔다. 하지만 그가 다른 쪽으로 불빛을 비추었을 때, 우리는 그가 쫓는 것이 올빼미가 아니라는 사실을 눈치챘다. 사자 두 마리가 바로 뒤에서 우리를 노려보고 있었다. 그리고 세 번째 사자가 트럭 쪽에서 걸어오더니 겨우 5~6m 앞에서 드러누웠다. 조명을 더 넓게 비추자 네 번째, 다섯 번째, 아니 그보다 더 많은 사자가 웅덩이 주변에 늘어져 있는 모습이 보였다. 어린 새끼들을 포함해 모두 아홉 마리였다. 나도 모르게 뿌듯함이 커져만 갔다.

　가슴이 요동쳤지만 나는 감히 숨소리도 낼 수 없었다. 하지만 마음속에선 크게 외치고 있었다. 고롱고사 만세!

# 마땅히 따라야 할 법칙

미래의 가능성을 위해 지금 우리가 지킬 수 있는 것을 지키는 것,
이것이야말로 가장 큰 원동력이며 열정과 희생을 바칠 이유이다.
_알베르 카뮈Albert Camus

지금까지 생명의 게임을 이끌어가는 선수들과 그 게임을 지배하는 규칙을 발견한 선구자들을 만나보았다. 그리고 지식이 의학과 생물보전학의 발전을 위해 사용된 사례도 함께 살펴보았다. 이제 마지막으로 잠시 우리의 미래를 생각하는 시간을 가져보자. 우리를 기다리는 미래는 어떤 모습이고, 더 나아가 우리의 미래가 필요로 하는 것은 무엇일까. 앞서 이 책을 시작하면서 지난 세기에 일어난 생물학 분야의 발전이 인류의 삶을 질적·양적으로 크게 변화시킨 촉매 역할을 해왔다고 지적했다. 그렇다면 남아 있는 21세기에 생물학은 인류의 역사에서 어떤 중추적 역할을 담당할 것인가?

나는 우선 의료계에서 기대해도 좋을 기적이 많이 일어날 것이라고 확신한다. 인간은 특히 20세기에 들어 질병과 싸우고 예방할 방법을 꾸준히 모색해왔다. 그 과정에서 신체 활동의 중심 역할을 맡은 주전 선수

대부분을 파악했고 그들이 움직이는 법칙을 규명했으며 선수들이 무기력해지거나 법칙이 제대로 작용하지 않는 원인을 찾을 수 있었다. 오래오래 살고 싶은 인간의 욕망 때문에 이러한 발견과 혁신은 우리 사회가 뒷받침하는 우선순위에서 쉽게 밀려나지는 않을 것이다. 예를 들어 기대수명이 80세 이상인 현 세대는 알츠하이머 같은 노화 관련 질병의 원인과 메커니즘을 밝히고 이를 저지하는 데 총력을 기울일 것이다.

이러한 의학계의 발전은 무척 바람직한 일이지만 우리 사회와 생물학자가 당면한 가장 큰 도전 과제는 아니다. 다른 생물은 고사하고 당장 인류의 생명을 지탱하기에도 벅찰 만큼 생태계의 역량이 딸리고 있기 때문이다. 인간은 지구 상의 모든 서식처에서 최상위 포식자이자 가장 큰 소비자라는 이례적인 생태적 지위를 획득했다. 로버트 페인이 경고했듯이, "인간은 확실히 생태계를 독점하는 핵심종임이 틀림없다. 하지만 생태계의 법칙을 이해하지 못하고 끊임없이 생태계에 해를 가한다면 결국에는 최후의 패자로 남게 될 것이다." 이제 인간을 제어할 수 있는 유일한 종은 인간 자신뿐이다.

20세기를 지배한 모토가 '의술을 통한 더 나은 삶'이었다면 21세기의 모토는 '생태학을 통한 더 나은 삶'이 되어야 한다. 다행히 생태학의 중요성을 깊이 인식하고 고민하는 이들은 과학자들만이 아니다. 다음과 같이 말한 사람이 누군지 알면 아마 깜짝 놀랄 것이다. 적어도 나는 놀랐다.

어떤 생물 종을 상업적으로 이용하고자 할 때 종이 고갈됨에 따라 생태계가 불균형을 이루면서 초래되는 파급 효과를 막기 위해 해당 종의 번식과 생태를 연구해야 함에도 불구하고 여기에는 관심을 기울이지 않는 일이 자주 일어난다. … 생태계를 돌보는 일에는 선견지명이 요구된다. … 어떤 종이 파괴되고 심각한 타격을 입었을 때 이와 연관된 가치는 헤아릴 수 없이 크다. 눈앞의 이익을 위해 인류의 나머지 — 동시대인이건 우리의 후손이건 — 에게 환경 파괴의 막대한 비용을 대신 지불하게 하려는 발상은 불의를 보고도 침묵하는 마음과 같다.

이 글을 쓴 사람은 바로 프란치스코 교황Pope Francis(1936~ )으로 그는 2015년 6월에 〈더불어 사는 집을 돌보기 위하여On Care for Our Common Home〉라는 제목으로 지구 환경에 대해 특별한 회칙을 발표하였다. 교황의 회칙은 일반적으로 교회 교리와 관련된 주요 사안에 대해 로마 가톨릭의 견해를 밝힐 때 발표한다. 이 이례적인 회칙에서 교황은 "지구에 사는 모든 이들에게 전달하고 싶고", "공동의 집에 대해 모두와 이야기를 나누고 싶은" 소망을 피력하였다.

183쪽짜리 이 문서는 솔직담백할 뿐 아니라 놀랄 만큼 다양한 생태학적 사안들을 다루고 있다. 공해나 기후변화, 수질오염, 생물다양성의 감소와 종의 멸종을 포함한 수많은 환경 파괴와 이를 초래한 인간의 행동을 체계적으로 분석한 뒤 프란치스코 교황은 이렇게 말했다.

우리 모두의 집이 심각하게 황폐해진 지경에 이르렀다고 말해주는 사실들을 있는 그대로 받아들여야 한다. … 변화와 파괴의 속도가 너무 빨라 이제는 한계에 도달했다고 알려주는 징조들을 볼 수 있다.

교황은 다음 세기까지 인류와 공존하는 생명체를 보전하고 인류 자신을 위해 충분한 물과 비옥한 땅과 바다 그리고 적어도 100억의 인구를 먹여 살릴 수 있는 식량을 갖추기 위해서는 생태적 법칙이야말로 우리가 준수해야 할 법칙이라는 사실에 동의했다. 그는 이러한 생각을 지구적인 "생태적 전환"이라는 영적이면서 동시에 일상적인 용어로 함축하여 마음과 사고방식의 근본적 변화를 촉구했다.

이것은 확실히 어려운 요구이다. 사람들은 불가능하고 가망 없는 일이라고 말한다. 어떻게 190개국이 넘는 나라에 살고 있는 70억의 사람들이 빈부의 격차, 정치·종교적 신념을 극복하고 장기적인 공공의 선을 위해 생활 방식을 바꾸는 일을 시작이라도 할 수 있으리라고 희망하겠는가?

아주 적절한 질문이다.

이러한 의심과 비관론이 수많은 인류의 도전을 에워쌌다. 내가 이 책을 쓴 동기 중 하나는 복잡하고 오랜 시간이 걸리며 심지어 불가능해 보였던 도전들이 어떻게 난관을 극복했는지 보여주려는 것이었다. 우리는 심장병 발병률을 극적으로 떨어뜨리고 백혈병을 치료했다. 한때는 까마득한 꿈이라고 생각했던 일들이다. 해달과 늑대 그리고 다른 육식동물의 역사, 멘도타 호, 옐로스톤, 고롱고사에서의 경험을 통해 사라진 종을 복원하고 망가진 서식처를 고치며 파괴된 생태계를 되살리는 일이 충분히 가능하다는 것을 알게 되었다. 우리가 걷는 이 길의 방향을 바꿀 수 있는 시간이 아직 남아 있다는 뜻이다.

생태계 복원을 향한 우리의 희망은 충분한 과학적 근거에 바탕을 두고 있다. 하지만 과학만으로는, 인정하기는 싫지만, 충분치 않다. 희망이 힘을 발휘하기 위해서는 행동을 불러일으키고 성공을 가능하게 하는 지혜로 무장해야 한다. 레오나르도 다 빈치가 "지혜는 경험의 딸이다"라고 말한 것처럼 진정한 지혜는 참된 경험으로부터 나온다. 그래서 우리는 이렇게 묻는다. 생물학자와 교황이 희망을 걸 만한 지구적 시도가 행해진 적이 있느냐고.

나는 당연히 있다고 생각한다. 이제부터 많은 이들의 눈에 무모한 도전으로 보였지만 결국에는 성공을 이끌어낸 국제적 운동에 대해 간단히 소개하려고 한다. 이 운동은 인류가 성취한 가장 위대한 집단적 노력이었고 우리가 나아갈 길에 대한 희망과 지혜를 보여준다.


## 사회적 유토피아

겨우 50년 전만 해도 천연두 바이러스는 매년 1,000만 명을 감염시키고 200만 명을 죽음으로 몰아넣는 공포의 질병이었다. 여러 해 동안 수많은 나라에서 집단 예방접종을 통해 천연두 바이러스가 발을 붙이지 못하도록 애써왔기 때문에 이 끔찍한 질병을 이 세계에서 완전히 뿌리 뽑을 수 있다는 전망이 계속해서 논의되었다. 그러나 사람들은 불가능한 일이라고 생각했다. 왜냐하면 황열병이나 말라리아를 박멸하기 위한 시도가 꾸준히 이루어졌음에도 불구하고 둘 다 지구 상에서 완전히 박멸된 적이 없기 때문이다.

천연두 박멸의 가능성에 회의를 품은 사람들 중 가장 영향력 있는 사람은 세계보건기구의 마르셀리노 칸다우<sup></sup>Marcelino Candau 사무총장이었다. 칸다우 사무총장은 천연두가 적어도 59개국에서 발생한다는 사실 때문에 더욱 의심을 거두지 못했다. 그는 질병을 뿌리 뽑으려면 59개국의 총 11억 명에게(게다가 이들 중 몇 개국은 세계보건기구 회원이 아님) 백신을 투여해야 하는데, 접종은 고사하고 매년 수천수만의 마을에 사는 2~3억의 사람들에게 접근한다는 계획 자체가 불가능하다고 생각했다.

칸다우 사무총장은 또 다른 유명 인사와 뜻을 같이했다. 저명한 미생물학자 르네 뒤보René Dubos 박사는 1965년에 이렇게 썼다. "사회적 문제를 고려하기 시작하면 박멸 프로그램의 이론적 오류나 기술적 난제에 대한 논의 자체가 부질없어진다. 왜냐하면 수많은 세속적 요인 때문에 다른 문제들은 조용히 묻혀버릴 것이기 때문이다. 박멸 프로그램은 결과적으로 모든 사회적 유토피아에 존재하는, 도서관 선반 위의 호기심 어린 항목으로 남을 것이다."

그러나 1966년 미국뿐 아니라 소련의 압력으로 세계보건기구 의회는 3일간의 열띤 토론 끝에 천연두 박멸을 위한 특별 예산(쥐꼬리만 한 240만 달러에 불과했지만)을 가까스로 통과시켰다. 이에 낭패한 사무총장은 박멸 프로그램은 미국의 주도로 진행되어야 하며 실패했을 경우에도 미국에 책임을 물어 세계보건기구의 명성에 흠집이 나서는 안 된다고 강하게 의사를 표명했다.

질병과의 전쟁에서 행해지는 일반적 전략은 감염 국가에서 가능한 많은 사람에게 백신을 투여하는 것이다. 하지만 현실적으로는 극빈층, 유목민, 오지의 부락민을 포함하여 전체 인구의 10~20%와 접촉하는 것도 어려웠다. 그러나 프로그램이 시작된 지 일 년 만에 예측하지 못한 돌파구를 찾게 되어 등식에 변화가 찾아왔다.

현장에 배치된 미국인 담당자 중에 빌 포이지Bill Foege라는 루터교 선교 의사가 있었다. 포이지는 나이지리아에서 미국전염병센터(현재 질병관리본부)의 자문 위원으로 일했다. 1966년 어느 날 포이지는 오가자Ogaja 지방에서 천연두로 의심되는 환자가 발생했다는 무전 연락을 받았다. 포이지는 동료와 함께 오토바이를 타고 마을로 갔다. 천연두라고 확진을 내린 포이지는 환자의 가족과 마을 사람들에게 백신을 주사했다.

포이지는 발병 범위가 넓어질 것을 염려했다. 문제는 백신의 양이었다. 천연두가 발생한 지역의 인구가 10만 명이 넘었지만, 당시는 천연두 박멸 운동 초기라 겨우 몇 천 명 분량의 백신밖에 확보하지 못한 터였다. 지역 전체를 접종하기에는 턱없이 부족한 양이었다.

포이지는 전략을 바꿔야 했다. 그는 천연두가 어떤 병인지 공부했다. 특히 천연두의 생태에 대해 자세히 공부하여 천연두가 어떤 식으로 전염되고 언제 감염이 가장 잘 일어나는지 파악했다. 마침내 포이지는 감염이 진행 중인 지역의 주민들을 먼저 접종하기로 했다. 그는 반경 50km 안에 있는 모든 선교사에게 무전을 보내어 마을 전체에서 천연두 발병 건수를 확인해 보고하도록 했다. 천연두는 네 개 마을에서 발생했고 나머지는 감염 사례가 보고되지 않았다.

천연두 환자가 있는 네 개의 마을에 거주하는 선교사들의 정보를 바탕으로 포이지는 환자들이 방문한 적이 있는 세 개 지역을 추가로 찾아냈다. 포이지와 동료들은 현재 천연두 확산이 진행 중인 지역과 잠재적으로 발병 소지가 있는 지역의 주민 모두에게 백신을 주사했다. 이런 식으로 감염자를 중심으로 둥근 '고리'를 그리며 방역하여 바이러스가 원 바깥으로 나가지 못하도록 차단했다. 이러한 전략은 포이지가 젊은 시절 미국 산림청에서 소방관으로 일하면서 배운 화재 진압 방식과 유사했다. 산불이 확산하는 것을 막기 위해 불이 번지는 방향으로 미리 불을 질러 연료를 태워 없애는 것이다. 고리 접종(또는 전원 접종)은 바이러스를 앞질러 감염의 대상을 없애버림으로써 바이러스가 확산되는 것을 근본적으로 차단했다.

고리 접종 방식은 놀랄 만큼 효과적이었다. 인구의 겨우 15%가 백신을 맞았지만 6주 만에 해당 지역에서 천연두 발생이 완전히 저지되었다. 고리 접종의 성공으로 포이지 팀은 같은 방식을 나이지리아 동부 전체에 확대하여 시행했다. 무작정 대규모 예방접종을 실시하는 것에 비해 훨씬 적은 사람들에게 백신을 투여하면서도 발병을 완벽하게 막을 수 있었다.

그러나 서아프리카에서의 성공은 남아시아, 특히 천연두가 여전히 기승을 부리는 인도에서 천연두를 근절하기 위한 마지막 리허설에 불과했다. 포이지는 1973년에 인도에서 천연두 박멸 운동을 시작했다. 인도는 여러 해 동안 천연두를 잡겠다고 애썼지만 모두 수포로 돌아갔다. 사실 그들은 제대로 조처를 하지 않았다. 발병 범위와 인구수를 고려하면 대규모 군사 작전 수준의 노력이 필요한 상황이었다. 천연두 발병은 인구 8,800만의 우타르프라데시Uttar Pradesh와 5,600만의 비하르Bihar처럼 대체로 인구가 가장 많은 네 개의 주에서 일어났다. 세계보건기구는 열흘 동안 인도 전역의 모든 마을을 방문하여 발병이 확인된 지역에서는 곧바로 접종하는 전략을 세웠다. 이러한 초기 작전에 투입할 13만 명의 건강한 인력이 필요했다.

　포이지와 세계보건기구는 인도 당국과 협력해 인력을 확보하고 훈련한 뒤 20만 개 이상의 마을로 파견하여 천연두 발병 여부를 확인하고 감염자 주위를 방역했다. 이러한 대규모 지상 캠페인을 시작하기에 앞서 인도의 수상 간디<sup>Indira Gandhi</sup>(1917~1984)는 국민에게 협조와 지원을 촉구하는 성명을 발표했다. 얼마 지나지 않아 수색 팀은 천연두가 예상보다 훨씬 넓게 퍼졌다는 사실을 알게 되었다. 총 2,000개의 마을에서 1만 건 이상의 발병 사례가 보고되었다.

　이듬해 발병 건수는 증가했다. 1974년 4월에만 비하르 지역에서 4만 명 이상이 천연두에 걸렸다. 5월에는 수은주가 섭씨 49도까지 올라가 작업 여건이 열악해졌다. 매일 100군데가 넘는 지역에서 새로이 발병하여 환자가 1,000명씩 늘어났다. 일부 인도 공무원들은 천연두 박멸 프로그램에 대해 의심하기 시작했다. 이들은 막대한 인력 낭비라고 비난했다. 그러나 포이지는 곧 전환점에 다다를 것이라고 믿었다. 계속 늘어나는 환자와 새로운 지역에서의 발병이 증가하는 상황에도 불구하고 박멸 팀은 일주일에 800개의 감염 지역을 처리하면서 입지를 다졌다.

　포이지가 옳았다. 그해 5월은 최악의 달로 기록되었다. 하지만 5월을 기점으로 6월이 되면서부터 발병 건수가 감소하기 시작했고, 계속해서 잦아들었다. 1975년 1월의 발병 수는 198건으로 줄어들었다. 그리고 2월에는 147건으로 떨어졌다. 2월의 마지막 주에는 겨우 16개 지역에서 새로운 발병이 보고되었을 뿐이었다. 3월 초에는 3건으로 줄어들었고, 이렇게 인도에서 천연두 발병은 1975년 5월을 마지막으로 끝이 났다. 나라 전체를 1,000년 동안이나 괴롭혀오던 재앙이 불과 20개월 만에 완전히 사라진 것이다.

방글라데시와 에티오피아가 다음 표적이었다. 에티오피아는 내전 중이었지만 세계보건기구는 박멸 작전을 강행했고, 이 과정에서 관련 종사자들이 아홉 차례나 납치를 당했다. 자연적으로 발생한 마지막 천연두 감염은 1977년 소말리아에서 일어났다. 천연두는 1980년에 공식적으로 근절되었다. 그리고 천연두 백신은 지구 어디에서도 더 이상 필요로 하는 곳이 없게 되었다.

1966년 불운의 과제로 여겨졌던 이 박멸 프로그램을 울며 겨자 먹기로 맡아 주도했던 미국인 도널드 A. 헨더슨Donald A. Henderson은 이렇게 말했다. "위대하고 헌신적이며 상상력이 풍부한 사람들이 만들어낸 승리다. 그들은 많은 전문가들이 천연두 박멸을 불가능한 목표라고 생각했다는 사실조차 모르고 있었다."

천연두는 지구 상에서 완전히 근절된 유일한 인간의 질병이지만 유일한 기적은 아니다. 기근을 일으키고 문화를 파괴하고 문명을 쓰러뜨린 또 하나의 역병이 2011년 세상에서 소멸했다. 세렝게티뿐 아니라 고대 이집트와 로마제국에 재앙을 가져오고 1800년대 중반에 유럽과 영국에서 우역 발생의 원인이 되었으며 근대에 들어와 아프리카와 아시아를 위협했던 우역 바이러스가 수십 년의 노력 끝에 케냐에서 마지막으로 발병한 지 10년 만에 공식적으로 박멸되었다.

우역 바이러스를 물리친 캠페인은 천연두 박멸 이야기와 여러 면에서 비슷하다. 초기의 시도는 성공하지 못했다. 왜냐하면 감염된 집단에 접근하기가 어려웠기 때문이다. 사하라 이남의 아프리카 전역에 걸쳐 18개국에서 우역이 다시 찾아온 후에야 새로운 전략이 세워지고 지역

관습과 지리에 통달한 해당 지역 수의학 인력이 훈련되었다. 충분한 인력이 확보된 뒤 사람들은 에티오피아, 소말리아, 수단, 파키스탄, 예멘처럼 여전히 바이러스가 활발히 돌아다니는 지역의 소 떼를 찾아내 백신을 투여할 수 있었다.

이러한 두 차례의 박멸 운동을 통해 전 세계에 걸쳐 수백만 명의 사람과 동물을 감염시킨 바이러스가 완전히 뿌리 뽑혔다. 발병한 지역 대부분이 의료 서비스와 가축 치료 시설이 부족하고 교육 시설이 제대로 갖춰지지 않은 벽촌이었다. 심지어 정치적으로 불안한 지역도 많았다. 엄청난 수송상의 어려움을 넘어서 때로는 감염된 거주지를 격리하고 감시하거나 감염된 동물을 폐사하는 등 일상적이지 않은 조치를 수반해야만 했다. 이 박멸 운동을 성공으로 이끈 요인은 무엇일까? 그리고 이러한 경험을 통해 알 수 있는, 생태적으로 꾸준히 지속할 수 있는 관례를 실행하는 데 필요한 변화는 무엇인가?


## 새로 배운 교훈

2011년에 빌 포이지는 천연두 박멸 운동에 대한 경험을 담은 회고록《불타는 집House on Fire》을 출간했다. 회고록을 마무리 지으면서 포이지는 공공 보건 프로젝트에 적용할 수 있는 18개의 지침을 제안했다. 나는 이 지침들이 공공의 선이라는 어려운 목표를 달성하는 과정에 썩 훌륭하게 적용되는 것을 보고 놀랐다. 그중에서 가장 중요한 지침 몇 가지(굵은 글씨로 표시함)를 골라 생태적 목표 및 사례에 적용해보자.

**세계는 함께 노력할 수 있다.** 포이지는 지구적 운동을 통해 냉전 중의 핵무기나 에이즈 대유행처럼 모두가 공유하는 위험이나 공동의 목표를 구체화할 수 있다고 강조한다. 현재 생태계에 닥친 위험은 위협 수준이다.

**천연두 박멸은 우연히 일어난 사건이 아니다.** 포이지는 "세계는 인과관계로 이루어진다. 천연두는 인간이 의도적으로 구상하고 실천한 계획 때문에 사라진 것이다. 인류는 역병이나 형편없는 정부, 분쟁, 통제되지 못한 건강상의 위험으로 가득 찬 세계에서 살지 않아도 된다. 헌신적인 사람들이 모여 함께 협력하여 행동함으로써 더 나은 미래를 계획하고 불러올 수 있기 때문이다. 천연두가 박멸되었다는 사실은 우리가 나아갈 방향이 어디인지 꾸준히 상기시켜준다"라고 설명했다.

우리가 직면한 생태계의 상황은 공공 보건과 복지의 문제이기도 하다. 우리는 오염된 물과 공기, 녹조로 질식한 호수, 텅 빈 바다, 헐벗은 대지로 가득한 세계에서 살 수 없다. 그리고 이러한 세계에 우리 자신을 체념하고 받아들일 수도 없다.

**연대의 힘은 강력하다.** 포이지가 강조한 성공적 연대의 한 가지 특징은 공공의 목표를 달성하기 위해 개개의 자아를 억누르는 것이다. 자원, 권력, 명예를 얻기 위한 개인, 단체, 조직(공익 단체든 민간조직이든) 사이의 영역권 다툼이나 경쟁은 공동의 목표를 달성한다는 확고한 의지로 억눌러야 한다.

내가 앞으로 바라는 한 가지 연합은 전체 생물학 관련 집단들이 생태적 우선순위를 지지하기 위해 함께 일어서는 것이다. 특히 수적으로도 많고 영향력 있는 분자생물학계가 승선하여 그 영향력을 생태 연구와 교육을 지원하는 데 사용하기를 바란다.

교황의 회칙은 또한 역사적으로 아군이 아니었던 집단 간의 새로운 연합이 가능함을 보여주었다. "진정으로 우리가 자신이 만든 피해를 복구할 수 있는 생태학을 개발하고자 한다면 어떤 과학 분야, 어떤 형태의 지혜도 소외되어서는 안 된다. 여기에는 종교도 포함된다."

**사회의 의지는 매우 중요하다. 그리고 이 의지는 정치적 의지로 전환되어야 한다.** 포이지는 "프로그램에 대한 정부의 지원은 국민의 동의에 의존한다"라고 지적했다. 우리는 수십 년 동안 환경과 천연자원을 더 잘 보살필 수 있는 방법을 배워왔다. 그리고 많은 중요한 법안들(멸종 위기에 처한 야생 동식물종의 국제 거래에 관한 협약, 미국 멸종위기종보호법, 미국 해양포유류보호법)이 채택되어 수십 개의 종이 복원되었다.

정치적 행동이 이행되기 위해서는 과학적 제안이 필요하다. 과학자는 정치인이 훌륭한 공공 정책을 펼치는 데 필요한 정보를 제공해야 한다. 한 가지 덧붙인다면, 정치적 의지를 공고히 하는 또 다른 방법은 과학자 자신이 공직에 종사하는 것이다.

**해결책은 훌륭한 과학에 달려 있다.** 그러나 실행은 훌륭한 운영에 달려 있다. 천연두 박멸 운동은, 비록 재정 지원을 제대로 받지 못했지만, 자원과 인력을 훌륭하게 관리한 덕분에 성공했다. 이 부분에서 도널드 헨더슨의 공이 크다. 1978년 케냐에서 열린 회의에서 당시 세계보건기구의 사무총장은 헨더슨을 향해 다음에 박멸할 질병은 무엇이냐고 물었다. 헨더슨은 마이크를 잡더니 다음 목표는 바로 "나쁜 관리·운영"이라고 외쳤다.

멘도타 호와 옐로스톤, 고롱고사의 이야기는 각각 위스콘신자연자원과, 미국 어류 및 야생동물관리청과 국립공원관리공단 그리고 고롱고사 프로젝트-모잠비크 국립공원관리공단의 협력으로 이루어진 훌륭한 관리 · 운영의 성과물이다. 어류와 야생동물의 고갈, 수질 악화 등은 지식이 부족해서라기보다 형편없는 관리와 운영의 결과로 일어나는 경우가 많다.

추구하는 목표는 지구적일지 모르지만 실행은 언제나 지역 안에서 이루어진다. 천연두 박멸 운동은 지역의 문화와 필요에 따라 가장 유용한 전략을 결정했다. 마찬가지로 셀 수 없을 정도로 많은 개별 지역 사업들이 합쳐진 결과, 자연을 보전하고 복원하는 측면에서 지구적 노력이 이루어질 것이다.

예를 들어 인도네시아에서는 농약의 오용이 가져오는 위험이 인지되자 대대적인 운동을 벌여 농업 현장 학교를 설립하여 100만 명 이상의 농민을 교육시키고 해충 예방 관리법을 통합하여 천적이 자연적으로 벼멸구를 통제할 수 있도록 하였다. 정부는 또한 일부 농약의 사용을 금지했다.

**낙관적이 되라.** 포이지는 "낙관론자로 사는 것의 문제는, 사람들이 당신은 일이 어떻게 돌아가는지 모른다고 생각한다는 것이다. 그러나 이것이야말로 제대로 사는 길이다"라고 말한다. 그리고 비관론자를 위한 자리가 따로 있다고 경고한다. "하지만 그런 사람들을 당신의 급여 대상자 명단에 올리지는 마라."

신조가 뭐냐고 묻자, 그레그 카는 "낙관적이 되라. 왜냐하면 대안은 자기만족적인 예언이기 때문이다"라고 말했다.

**문명의 척도는 인간이 서로를 어떻게 대하느냐로 판단된다.** 포이지는 천연두 예방접종 프로그램이 "문명화된 프로그램"이라고 말한다. 접종한 사람뿐 아니라 동시에 그 주변 사람들까지도 보호했기 때문이다. 얼굴도 본 적 없는 미래 세대는 말할 것도 없고 말이다.

교황도 비슷한 감성을 나타냈다. "우리가 하는 일 그리고 우리가 기울이는 노력의 목표가 무엇인가? … 우리에게 중요한 것은 우리 자신의 존엄이라는 것을 깨달아야 한다. 다가올 세대에게 살 만한 지구를 물려주는 것은 무엇보다도 우리에게 달렸다. 이 문제는 우리에게 커다란 영향을 미친다. 왜냐하면 우리가 이 세상에 머무는 궁극적 의미와도 관련이 있기 때문이다."

이러한 속세의 지혜에 덧붙여 나는 우리 앞에 놓인 생태적 도전에 대해 세 가지를 지적하고 싶다. 첫째, 어느 곳에서도 단번에 정복되는 것은 없다는 사실이다. 천연두와 우역 모두 일부 국가에서는 다른 나라보다 먼저 박멸되었다. 고롱고사는 26개국에서 사자가 사라진 대륙에 있는 한 국가에 속한 하나의 공원이다. 하지만 어디에서 이루어지든 발전이 중요하다. 그리고 우리는 지구적 노력이 부족하다는 이유로 절망하고 마비되어서는 안 된다.

나의 두 번째 주장은 이것이다. 중요한 도전은 모든 사람이 준비될 때까지 기다릴 수 없다. 세계보건기구 사무총장은 천연두 박멸 운동에 반대했고 심지어 유니세프도 재정적 지원을 거부했다.

마지막으로 개인의 선택이 중요하다고 강조하고 싶다. 우리 대부분은 그레그 카나 세계보건기구 총장이 가진 자원을 가지고 있지 않다. 그러나 중요한 점은 그 자원을 가지고 무엇을 하겠노라고 또는 하지 않겠노라고 결정하는 데 있다. 그리고 자원을 소유한 여부와 상관없이 모든 사람들은 기여할 수 있는 '선택권'을 가지고 있다. 이제 마지막 이야기를 해보자.

1977년 10월 12일 천연두를 심하게 앓는 두 아이가 소말리아의 모가디슈 근처 마르카Merca에 있는 병원에 실려 왔다. 그들은 격리 병동으로 이송되어야 했다. 스물세 살의 친절한 병원 요리사 알리 마오우 말린Ali Maow Maalin은 운전사에게 격리 병동의 위치를 알려주기 위해 아주 잠깐 랜드로버 뒷좌석에 올라타 아픈 아이 곁에 앉았다.

그리고 2주 후 말린은 몸에서 열이 나기 시작했고 몸에 발진이 돋았으나 처음에는 수두로 진단 받았다. 천연두로 확진 받기 전까지 말린은 병원 안을 돌아다녔다. 천연두 예방접종은 병원 직원들에게는 의무 사항이었다. 그러나 말린은 예방주사를 맞기로 한 날 "총 맞은 것처럼 아플 것 같아서" 너무 무서워 백신을 맞지 않았다고 나중에 시인했다.

말린의 감염으로 세계보건기구는 소말리아에서 일하던 전염병학자들을 소환해 천연두가 퍼지지 않도록 애썼다. 말린이 근무하던 병원은 새로운 환자를 받지 않았다. 병동에 있는 모든 환자를 격리하고 경비원이 24시간 감시하였다. 또 말린과 접촉했던 모든 사람을 추적하여 세심하게 감시했다. 말린의 이웃과 병동 전체 사람들이 백신을 맞았다. 검문소를 설치하여 마르카를 드나드는 모든 사람들을 확인하고 예방접종을 했다.

이러한 즉각적 대응은 성공했다. 소말리아에서 천연두 발병은 더 이상 일어나지 않았고, 이는 지구 어느 곳에서도 마찬가지였다. 알리 마오우 말린은 이 세상에서 자연 발생한 천연두에 걸린 진짜 마지막 사람이 되었다.(1978년 영국에서 실험실에 보관된 천연두 바이러스에 의해 감염되어 사

망한 환자가 있었음_옮긴이)

　31년 후 1만 명 이상의 자원자와 보건 종사자가 집중적인 박멸 운동을 벌인 끝에 소말리아는 소아마비를 근절했다. 세계보건기구의 지역사회 담당자로서 여러 해 동안 전국을 돌아다니며 부모들을 설득해 아이들에게 소아마비 예방접종을 격려한 사람은 바로 알리 마오우 말린이었다. "저는 사람들에게 말합니다. 내가 천연두에 걸렸던 마지막 사람이라고." 그는 말했다. "소말리아는 천연두에 걸린 마지막 국가였습니다. 하지만 저는 사람들에게 우리나라가 소아마비에 걸린 마지막 나라는 되지 않을 것이라는 확신을 주고 싶었습니다."

## 감사의 말

이 책은 세렝게티에서 시작하여 고롱고사에서 완성하였다.

오하이오 털리도라는 생물다양성의 불모지에서 태어나 야생동물이 사는 머나먼 세상에 대해 꿈을 키워왔던 사람으로서 나는 놀랄 만큼 운이 좋다. 내가 사랑하는 사람들과 이렇게 특별한 장소에서 특별한 경험을 나눌 수 있었던 것은 정말이지 이루 말할 수 없이 감사한 일이다.

특히 아내 제이미에게 감사한다. 제이미는 아프리카 대륙이라는 미지의 세계가 주는 불확실성 앞에서도 용기를 냈고 이제는 그곳으로 옮겨 가서 살 준비가 되어 있다. 그리고 멋진 사파리 동행자가 되어준 아들 윌과 패트릭 크리스 그리고 크리스틴 핑크바이너Kristen Finkbeiner에게 감사한다. 또한 최고의 가이드였던 모지스Moses에게도 감사한다. 아산테 사나 Asante sana!(정말 고맙습니다)

그레그 카와 고롱고사의 친구들에게도 아주 특별한 감사의 말

310

을 보내고 싶다. 마이크 핑고, 바스코 갤런트Vasco Galante, 마이크 마칭턴Mike Marchington, 마크 스탤먼스, 프레이저 기어, 샌드라 스콘배츨러Sandra Schonbachler, 페드로 무아구라, 마테우스 무템바Mateus Mutemba, 파올라 보울리Paola Bouley, 로브 프링글Rob Pringle, 라이언 롱Ryan Long, 코리나 타니타Corina Tarnita, 매트 조던Matt Jordan, 타라 마사드Tara Massad 그리고 제임스 바이른James Byrne. 이들이 보여준 호의와 헌신, 전문성에 감사드린다. 또 오래도록 기억에 남을 사파리와 노을의 순간을 함께해준 더그 그리피스Doug Griffiths 모잠비크 대사와 그의 가족 얼리샤Alicia, 클레어Claire 그리고 헬렌 그리피스Helen Griffiths에게도 감사한다.

이 책은 많은 사람의 협조와 수고가 없었다면 쓰이지 못했을 것이다. 너그러이 인터뷰에 응해주고 관련 문서와 사진을 제공해준 조 골드스타인, 에드 스콜닉, 로이 바겔로스, 로버트 페인, 토니 싱클레어, 짐 키쳴, 스티브 카펜터, 짐 애디스, 그레그 카에게 깊은 감사를 드린다.

직접 만나서 인터뷰를 할 수 없었던 사람들에 대해서는 그들의 이야기를 끄집어내기 위해 여러 문서를 참조하고 그들의 가족이나 도서관 사서의 도움을 크게 받았다. 하워드휴스의학연구소의 니나 볼터Nina Balter는 다른 도서관과 연계하여 수많은 주요 문서를 찾아주었다. 옥스퍼드 대학교의 노르웨이극지연구소도서관Norwegian Polar Institute library과 보들리언 도서관Bodleian Library의 이바 스토케랜드Ivar Stokkeland가 찰스 엘턴에 관한 자료를 제공해주었다. 하버드 의과대학의 카운트웨이의학도서관Countway Library of Medicine은 월터 캐넌에 대한 자료를 제공해주었다. 파스퇴르연구소의 기록 보관소와 올리비에 모노Olivier Monod는 자크 모노의 사진을 제공해주었다. 데이비드 롤리David Rowley는 어머니인 재닛을 함께 회상해주었다. 모두에게 진심으로 감사한다. 또 특별히 도서관 서비스를 제공해준 보스턴의 닉 지콤스Nick Jikomes에게도 감사한다.

자료를 조사하고 글로 옮기는 모든 과정에서 나를 도와준 메건 마시-맥글론Megan Marsh- McGlone에게 고맙다는 말을 전하고 싶다. 메건은 수많은 자료들을 검토하고 참고 문헌과 주석을 편집하고 모든 그림과 사진에 대한 저작권 문제를 해결하고 원고를 준비하는 데 큰 도움을 주었다. 이 책의 모든 그림 자료를 편집하고 일부 그림은 직접 그린 리앤 올즈에게도 감사한다.

또한 이 책의 원고를 읽고 세세히 피드백을 해준 데니스 리우, 데이비드 엘리스코David Elisco, 존 루빈John Rubin, 로라 보네타Laura Bonetta, 앤 태런트Anne Tarrant, 제이미 캐럴Jamie Carroll에게 고마움을 표하고 싶다. 전문적이고 철저한 논평을 해준 앤드루 리드Andrew Read, 해리 그린Harry Greene, 사이먼 레빈Simon Levin에게도 감사한다.

특별히 프린스턴대학교출판사 담당 편집자인 앨리슨 칼렛Alison Kalett에게 고맙다. 이 책을 쓰게 된 계기는 앨리슨이 나를 일상에서 벗어난 세계로 초대했기 때문이다. 앨리슨은 나에게 "짧지만 도발적인" 책을 쓰라고 주문했다. 앨리슨이 충분히 만족했길 바란다. 마지막으로 지혜로운 조언과 지지를 보여준, 그리고 내가 바라는 대로 이루었다는 확신을 준 내 에이전트 러스 갤른Russ Galen에게 깊이 감사한다.

가족이 함께 저녁을 먹고 있었다. 독특한 취향을 가진 사춘기 딸이 텔레비전 채널을 돌리더니 아프리카 초원에서 맹수들이 먹이를 잡아먹는 피비린내 나는 장면을 넋을 잃고 보았다. 밥 먹는데 보기엔 좀 그렇지 않느냐고 한마디 했더니 대뜸 한다는 소리. "쟤들도 밥 먹잖아."

사춘기 아이의 말발을 어떻게 이기겠나 싶어 욱하는 마음을 억누르고 밥을 먹다 생각해보니 틀린 말이 아니다. 살아남기 위해 '먹고 먹히는 관계'는 후손을 생산하기 위해 '몸을 나누는 관계'와 더불어 지구 생태계라는 집을 짓는 기둥과 대들보임에 틀림없다. 따라서 밥 먹던 숟가락도 내려놓고 사냥꾼과 사냥감의 쫓고 쫓기는 숨 막히는 추격전에 몰입하는 것은 생명의 본능이다.

하지만 이 책의 저자 션 B. 캐럴은 동물의 왕국이라는 드라마에 숨어 있는 엄청난 반전을 우리에게 소개한다. 아프리카 초원에서 벌어지는

'리얼 드라마'는 치타가 연약한 가젤을 덮쳐 사정없이 목을 물어뜯는 자극적인 장면에 있지 않다는 것이다. 대신에 TV를 시청하는 대부분 사람이 지나가는 행인1쯤으로 여겼던 초식동물 '누'야말로 아프리카의 먹고 먹히는 관계를 좌지우지하는 숨은 실세임을 드러낸다.

이 책의 가장 중요한 소재는 위에서 말한 생태계의 먹고 먹히는 관계, 전문 용어로 '먹이사슬'이다. 아프리카와 극지방, 태평양과 대서양 연안, 미 대륙의 담수호와 옐로스톤 국립공원 그리고 동남아시아의 논에 이르기까지 지구 생태계 곳곳에서 형성된 수많은 먹이사슬이 이 책의 이야깃거리다.

수억 년에 걸쳐 형성된 생태계의 먹이사슬, 더 나아가 먹이사슬이 얽혀서 복잡한 망을 형성한 먹이그물은 아래에서 위로 갈수록 그 숫자가 줄어드는 '수의 피라미드'를 그리면서 안정적으로 유지되어왔다. 캐럴은 그 비결이 자신이 '세렝게티 법칙'이라 부른 '개체 수를 조절하는 법칙'에 있다고 말한다. 다시 말해 동물이 먹고 먹히는 관계에도 일관된 법칙과 논리가 있다는 것이다.

그런데 참 의외다. 책의 제목은 세렝게티 법칙, 소재는 먹이사슬인데 정작 책은 '인체의 지혜'로 시작하기 때문이다. 이게 다가 아니다. 캐럴은 한술 더 떠 박테리아와 효소, 곰팡이와 콜레스테롤, 바이러스와 암에 대한 이야기로 책의 절반을 할애한다. 도대체 무슨 꿍꿍이일까.

답은 노벨상 수상자인 자크 모노와 프랑수아 자코브의 다음과 같은 한마디에 담겨 있다.


대장균의 진리는 코끼리의 진리.

그렇다. 캐럴은 대장균의 진리가 어떻게 코끼리의 진리가 될 수 있는지 보여주려고 하였다. 대장균, 즉 박테리아로 상징되는 미시생물학에서 발견된 조절의 논리가 코끼리로 상징되는 거시생물학에 기가 막히게 맞아떨어지는 유레카의 기쁨을 독자와 함께 나누고 싶었던 것이다.

따라서 세렝게티 법칙이라는 제목을 보고 아프리카에서 일어나는 동물의 왕국 이야기인가 하고 책을 꺼내 들었다가 효소와 콜레스테롤, 암 이야기에 지레 겁먹어 책을 덮어버리지는 않았으면 좋겠다. 이 책에서 중요한 것은 효소나 콜레스테롤, 세포 조절의 복잡한 메커니즘이 아니라 그 이면에 있는 '단순한' 조절의 논리이기 때문이다. 오죽하면 캐럴 자신이 복잡한 메커니즘을 설명한 끝에 이건 "몰라도 된다"라고 굳이 덧붙였겠는가.


이제 이 책의 주제를 이야기해보자. 캐럴이 단지 분자생물학과 생태학의 놀라운 컬래버레이션(즐겨보는 오디션 프로마다 컬래버레이션 미션이라는 말이 나와 한번 써봤는데, 한글로는 협업 또는 공동 작업을 말한다)이라는 유레카의 기쁨을 공유하려 했다면 굳이 이렇게 힘들여 책을 낼 필요 없이 간단히 SNS에서 공유하는 것만으로도 충분했을는지 모른다. 하지만 캐럴이 원한 것은 ─ 물론 내가 캐럴은 아니지만 ─ 그 이상이다. 상아탑에 갇힌 지식이 아니라 현실의 문제를 직시하고 해결할 수 있는 지식을 전하고자 한 것이다. 그러면 현실의 문제란 무엇일까.

바로 세렝게티 법칙의 파괴이다. 세렝게티 법칙을 설명하기 위해 효소, 콜레스테롤, 세포 조절의 법칙을 이야기했듯이, 캐럴은 세렝게티 법칙이 파괴되었을 때 발생할 일을 더 생생히 보여주기 위해 효소, 콜레스테롤, 세포 조절의 법칙이 파괴되었을 때 일어나는 일을 먼저 다루었다. 바로 건강에 닥친 치명적 위험이다. 모든 것이 순조롭게 진행되던 세포 조절 과정에 문제가 생기면 정상 세포가 암세포로 돌변하듯이, 생태계의 먹이사슬 조절 과정에서 문제가 생기면 우리가 예상하지 못했던 생태계 파괴가 일어나 지구의 건강에 치명적 위협이 된다. 캐럴은 자신의 건강은 살뜰히 챙기면서 지구의 건강은 애써 무시하는 사람들에게 지금 생태계가 겪고 있는 것은 몸살 수준이 아니라 말기 암 선고를 내려야 할 지경이라고 말하고 싶은 것이다.

그럼 우리에게 희망은 있을까. 캐럴은 "아픈 지구를 치유하는 데 낙관적일 수밖에 없는 이유"를 한 개인의 노력, 그리고 국제적으로 펼쳐진 프로젝트와 그 성공담을 들어 이야기한다. 그리고 더는 무지하지 않기에, "몰라서 그랬다"라는 변명조차 통하지 않는 이 과학과 기술의 시대, 기적이 일어나는 세상에 사는 사람들에게 함께 실천하자고 설득한다.

눈에 보이지도 않는 미생물의 세계부터 전 지구를 아우르는 생태계를 조절하는 법칙을 다루는 무미건조한 과학책이라고 치부하기엔, 이 책 속에는 파란만장한 인생을 살고 떠난, 그리고 여전히 그런 삶을 살고 있는 사람들의 이야기가 실로 가득하다. 마흔다섯 살에 다섯 아이의 아버지임에도 자원 입대하여 쇼크 치료의 영웅이 된 의사 출신 과학자, 의사라는 직업을 애들 키우며 할 수 있는 아르바이트쯤으로 여기다 마흔이 넘어서야 연구의 즐거움에 빠져 암이라는 질병의 비밀을 밝힌 여의사, 제2차 세계대전 당시 실험실을 뛰쳐나와 프랑스 레지스탕스 사령관으로 복무하다 결국 노벨상까지 탄 과학자, 어마어마하게 큰 호수에 무려 6,000만 마리의 물고기를 쏟아부은 공무원, 잘나가던 사업을 때려치우고 내전으로 폐허가 된 아프리카로 가 국립공원 재건에 온몸을 바친 사업가이자 바텐더. 이 외에도 우리 주변에서 흔히 만나기 힘든 괴짜 같은, 그러나 끈기와 열정만큼은 독보적인 사람들이 이 책의 주인공이다.

식물분류학이라는 거시생물학에서 식물분자유전학이라는 미시생물학으로 전공을 바꾼 나는 두 학문 간의 괴리를 좁히기가 힘들었다. 하지만 '거장의 솜씨'로 아름답게 틈을 메운 이 책을 번역하면서 모든 학문이 궁극적으로 도달하는 곳은 하나이며, 진정한 진리 역시 하나라는 사실을 새삼 깨달았다.

마지막으로 저자를 대신하여 이 책의 원서가 출간되고 얼마 안 되어 고인이 된 로버트 페인을 추모하고 싶다. 하늘에서는 힘들게 불가사리를 떼어내는 일은 하지 않고 편히 쉬시길 바라며……

2016년 12월
조은영

참고문헌

Abelson, P. H., E. T. Bolton, and E. Aldous (1952) "Utilization of Carbon Dioxide in the Synthesis of Proteins by *Escherichia coli*. II." *Journal of Biological Chemistry* 198: 173–178.

Addis, J. T. (1992) "Policy and Practice in UW-WDNR Collaborative Programs." In J. F. Kitchell (ed.), *Food Web Management: A Case Study of Lake Mendota*. New York: Springer-Verlag: 7–16.

Alfirevic, A., D. Neely, J. Armitage, H. Chinoy, et al. (2014) "Phenotype Standardization for Statin-Induced Myotoxicity." *Clinical Pharmacology & Therapeutics* 96(4): 470–476.

Anderson, N. L., and N. G. Anderson (2002) "The Human Plasma Proteome: History, Character, and Diagnostic Prospects." *Molecular and Cellular Proteomics* 1: 845–867.

Anker, P. (2001) *Imperial Ecology: Environmental Order in the British Empire, 1895–1945*. Cambridge, Massachusetts: Harvard University Press.

Bangs, E. (2005) "How Did Wolves Get Back to Yellowstone?" *Yellowstone Science* 13: 4.

318

Barker, R. (2005) *Blockade Busters: Cheating Hitler's Reich of Vital War Supplies*. South Yorkshire, England: Pen & Sword Books.

Baxa, D. V., T. Kurobe, K. A. Ger, P. W. Lehman, and S. J. Teh (2010) "Estimating the Abundance of Toxic Microcystis in the San Francisco Estuary Using Quantitative Real-Time PCR." *Harmful Algae* 9: 342–349.

Benison, S., A. C. Barger, and E. L. Wolfe (1987) *Walter B. Cannon: The Life and Times of a Young Scientist*. Cambridge, Massachusetts: Harvard University Press.

Berger, K. M., E. M. Gese, and J. Berger (2008) "Indirect Effects and Traditional Trophic Cascades: A Test Involving Wolves, Coyotes, and Pronghorn." *Ecology* 89(3): 818–828.

Bernes, C., S. R. Carpenter, A. Gardmark, P. Larsson, et al. (2015). "What Is the Influence of a Reduction of Planktivorous and Benthivorous Fish on Water Quality in Temperate Eutrophic Lakes? A Systematic Review." *Environmental Evidence* 4:7: 1–28.

Beschta, R. L. (2005) "Reduced Cottonwood Recruitment Following Extirpation of Wolves in Yellowstone's Northern Range." *Ecology* 86: 391–403.

Bianconi, E., A. Piovesan, F. Facchin, A. Beraudi, et al. (2013) "An Estimation of the Number of Cells in the Human Body." *Annals of Human Biology* Early Online 40: 1–11.

Biggs, P. M. (2010) "Walter Plowright. 20 July 1923–20 February 2010." *Biographical Memoirs of Fellows of the Royal Society* 56: 341–358.

Bilheimer, D. W., S. M. Grundy, M. S. Brown, and J. L. Goldstein. (1983) "Mevinolin and Colestipol Stimulate Receptor-Mediated Clearance of Low Density Lipoprotein from Plasma in Familial Hypercholesterolemia Heterozygotes." *Proceedings of the National Academy of Sciences USA* 80(13): 4124–4128.

Binney, G. (1926) *With Seaplane and Sledge in the Arctic*. New York:

George H. Doran.

Bishop, J. M. (2003) *How to Win the Nobel Prize: An Unexpected Life in Science*. London: Harvard University Press.

Brashares, J. S., L. R. Prugh, C. J. Stoner, and C. W. Epps (2010) "Ecological and Conservation Implications of Mesopredator Release." In J. Terborgh and J. A. Estes (eds.), *Trophic Cascades: Predators, Prey, and the Changing Dynamics of Nature*. Washington, DC: Island Press: 221–240.

Brock, T. D. (1985) *A Eutrophic Lake: Lake Mendota, Wisconsin*. New York: Springer-Verlag.

Brown, M. S., and J. L. Goldstein (1975) "Regulation of the Activity of the Low Density Lipoprotein Receptor in Human Fibroblasts." *Cell* 6: 307–316.

——— (1981) "Lowering Plasma Cholesterol by Raising LDL Receptors." *New England Journal of Medicine* 305(9): 515–517.

——— (1993) "A Receptor-Mediated Pathway for Cholesterol Homeostasis." In T. Frängsmyr and J. Lindsten (eds.), *Nobel Lectures, Physiology of Medicine 1981–1990*. Singapore: World Scientific: 284–324. Available at nobelprize.org.

——— (2004) "A Tribute to Akira Endo, Discoverer of a 'Penicillin' for Cholesterol." *Atherosclerosis Supplements* 5: 13–16.

Brown, M. S., S. E. Dana, and J. L. Goldstein (1973) "Regulation of 3-Hydroxy-3-Methylglutaryl Coenzyme A Reductase Activity in Human Fibroblasts by Lipoproteins." *Proceedings of the National Academy of Sciences USA* 70(7): 2162–2166.

——— (1974) "Regulation of 3-Hydroxy-3-Methylglutaryl Coenzyme A Reductase Activity in Cultured Human Fibroblasts." *Journal of Biological Chemistry* 249: 789–796.

Brown, M. S., J. R. Faust, J. L. Goldstein, I. Kaneko, and A. Endo (1978) "Induction of 3-Hydroxy-3-Methylglutaryl Coenzyme A Reductase

Activity in Human Fibroblasts Incubated with Compactin (ML-236B), a Competitive Inhibitor of the Reductase." *Journal of Biological Chemistry* 253: 1121–1128.

Cannon, W. B. (1873–1945) Walter Bradford Cannon papers, 1873–1945, 1972–1974 (inclusive), 1881–1945 (bulk). H MS c40. Harvard Medical Library, Francis A. Countway Library of Medicine, Boston.

―――― (1898) "The Movements of the Stomach Studied by Means of the Röntgen Rays." *American Journal of Physiology* 1: 359–382.

―――― (1909) "The Influence of Emotional States on the Functions of the Alimentary Canal." *American Journal of Medical Sciences* 137: 480–487.

―――― (1911a) *The Mechanical Factors of Digestion*. London: Edward Arnold.

―――― (1911b) "The Stimulation of Adrenal Secretion by Emotional Excitement." *Proceedings of the American Philosophical Society* 50(199): 226–227.

―――― (1914) "The Emergency Function of the Adrenal Medulla in Pain and the Major Emotions." *American Journal of Physiology* 33: 356–372.

―――― (1927) *Bodily Changes in Pain, Hunger, Fear and Rage: An Account of Recent Researches into the Function of Emotional Excitement*. New York and London: D. Appleton and Company.

―――― (1928) "Reasons for Optimism in the Care of the Sick." *New England Journal of Medicine* 199(13): 593–597.

―――― (1929) "Organization for Physiological Homeostasis." *Physiological Reviews* 9(3): 399–431.

―――― (1963) *The Wisdom of the Body*. Revised and enlarged ed. New York: W. W. Norton & Company.

―――― (1972) *The Life and Contributions of Walter Bradford Cannon*. Edited by C. McC. Brooks, K. Koizumi, and J. O. Pinkston. New York:

Downstate Medical Center, State University of New York.

Cannon, W. B., and D. de la Paz (1911) "Emotional Stimulation of Adrenal Secretion." *American Journal of Physiology* 28: 64–70.

Carpenter, S. R., J. F. Kitchell, and J. R. Hodgson (1985) "Cascading Trophic Interactions and Lake Productivity." *BioScience* 35(10): 634–639.

Carpenter, S. R., J. F. Kitchell, J. R. Hodgson, P. A. Cochran, et al. (1987) "Regulation of Lake Primary Productivity by Food Web Structure." *Ecology* 68(6): 1863–1876.

Carroll, S. B. (2013) "Brave Genius: a Scientist, a Philosopher, and Their Daring Adventures from the French Resistance to the Nobel Prize." New York: Crown.

Chandler, R. F. Jr. (1992) *An Adventure in Applied Science: A History of the International Rice Research Institute.* Los Baños, Laguna, Philippines: International Rice Research Institute.

Cumming, D.H.M, C. Mackie, S. Magane, and R. D. Taylor (1994) *Aerial Census of Large Herbivores in the Gorongosa National Park and the Marromeu Area of the Zambezi Delta in Mozambique.* Unpublished report, IUCN ROSA, Harare, 10 pp., cited in K. M. Dunham (2004) "Aerial Survey of Large Herbivores in Gorongosa National Park, Mozambique: 2004." *A Report for The Gregory C. Carr Foundation.* http://www.carrfoundation.org.

Darwin, C. (1872) *The Origin of Species by Means of Natural Selection, or The Preservation of Favoured Races in the Struggle for Life.* Sixth ed. London: John Murray.

Debré, P. (1996) *Jacques Monod.* Paris: Flammarion.

De Klein, A., A. G. van Kessel, G. Grosveld, C. R. Bartram, et al. (1982) "A Cellular Oncogene Is Translocated to the Philadelphia Chromosome in Chronic Myelocytic Leukaemia." *Nature* 300: 765–767.

Di Fiore, R., A. D'Anneo, G. Tesoriere, and R. Vento (2013) "RB1 in

Cancer: Different Mechanisms of RB1 Inactivation and Alterations of pRb Pathway in Tumorigenesis." *Journal of Cellular Physiology* 228: 1676–1687.

Drach, P., and J. Monod (1935) "Rapport preliminaire sur les observations d'histoire naturelle faites pendant la camoagne de la 'Pourquios-Pas?' au Groenland." *Annales Hydrographiques* 2: 3–11.

Druker, B. J. (2003) "David A. Karnofsky Award Lecture. Imatinib as a Paradigm of Targeted Therapies." *Journal of Clinical Oncology* 21(23 suppl): 239s–245s.

———— (2014) "Janet Rowley (1925–2013)." *Nature* 505: 484.

Dublin, H. T., and I. Douglas-Hamilton (1987) "Status and Trends of Elephants in the Serengeti-Mara Ecosystem." *African Journal of Ecology* 25: 19–33.

Dubos, R. J. (1965) *Man Adapting.* New Haven, Connecticut: Yale University Press.

Duggins, D. O. (1980) "Kelp Beds and Sea Otters: An Experimental Approach." *Ecology* 61(3): 447–453.

Dulvy, N. K., S. L. Fowler, J. A. Musick, R. D. Cavanagh, et al. (2014). "Extinction Risk and Conservation of the World's Sharks and Rays." *eLife* 3: e00590.

Dunham, K. M. (2004) "Aerial Survey of Large Herbivores in Gorongosa National Park, Mozambique: 2004." Report for the Gregory C. Carr Foundation. http://www.carrfoundation.org.

Dutton, P. (1994) "A Dream Becomes a Nightmare." *African Wildlife* 48(6): 6–14.

Dyck, V. A., and B. Thomas (1979) "The Brown Planthopper Problem." In *Brown Planthopper: Threat to Rice Production in Asia.* Los Baños, Philippines: International Rice Research Institute: 3–17.

Eisenberg, C. (2010) *The Wolf's Tooth: Keystone Predators, Trophic Cascades, and Biodiversity.* Washington, DC: Island Press.

Eisenberg, C., S. T. Seager, and D. E. Hibbs (2013) "Wolf, Elk, and Aspen Food Web Relationships: Context and Complexity." *Forest Ecology and Management* 299: 70–80.

Elton, C. S. (1924) "Periodic Fluctuations in the Numbers of Animals: Their Causes and Effects." *British Journal of Experimental Biology* 2: 119–163.

―――― (1927) *Animal Ecology*. New York: Macmillan.

―――― (1983) "The Oxford University Expedition to Spitsbergen in 1921: An Account, Done in 1978–1983." Norsk Polarinstitutt Bibliotek, Norsk Polarinstitutt, Oslo. http://brage.bibsys.no/xmlui/handle/11250/218913.

Elton, C. S., and M. Nicholson (1942) "The Ten-Year Cycle in Numbers of the Lynx in Canada." *Journal of Animal Ecology* 11(2): 215–244.

Endo, A. (1992) "The Discovery and Development of HMG-CoA Reductase Inhibitors." *Journal of Lipid Research* 33: 1569–1582.

―――― (2004) "The Origin of the Statins." *Atherosclerosis Supplements* 5: 125–130.

―――― (2008) "A Gift From Nature: The Birth of the Statins." *Nature Medicine* 14(10): 1050–1025.

―――― (2010) "A Historical Perspective on the Discovery of Statins." *Proceedings of the Japan Academy, Series B* 86: 484–498.

Estes, J. A., and J. F. Palmisano (1974) "Sea Otters: Their Role in Structuring Nearshore Communities." *Science* 185: 1058–1060.

Estes, J. A., C. H. Peterson, and R. S. Steneck (2010) "Some Effects of Apex Predators in Higher-Latitude Coastal Oceans." In J. Terborgh and J. A. Estes (eds.), *Trophic Cascades: Predators, Prey, and the Changing Dynamics of Nature*. Washington, DC: Island Press: 37–53.

Estes, J. A., M. T. Tinker, T. M. Williams, and D. F. Doak (1998) "Killer Whale Predation on Sea Otters Linking Oceanic and Nearshore Ecosystems." *Science* 282: 473–476.

Everly, G. S., and J. M. Lating (2013) *A Clinical Guide to the Treatment of the Human Stress Response*. New York: Springer.

Finger, S. (1994) *Origins of Neuroscience: A History of Explorations into Brain Function*. New York: Oxford University Press.

Fleming, D. (1984) "Walter B. Cannon and Homeostasis." *Social Research* 51(3): 609–640.

Foege, W. H. (2011) *House on Fire: The Fight to Eradicate Smallpox*. Berkeley: University of California Press.

Friend, S. H., R. Bernards, S. Rogelj, R. A. Weinberg, et al. (1986) "A Human DNA Segment with Properties of the Gene that Predisposes to Retinoblastoma and Osteosarcoma." *Nature* 323: 643–646.

Fryxell, J. M., J. Greever, and A.R.E. Sinclair (1988) "Why Are Migratory Ungulates So Abundant?" *American Naturalist* 131(6): 781–798.

Giacinti, C., and A. Giordano (2006) "RB and Cell Cycle Progression." *Oncogene* 25: 5220–5227.

Gnanamanickam, S. S. (2009) "Rice and Its Importance to Human Life." In *Biological Control of Rice Diseases*. Dordrecht: Springer: 1–11.

Goldstein, D. S. (2010) "Adrenal Responses to Stress." *Cellular and Molecular Neurobiology* 30(8): 1433–1440.

Goldstein, D. S., and M. S. Brown (1973) "Familial Hypercholesterolemia: Identification of a Defect in the Regulation of 3-Hydroxy-3-Methylglutaryl Coenzyme A Reductase Activity Associated with Overproduction of Cholesterol." *Proceedings of the National Academy of Sciences USA* 70(10): 2804–2808.

———— (1974) "Familial Hypercholesterolemia: Defective Binding of Lipoproteins to Cultured Fibroblasts Associated with Impaired Regulation of 3-Hydroxy-3-Methylglutaryl Coenzyme A Reductase Activity." *Proceedings of the National Academy of Sciences USA* 71(3): 788–792.

———— (2003) "Cholesterol: A Century of Research." *HHMI Bulletin*, September: 10–19. Available at http://www4.utsouthwestern.edu/

moleculargenetics/pdf /msb_cur_res/2003%20HHMI%20Bulletin%20 Goldstein%2018.htm.

Gordon, S. (1922) *Amid Snowy Wastes: Wild Life on the Spitsbergen Archipelago*. New York: Cassell and Company.

Gould, R. G., C. B. Taylor, J. S. Hagerman, I. Warner, and D. J. Campbell (1953) "Cholesterol Metabolism: I. Effect of Dietary Cholesterol on the Synthesis of Cholesterol in Dog Tissue in Vitro." *Journal of Biological Chemistry* 201: 519–528.

Gourevitch, P. (2009) "The Monkey and the Fish." *New Yorker*, December 21: 99–111.

Greenberg, M. J., W. F. Herrnkind, and F. C. Coleman (2010) "Evolution of the Florida State University Coastal and Marine Laboratory." *Gulf of Mexico Science* 1–2: 149–163.

Grimsdell, J.J.R. (1979) "Changes in Populations of Resident Ungulates." In A.R.E. Sinclair and M. Norton- Griffiths (eds.), *Serengeti, Dynamics of an Ecosystem*. Chicago: University of Chicago Press: 353–359.

Groffen, J., J. R. Stephenson, N. Heisterkamp, A. de Klein, et al. (1984) "Philadelphia Chromosomal Breakpoints Are Clustered within a Limited Region, bcr, on Chromosome 22." *Cell* 36: 93–99.

Grzimek, B., and M. Grzimek (1961) *Serengeti Shall Not Die*. New York: E. P. Dutton & Co.

Grzimek, M., and B. Grzimek (1960) "Census of Plains Animals in the Serengeti National Park, Tanganyika." *Journal of Wildlife Management* 24(1): 27–37.

Hairston, N. G. (1989) *Ecological Experiments: Purpose, Design and Execution*. Cambridge: Cambridge University Press.

Hairston, N. G., F. E. Smith, and L. B. Slobodkin (1960) "Community Structure, Population Control, and Competition." *American Naturalist* 94(879): 421–425.

Hanby, J. P., and J. D. Bygott (1979) "Population Changes in Lions and

Other Predators." In A.R.E. Sinclair and M. Norton-Griffiths (eds.), *Serengeti, Dynamics of an Ecosystem.* Chicago: University of Chicago Press: 249–262.

Havel, R. J., D. B Hunninghake, D. R. Illingworth, R. S. Lees, et al. (1987) "Lovastatin (Mevinolin) in the Treatment of Heterozygous Familial Hypercholesterolemia: A Multicenter Study." *Annals of Internal Medicine* 107(5): 609–615.

Hehlmann, R., M. C. Muller, M. Lauseker, B. Hanfstein, et al. (2014) "Deep Molecular Response Is Reached by the Majority of Patients Treated with Imatinib, Predicts Survival, and Is Achieved More Quickly by Optimized High-Dose Imatinib: Results from the Randomized CML-Study IV." *Journal of Clinical Oncology* 32: 415–423.

Heinrichs, E. A. (1979) "Chemical Control of the Brown Planthopper." In *Brown Planthopper: Threat to Rice Production in Asia.* Los Baños, Philippines: International Rice Research Institute: 145–167.

Heisterkamp, N., and J. Groffen (2002) "Philadelphia-Positive Leukemia: A Personal Perspective." *Oncogene* 21: 8536–8540.

Henderson, D. A. (2011) "On the Eradication of Smallpox and the Beginning of a Public Health Career." *Public Health Reviews* 33: 19–29.

Hogness, D., M. Cohn, and J. Monod (1955) "Studies on the Induced Synthesis of β-galactosidase in *Escherichia coli*: The Kinetics and Mechanism of Sulfur Incorporation." *Biochimica et Biophysica Acta* 16: 99–116.

Hopkins, J. W. (1989) *The Eradication of Smallpox: Organizational Learning and Innovation in International Health.* Boulder, Colorado: Westview Press.

Huxley, J. (1931) *Africa View.* London: Chatto & Windus.

Jacob, F. (1973) *The Logic of Life: A History of Heredity.* New York: Pantheon Books.

——— (1988) *The Statue Within.* New York: Basic Books.

Jacob F., and J. Monod (1963) "Elements of Regulatory Circuits in Bacteria." In R.J.C. Harriss (ed.), *Biological Organization at the Cellular and Supercellular Level; A Symposium Held at Varenna, 24–27 September, 1962, under the Auspices of UNESCO*. London and New York: Academic Press: 1–24.

Johnson, B. M., and M. D. Staggs. (1992) "The Fishery." In J. F. Kitchell (ed.), *Food Web Management: A Case Study of Lake Mendota*. New York: Springer-Verlag: 353–376.

Johnson, B. M., S. J. Gilbert, R.S.S. Stewart, L. G. Rudstam, et al. (1992) "Piscivores and Their Prey." In J. F. Kitchell (ed.), *Food Web Management: A Case Study of Lake Mendota*. New York: Springer-Verlag: 319–352.

Judson, H. F. (1979) *The Eighth Day of Creation: The Makers of the Revolution in Biology*. New York: Simon and Schuster.

Kantarjian, H., S. O'Brien, E. Jabbour, G. Garcia-Manero, et al. (2012) "Improved Survival in Chronic Myeloid Leukemia Since the Introduction of Imatinib Therapy: A Single- Institution Historical Experience." *Blood* 119(9): 1981–1987.

Kenmore, P. E., F. O. Carino, C. A. Perez, V. A. Dyck, and A. P. Gutierrez (1984) "Population Regulation of the Rice Brown Planthopper (*Nilaparvata lugens* Stål) within Rice Fields in the Philippines." *Journal of Plant Protection in the Tropics* 1: 19–37.

Keys, A. (1990) "Recollections of Pioneers in Nutrition: From Starvation to Cholesterol." *Journal of the American College of Nutrition* 9(4): 288–291.

Keys, A., H. L. Taylor, H. Blackburn, J. Brozek, et al. (1963) "Coronary Heart Disease among Minnesota Business and Professional Men Followed Fifteen Years." *Circulation* 28: 381–395.

Kitchell, J. F. (1992) *Food Web Management: A Case Study of Lake Mendota*. New York: Springer-Verlag.

Konopka, J. B., S. M. Watanabe, and O. N. Witte (1984) "An Alteration of the Human c-abl Protein in K562 Leukemia Cells Unmasks Associated Tyrosine Kinase Activity." *Cell* 37: 1035–1042.

Kovanen, P. T., D. W. Bilheimer, J. L. Goldstein, J. J. Jaramillo, and M. S. Brown (1981) "Regulatory Role for Hepatic Low Density Lipoprotein Receptors in vivo in the Dog." *Proceedings of the National Academy of Sciences USA* 78(2): 1194–1198.

Lathrop, R. C., B. M. Johnson, T. B. Johnson, M. T. Vogelsang, et al. (2002) "Stocking Piscivores to Improve Fishing and Water Clarity: A Synthesis of the Lake Mendota Biomanipulation Project." *Freshwater Biology* 47: 2410–2424.

Ledford, H. (2011) "Translational Research: 4 Ways to Fix the Clinical Trial." *Nature* 477: 526–528.

Lindström, J., E. Ranta, H. Kokko, P. Lundberg, and V. Kaitala (2001) "From Arctic Lemmings to Adaptive Dynamics: Charles Elton's Legacy in Population Ecology." *Biological Reviews of the Cambridge Philosophical Society* 76(1): 129–158.

Liu, H., B. Dibling, B. Spike, A. Dirlam, and K. Macleod (2004) "New Roles for the RB Tumor Suppressor Protein." *Current Opinion in Genetics & Development* 14(1): 55–64.

Longstaff, T. (1950) *This My Voyage*. New York: Carles Scribner's Sons.

Lovastatin Study Group III (1988) "A Multicenter Comparison of Lovastatin and Cholestyramine Therapy for Severe Primary Hypercholesterolemia." *Journal of the American Medical Association* 260(3): 359–366.

Lwoff, A. (2003) "Jacques Lucien Monod." In A. Ullmann (ed.), *Origins of Molecular Biology: a Tribute to Jacques Monod*. Revised ed. Washington, DC: ASM Press: 1–23.

Lydon, N. B., and B. J. Druker (2004) "Lessons Learned from the Development of Imatinib." *Leukemia Research* 28S1: S29–S38.

MacKenzie, C. L. Jr. (2008) "History of the Bay Scallop, *Argopecten irradians*, Fisheries and Habitats in Eastern North America, Massachusetts through Northeastern Mexico." *Marine Fisheries Review* 70(3–4): 1–5.

Malthus, T. (1798) *An Essay on the Principle of Population*. London: J. Johnson, in St. Paul's Church-Yard. Available at Electronic Scholarly Publishing Project, http://www.esp.org.

Marks, A. R. (2011) "A Conversation with P. Roy Vagelos." *Annual Review Conversations. Annual Review of Biochemistry*. Available at http://www.annualreviews.org.

Martin, G. S. (1970) "Rous Sarcoma Virus: A Function Required for the Maintenance of the Transformed State." *Nature* 277(5262): 1021–1023.

——— (2004) "The Road to Src." *Oncogene* 23: 7910–7917.

Marshall, K. N, N. T. Hobbs, and D. J. Cooper (2013) "Stream Hydrology Limits Recovery of Riparian Ecosystems after Wolf Reintroduction." *Proceedings of the Royal Society, Series B* 280(1756): 20122977.

McLaren, B. E., and R. O. Peterson (1994) "Wolves, Moose, and Tree Rings on Isle Royale." *Science* 266: 1555–1558.

McNaughton, S. J. (1979) "Grazing as an Optimization Process: Grass-Ungulate Relationships in the Serengeti." *American Naturalist* 113(5): 691–703.

Mduma, S.A.R., A.R.E. Sinclair, and R. Hilborn (1999) "Food Regulates the Serengeti Wildebeest: A 40-Year Record." *Journal of Animal Ecology* 68: 1101–1122.

Mead, F. S. (1921) *Harvard's Military Record in the World War*. Boston: Harvard Alumni Association.

Michalak, A. M., E. J. Anderson, D. Beletsky, S. Boland, et al. (2013) "RecordSetting Algal Bloom in Lake Erie Caused by Agricultural and Meteorological Trends Consistent with Expected Future Conditions." *Proceedings of the National Academy of Sciences USA* 110(16): 6448–

6452.

Monod, J. (1942) "Recherches sur la Croissance des Populations Bacteriènnes." Paris: Hermann & Cie.

Monod, J., and F. Jacob (1961) "General Conclusions: Teleonomic Mechanisms in Cellular Metabolism, Growth, and Differentiation." *Cold Spring Harbor Symposia on Quantitative Biology* 26: 389–401.

Monod, J., G. Cohen- Bazire, and M. Cohn (1951) "Sur la Biosynthese de la β-Galactosidase (Lactase) chez *Escherichia coli*. La Specificite de l'Induction." *Biochimica et Biophysica Acta* 7: 585–599.

Morley, R., and I. Convery (2014) "Restoring Gorongosa: Some Personal Reflections." In I. Convery, G. Corsane, and P. Davis (eds.), *Displaced Heritage: Responses to Disaster, Trauma, and Loss*. Woodbridge, England: Boydell Press: 129–141.

Myers, R. A., J. K. Baum, T. D. Shepherd, S. P. Powers, and C. H. Peterson (2007) "Cascading Effects of the Loss of Apex Predatory Sharks from a Coastal Ocean." *Science* 315: 1846–1850.

Nair, P. "Brown and Goldstein: The Cholesterol Chronicles." *Proceedings of the National Academy of Sciences USA* 110(37): 14829–14832.

National Institutes of Health (2012) "Morbidity and Mortality: 2012 Chart Book on Cardiovascular, Lung, and Blood Diseases." Bethesda, Maryland: National Institutes of Health: National Heart, Lung, and Blood Institute.

Neill, U. S., and H. A. Rockman (2012) "A Conversation with Robert Lefkowitz, Joseph Goldstein, and Michael Brown." *Journal of Clinical Investigation* 122(5): 1586–1587.

Nicholls, K. H. (1999) "Evidence for a Trophic Cascade Effect on North-Shore Western Lake Erie Phytoplankton Prior to the Zebra Mussel Invasion." *International Association for Great Lakes Research* 25(4): 942–949.

Norton-Griffiths, M. (1979) "The Influence of Grazing, Browsing, and Fire on the Vegetation Dynamics of the Serengeti." In A.R.E. Sinclair and M. Norton-Griffiths (eds.), *Serengeti, Dynamics of an Ecosystem*. Chicago: University of Chicago Press: 310–352.

Novick, A., and L. Szilard (1954) "Experiments with the Chemostat on the Rates of Amino Acid Synthesis in Bacteria." In E. J. Boell (ed.), *Dynamics of Growth Processes*. Princeton, New Jersey: Princeton University Press: 21–32.

Nowell, P. C. (2007) "Discovery of the Philadelphia Chromosome: A Personal Perspective." *Journal of Clinical Investigation* 117(8): 2033–2035.

Nowell, P. C., and D. A. Hungerford (1960) "A Minute Chromosome in Human Chronic Granulocytic Leukemia." In "National Academy of Sciences. Abstracts of Papers Presented at the Autumn Meeting, 14–16 November 1960, Philadelphia, Pennsylvania." *Science* 132: 1497.

Obenour, D., D. Gronewald, C. Stow, and D. Scavia (2014) "2014 Lake Erie Harmful Algal Bloom (HAB) Experimental Forecast: This Product Represents the First Year of an Experimental Forecast Relating Bloom Size to Total Phosphorus Load." http://www.glerl.noaa.gov/res/ Centers/HABS/lake_erie_hab /LakeErieBloomForecastRelease071514. pdf.

Paarlberg, D., and P. Paarlberg (2000) *The Agrictultural Revolution of the 20th Century*. Ames: Iowa State University Press.

Paine, R. T. (1963a) "Ecology of the Brachiopod *Glottidia pyramidata*." *Ecological Monographs* 33(3): 187–213.

——— (1963b) "Trophic Relationships of 8 Sympatric Predatory Gastropods." *Ecology* 44(1): 63–73.

——— (1966) "Food Web Complexity and Species Diversity." *American Naturalist* 100(910): 65–75.

——— (1971) "A Short-Term Experimental Investigation of Resource Partitioning in a New Zealand Rocky Intertidal Habitat." *Ecology*

52(6): 1096–1106.

———— (1974) "Intertidal Community Structure." *Oecologia* 15: 93–120.

———— (1980) "Food Webs: Linkage, Interaction Strength and Community Infrastructure." *Journal of Animal Ecology* 49(3): 666–685.

———— (1992) "Food-Web Analysis through Field Measurement of per capita Interaction Strength." *Nature* 355: 73–75.

———— (2010) "Food Chain Dynamics and Trophic Cascades in Intertidal Habitats." In J. Terborgh and J. A. Estes (eds.), *Trophic Cascades: Predators, Prey, and the Changing Dynamics of Nature.* Washington, DC: Island Press: 21–36.

———— (2011) "Inspiration." In M. H. Graham, J. Parker, and P. K. Dayton (eds.), *The Essential Naturalist: Timeless Readings in Natural History.* Chicago: University of Chicago Press: 7–15.

Paine, R. T., and R. L. Vadas (1969) "The Effects of Grazing by Sea Urchins, Strongylocentrotus spp., on Benthic Algal Populations." *Limnology and Oceanography* 14(5): 710–719.

Pardee, A. B. (2003) "The Pajama Experiment." In A. Ullmann (ed.), *Origins of Molecular Biology: a Tribute to Jacques Monod.* Revised ed. Washington, DC: ASM Press.

Pearce, T. (2010) " 'A Great Complication of Circumstances'—Darwin and the Economy of Nature." *Journal of the History of Biology* 43: 493–528.

Peterson, C. H., F. J. Fodrie, H. C. Summerson, and S. P. Powers (2001) "Site-Specific and Density-Dependent Extinction of Prey by Schooling Rays: Generation of a Population Sink in Top-Quality Habitat for Bay Scallops." *Oecologia* 129(3): 349–356.

Power, M. E., W. J. Matthews, and A. J. Stewart (1985) "Grazing Minnows, Piscivorous Bass, and Stream Algae: Dynamics of a Strong Interaction." *Ecology* 66(5): 1448–1456.

Rea, P. A. (2008) "Statins: From Fungus to Pharma." *American Scientist*

96(5): 408.

Reid, R. S. (2012) *Savannas of Our Birth*. Berkeley: University of California Press.

Riggio, J., A. Jacobson, L. Dollar, H. Bauer, et al. (2013) "The Size of Savannah Africa: A Lion's (*Panthera leo*) View." *Biodiversity and Conservation* 22: 17–35.

Rinta-Kanto, J. M., A.J.A. Ouellette, G. L. Boyer, M. R. Twiss, et al. (2006) "Quantification of Toxic *Microcystis* spp. during the 2003 and 2004 Blooms in Western Lake Erie Using Quantitative Real-Time PCR." *Environmental Science & Technology* 39(11): 4198–4205.

Ripple, W. J., and R. L. Beschta (2005) "Linking Wolves and Plants: Aldo Leopold on Trophic Cascades." *BioScience* 55(7): 613–621.

———— (2007) "Restoring Yellowstone's Aspen with Wolves." *Biological Conservation* 138: 514–519.

———— (2012) "Trophic Cascades in Yellowstone: The First 15 Years after Wolf Reintroduction." *Biological Conservation* 145(1): 205–213.

Ripple, W. J., and E. J. Larsen (2000) "Historic Aspen Recruitment, Elk, and Wolves in Northern Yellowstone National Park, USA." *Biological Conservation* 95: 361–370.

Ripple, W. J., T. P. Rooney, and R. L. Beschta (2010) "Large Predators, Deer, and Trophic Cascades in Boreal and Temperate Ecosystems." In J. Terborgh and J. A. Estes (eds.), *Trophic Cascades: Predators, Prey, and the Changing Dynamics of Nature*. Washington, DC: Island Press: 141–161.

Roeder, P. L. (2011) "Rinderpest: The End of Cattle Plague." *Preventative Veterinary Medicine* 102: 98–106.

Roman, J., M. M. Dunphy- Daly, D. W. Johnston, and A. J. Read (2015) "Lifting Baselines to Address the Consequences of Conservation Success." *Trends in Ecology & Evolution* 30(6): 299–302.

Rous, P. (1910) "A Transmissible Avian Neoplasm. (Sarcoma of the

Common Fowl.)" *Journal of Experimental Medicine* 12(5): 696–705.

Rowley, J. D. (1973) "A New Consistent Chromosomal Abnormality in Chronic Myelogenous Leukaemia Identified by Quinacrine Fluorescence and Giemsa Staining." *Nature* 243: 290–293.

Rowley, J. D., H. M. Golomb, and C. Dougherty (1977) "15/17 Translocation, a Consistent Chromosomal Change in Acute Promyelocytic Leukaemia." *Lancet* 309(8010): 549–550.

Scandanavian Simvastin Survival Study Group (1994) "Randomised Trial of Cholesterol Lowering in 4444 Patients with Coronary Heart Disease: The Scandinavian Simvastatin Survival Study (4S)." *Lancet* 344 (8934): 1383–1389.

Schoenly, K. G., J. E. Cohen, K. L. Heong, G. S. Arida, et al. (1996) "Quantifying the Impact of Insecticides on Food Web Structure of Rice-Arthropod Populations in a Philippine Farmer's Irrigated Field: A Case Study." In G. A. Polis and K. O. Winemiller (eds.), *Food Webs: Integration of Patterns and Dynamics*. New York: Chapman & Hall: 343–351.

Seuss, Dr. (1971) *The Lorax*. New York: Random House.

Sinclair, A.R.E. (1973a) "Population Increases of Buffalo and Wildebeest in the Serengeti." *African Journal of Ecology* 11(1): 93–107.

—— (1973b) "Regulation, and Population Models for a Tropical Ruminant." *African Journal of Ecology* 11: 307–316.

—— (1974) "The Natural Regulation of Buffalo Populations in East Africa." *African Journal of Ecology* 12: 185–200.

—— (1977) *The African Buffalo: A Study of Resource Limitation of Populations*. Chicago and London: University of Chicago Press.

—— (1979) "The Eruption of the Ruminants." In A.R.E. Sinclair and M. Norton-Griffiths, *Serengeti, Dynamics of an Ecosystem*. Chicago: University of Chicago Press: 82–103.

—— (2003) "Mammal Population Regulation, Keystone Processes and

Ecosystem Dynamics." *Philosophical Transactions of the Royal Society Series B* 358: 1729–1740.

——— (2012) *Serengeti Story*. Oxford: Oxford University Press.

Sinclair, A.R.E., and C. J. Krebs (2002) "Complex Numerical Responses to Top-Down and Bottom-Up Processes in Vertebrate Populations." *Philosophical Transactions of the Royal Society Series B* 357: 1221–1231.

Sinclair, A.R.E., and K. L. Metzger (2009) "Advances in Wildlife Ecology and the Influence of Graeme Caughley." *Wildlife Research* 36: 8–15.

Sinclair, A.R.E., and M. Norton-Griffiths (1979) *Serengeti, Dynamics of an Ecosystem*. Chicago: University of Chicago Press.

Sinclair, A.R.E, S. Mduma, and J. S. Brashares (2003) "Patterns of Predation in a Diverse Predator-Prey System." *Nature* 425: 288–290.

Sinclair, A.R.E., K. L. Metzger, J. S. Brashares, A. Nkwabi, et al. (2010) "Trophic Cascades in African Savanna: Serengeti as a Case Study." In J. Terborgh and J. A. Estes (eds.), *Trophic Cascades: Predators, Prey, and the Changing Dynamics of Nature*. Washington, DC: Island Press: 255–274.

Slobodkin, L. B. (2009) "My Complete Works and More." *Evolutionary Ecology Research* 11: 327–354.

Smith, D. W. (2005) "Ten Years of Yellowstone Wolves, 1995–2005." *Yellowstone Science* 13: 7–33.

Sogawa, K. (2015) "Planthopper Outbreaks in Different Paddy Ecosystems in Asia: Man-Made Hopper Plagues that Threatened the Green Revolution in Rice." In K. L. Heong, J. Cheng, and M. M. Escalada (eds.), *Rice Planthoppers: Ecology, Management, Socio Economics and Policy*. Dordrecht: Springer: 33–63.

Southwood, R., and J. R. Clarke (1999) "Charles Sutherland Elton, 29 March 1900–1 May 1991." *Biographical Memoirs of Fellows of the Royal Society* 45: 130–146.

Spector, D. H., H. E. Varmus, and J. M. Bishop (1978) "Nucleotide Sequences Related to the Transforming Gene of Avian Sarcoma Virus Are Present in DNA of Uninfected Vertebrates." *Proceedings of the National Academy of Sciences USA* 75(9): 4102–4106.

Spinage, C. A. (2003) *Cattle Plague: A History*. New York: Kluwer Academic/Plenum.

Stalmans, M., M. Peel, and T. Massad (2014) "Aerial Wildlife Count of the Parque Nacional da Gorongosa, Mozambique, October 2014." Report for Gorongosa National Park.

Starling, E. H. (1923) "The Wisdom of the Body: The Harveian Oration, Delivered before The Royal College of Physicians of London on St. Luke's Day, 1923." *British Medical Journal* 2(3277): 685–690.

Stehelin, D., H. E. Varmus, and J. M. Bishop (1976) "DNA Related to the Transforming Gene(s) of Avian Sarcoma Viruses Is Present in Normal Avian DNA." *Nature* 260: 170–173.

Stent, G. S. (1985) "Thinking in One Dimension: The Impact of Molecular Biology on Development." *Cell* 40: 1–2.

Stolzenburg, W. (2009) *Where the Wild Things Were: Life, Death, and Ecological Wreckage in a Land of Vanishing Predators*. New York: Bloomsbury USA.

Summerhayes, V. S., and C. S. Elton (1923) "Contributions to the Ecology of Spitsbergen and Bear Island." *Journal of Ecology* 11(2): 214–286.

Talbot, L. M., and D.R.M. Stewart (1964) "First Wildlife Census of the Entire Serengeti-Mara Region, East Africa." *Journal of Wildlife Management* 28(4): 815–827.

Thornburn, C. (2015) "The Rise and Demise of Integrated Pest Management in Rice in Indonesia." *Insects* 6: 381–408.

Tobert, J. A. (2003) "Lovastatin and Beyond: The History of the HMG-COA Reductase Inhibitors." *Nature Reviews* 2: 517–526.

Tracy, S. W. (2012) "The Physiology of Extremes: Ancel Keys and the

International High Altitude Expedition of 1935." *Bulletin of the History of Medicine* 86(4): 627–660.

Tucker, J. B. (2001) *Scourge: The Once and Future Threat of Smallpox.* New York: Atlantic Monthly Press.

Ullmann, A. (2003) *Origins of Molecular Biology: A Tribute to Jacques Monod.* Revised ed. Washington, DC: ASM Press.

Umbarger, H. E. (1956) "Evidence for a Negative-Feedback Mechanism in the Biosynthesis of Isoleucine." *Science* 123: 848.

——— (1961) "Feedback Control by Endproduct Inhibition." *Cold Springs Harbor Symposia on Quantitative Biology* 26: 301–312.

US Fish and Wildlife Service (1994) "Final Environmental Impact Statement: The Reintroduction of Gray Wolves to Yellowstone National Park and Central Idaho." Helena, Montana: US Department of the Interior.

——— (2000) "Federal Aid in Sport Fish Restoration Handbook." Fourth ed. Washington, DC: US Department of the Interior.

Van der Kloot, W. (2010) "William Maddock Bayliss's Therapy for Wound Shock." *Notes and Records: The Royal Society Journal of the History of Science* 64: 271–286.

Vanni, M. J., C. Luecke, J. F. Kitchell, Y. Allen, et al. (1990) "Effects on Lower Trophic Levels of Massive Fish Mortality." *Nature* 344: 333–335.

Varmus, H. (2009) *The Art and Politics of Science.* New York: W. W. Norton & Company.

Vogelstein, B., N. Papadopoulos, V. E. Velculescu, S. Zhou, et al. (2013) "Cancer Genome Landscapes." *Science* 339: 1546–1558.

Wapner, J. (2013) *The Philadelphia Chromosome: A Mutant Gene and the Quest to Cure Cancer at the Genetic Level.* New York: The Experiment.

Wasserman, E. (2000) *The Door in the Dream: Conversations with Eminent Women in Science.* Washington, DC: Joseph Henry Press.

Wells, H. G. (1927) *Meanwhile: The Picture of a Lady*. London: E. Benn.

Wentzel, V. (1964) "Mozambique: Land of the Good People." *National Geographic* 126(2): 197–231.

Wheeler, S. (2006) *Too Close to the Sun: The Audacious Life and Times of Denys Finch Hatton*. New York: Random House.

White, P. J., D. W. Smith, J. W. Duffield, M. Jimenez, et al. (2005) "Wolf EIS Predictions and Ten-Year Appraisals." *Yellowstone Science* 13(1): 34–41.

White, S. E. (1915) *The Rediscovered Country*. Garden City, New York: Doubleday, Page & Company.

Williams, R. (2010) "Joseph Goldstein and Michael Brown: Demoting Egos, Promoting Success." *Circulation Research* 106(6): 1006–1010.

Wolfe, E. L., A. C. Barger, and S. Benison (2000) *Walter B. Cannon, Science and Society*. Cambridge, Massachussetts: Boston Medical Library.

Worster, D. (1994) *Nature's Economy: A History of Ecological Ideas*. Second ed. Cambridge: Cambridge University Press.

Yim, E., and J. Park (2005) "The Role of HPV E6 and E7 Oncoproteins in HPV-Associated Cervical Carcinogenesis." *Cancer Research and Treatment* 37(6): 319–324.

Yong, E. (2013) "Dynasty." *Nature* 493: 286–289.

Zech, L., U. Haglund, K. Nilsson, and G. Klein (1976) "Characteristic Chromosomal Abnormalities in Biopsies and Lymphoid-Cell Lines from Patients with Burkitt and Non-Burkitt Lymphomas." *International Journal of Cancer* 17(1): 47–56.

# 세렝게티 법칙
## THE SERENGETI RULES

생명에 관한 대담하고 우아한 통찰

**지은이** 션 B. 캐럴

**옮긴이** 조은영

**1판 1쇄 펴냄** 2016년 12월 23일

**1판 4쇄 펴냄** 2019년 12월 18일

**펴낸곳** 곰출판

**출판신고** 2014년 10월 13일 제406-251002014000187호

**전자우편** walk@gombooks.com

**전화** 070-8285-5829

**팩스** 070-7550-5829

ISBN 979-11-955156-5-3 03470

이 도서의 국립중앙도서관 출판예정도서목록(CIP)은 서지정보유통지원시스템
홈페이지(http://seoji.nl.go.kr)와 국가자료공동목록시스템(http://www.nl.go.kr/kolisnet)
에서 이용하실 수 있습니다.(CIP제어번호: CIP2016026723)